U0150031

总师大讲堂

建筑工程项目总工程师 工作手册

主编　冯立雷

参编　付　君　商忆勇　王宏彦　秦　青　吴小志

机械工业出版社
CHINA MACHINE PRESS

本书立足于新时代高质量发展背景下建筑工程项目的实际，共分18章阐释了作为项目工程技术负责人——项目总工程师的职责、所应了解和清晰的工作流程、技术解决方案以及具体的工作方法。既有宏观的工作总揽方向性介绍，也有微观的具体操作细节讲解。本书的出版，一方面弥补了针对项目总工程师的图书出版空白，另一方面也清晰地梳理并高度概括了项目总工程师工作的范围和主要工作内容。

本书适合于建筑工程施工、技术及项目管理人员，特别是对于刚走上项目总工程师或技术负责人岗位的技术管理者，更具有实际的指导和借鉴意义，可以作为一本案头常备的工具书。

图书在版编目（CIP）数据

建筑工程项目总工程师工作手册/冯立雷主编 . —北京：机械工业出版社，2022.10
（总师大讲堂）
ISBN 978-7-111-71441-5

Ⅰ．①建… Ⅱ．①冯… Ⅲ．①建筑工程－工程项目管理－手册 Ⅳ．①TU71-62

中国版本图书馆 CIP 数据核字（2022）第 150692 号

机械工业出版社（北京市百万庄大街 22 号　邮政编码 100037）
策划编辑：薛俊高　责任编辑：薛俊高　张大勇
责任校对：刘时光　封面设计：张　静
责任印制：李　昂
北京联兴盛业印刷股份有限公司印刷
2022 年 9 月第 1 版第 1 次印刷
148mm×210mm · 11.5 印张 · 2 插页 · 328 千字
标准书号：ISBN 978-7-111-71441-5
定价：59.00 元

电话服务　　　　　　　　　网络服务
客服电话：010-88361066　　机　工　官　网：www.cmpbook.com
　　　　　010-88379833　　机　工　官　博：weibo.com/cmp1952
　　　　　010-68326294　　金　书　网：www.golden-book.com
封底无防伪标均为盗版　机工教育服务网：www.cmpedu.com

前言

随着我国建筑行业的迅速发展，建筑工地随处可见，为了适应建筑业发展的需求，保证建筑工程能够有序、高效率、高质量完成，需要有一批高素质的项目总工程师来从事施工现场的技术管理工作，担负起施工现场技术总负责的责任。项目总工程师作为建筑施工现场技术管理的第一责任人，必须对施工现场进行科学动态的管理，严格按照国家一系列现行的标准规范来进行施工管理，根据施工现场的实际进展情况进行动态调整，这就需要项目总工程师具备较高的专业技术知识和管理水平，并在其管理下不断提高工程建设队伍自身的业务素质。建筑行业中新技术、新材料、新工艺、新设备、新标准的不断涌现，更要求建筑施工现场的项目总工程师以及项目管理班子各级管理人员不断地学习，以适应建筑行业发展的需要。为此，特编写本书，一方面为项目总工程师的工作提供方便，另一方面为相关人员提供参考。

本书内容从项目总工程师的职责开始介绍，着重介绍工作的方法，并结合现实案例或工作表格、管理流程，浅显易懂，有很好的实用性。

由于水平有限，书中难免有不足和遗漏之处，敬请读者及专家予以批评指正。

目录

第一章

概　述

项目总工程师，又称项目主任工程师，在项目制运作的组织机构中是一种行政职务，而不是技术职称。在技术上，总工程师必须具备工程系列的专业技术职称，在行政上，他（她）是整个项目的工程技术负责人。往往由技术水平过硬的资深技术人员担任，但也有例外的情况。副总工程师协助总工程师承担分管工作的管理职责，在总工程师不在时，可行使其全部或部分职权。

第一节　项目总工程师的职责、作用

一、项目总工程师的职责

项目总工程师是项目经理部的技术负责人，是对项目全体工程技术人员进行指导、协调和组织管理的领导人员，并主持工程项目的日常技术管理工作。项目总工程师不仅要具备技术业务、技术管理、科技开发等工程师的基本能力，还要强化对工程项目及工程技术人员的协调、组织和管理能力。要运用扎实的专业技术知识和实践经验，解决工程项目中的日常技术问题和施工难题，搞好工程技术管理的日常业务工作，并指导技术人员进行技术创新和科技开发工作。

项目总工程师是一个技术性的行政职务，须具有工程师或高级工程师技术职称，是在项目经理领导下的分管项目技术管理工作的负责人，其主要职责见表1-1。

表1-1 项目总工程师主要职责

序号	职责
1	对项目的施工技术管理工作全面负责。贯彻执行国家有关技术政策、法规和现行技术规范、规程、标准以及合同要求，并监督实施执行情况
2	组织工程技术人员熟悉领会设计意图和掌握具体技术细节，主持设计交底和会审签认，对现场情况进行调查核对，如有出入应按规定上报
3	参加编制和贯彻单位工程施工组织设计、作业指导书、施工方案
4	检查单位工程测量定位、找平、放线工作。负责技术复核，组织隐蔽工程验收和分部分项工程质量的评定工作
5	负责单位工程图纸审查、技术交底和其他技术准备工作。在图纸会审或设计交底会议上统一提出问题，做好修改变更和会议记录及签证工作
6	负责贯彻执行各项专业技术标准（操作规程），严格执行工艺标准、验收规范和质量评定标准
7	负责指导单位工程的材料、构件检验工作，包括混凝土、砂浆试配
8	检查、审核施工大样图、加工订货大样图，并核对加工件数量及进场日期
9	组织工程样板和新技术、新产品的质量鉴定
10	负责整理单位工程的原始技术资料，编写施工技术总结，汇总竣工资料并审定竣工图
11	参加质量检查活动及竣工验收工作，负责处理质量事故
12	积极开展技术改进及合理化建议活动，实施技术措施计划
13	主持制订本项目的科技开发和新技术推广项目，并组织实施。组织项目技术交流、培训，主持有关部门开展的QC（质量管理）小组活动
14	参加技术业务学习和技术安全教育

二、项目总工程师的地位和作用

1. 项目经理部领导班子的主要成员

项目总工程师是项目技术工作的主要领导者，其工作范围涉及工程施工的各个层面、各个环节，其工作成效与工程质量、安全、进度和经济效益密切相关。科学技术是第一生产力，这在理论上和实践中已经被社会公认，因此项目总工程师处于项目经理部决策层的重要位置。

2. 项目经理的主要助手

企业法明确规定项目经理处于中心地位。而项目总工程师的工作内容与工程的质量、进度和经济效益有着密不可分的直接关系，且贯穿工程施工的全过程。项目经理的大多数决策所依据的事实、数据，来自于项目总工程师，因此项目经理必然要以总工程师为其主要助手。

3. 项目技术工作的总负责人

工作职责确定了项目总工程师的技术总负责人地位。工程材料、机具设备和施工人员是施工过程的三要素，其中每个要素都和技术有关。项目总工程师作为项目技术工作的领导者，就要从技术上优化三个要素的组合，努力促成最佳的项目施工组织结构和最佳的施工流程，从而充分体现出技术工作在工程项目施工中的价值。

4. 项目经理和工程技术人员之间的纽带

项目总工程师在从事技术工作时，要把项目的各班组、各类工程技术人员有效地组织起来，形成项目的技术工作体系。依据项目经理的决策，项目总工程师组织全体技术人员开展日常的技术工作，这就自然形成项目经理与技术人员中间的一座桥梁，起到连接他们之间的纽带作用。

第二节　项目总工程师的工作方法

一、项目总工程师的日常工作内容

项目总工程师的日常工作内容包括技术管理、质量管理、现场检查与指导、技术创新与科技进步、信息化管理等。

1. 技术管理

技术管理是一项针对项目施工中产生的一系列技术活动和技术工作进行计划、组织、指挥、协调与控制的全面系统性的工作；因此，总工程师应根据项目的工程特点，以国家和行业有关技术标准、规范、规程、合同、设计文件及企业自身的相关规章制度为依据，紧紧围绕项目经营管理的总目标，并结合自身和可利用资源的情况，从实际出发，科学和实事求是地开展好各项工作。施工项目技术管理工作内容如图 1-1 所示。

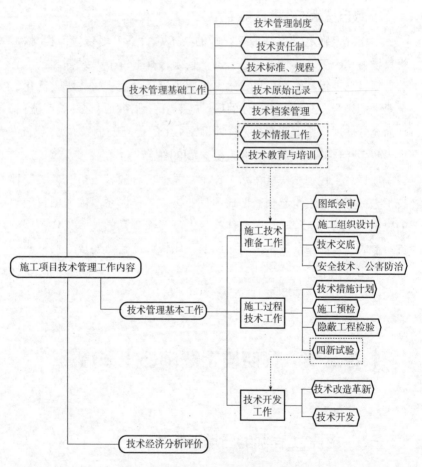

图 1-1　施工项目技术管理工作内容

1）组织有关技术人员认真审核合同技术条款和设计图纸，充分理解工程的技术要点、特点和质量标准。

2）组织有关技术人员进行控制点的复测和加密工作，认真做好现场踏勘工作，认真做好现场地形、地貌和设计的吻合复核工作，并做好技术和质量策划工作，指导、督促做好施工过程中的测量工作。

3）组织有关技术人员编制大型工程以下项目的施工技术方案，积极参与大型以上工程项目的施工技术方案制订工作。制订的施工技术方案应符合规范要求、体现设计意图，还要做到切实可行、技术和工艺先进、经济合理，能保证质量、安全和工期要求。方案按规定批准后，组织实施。

4）组织制订安全和环保技术措施，并按规定批准后实施。

5）组织好技术、安全、环保和交底原始记录的整理归档工作，指导、督促做好二次交底工作。

6）负责项目工地实验室的建设和管理工作，指导、督促做好施工过程的试验检测工作。

7）组织做好设计变更工作，做好测量、试验数据的审核把关工作，指导、督促检查各种原始记录的整理、签认和归档保存。

8）负责对项目的技术工作进行总结，积极推进整体技术策划和标准化施工。

9）组织做好交竣工项目的各项准备和资料整理编制、归档工作。负责竣工验收前修复工程的方案制订及实施。

10）做好项目分包的技术管理工作，定期对其进行检查和指导。

2. 质量管理

工程质量是企业素质的综合反映，是项目管理水平的重要标志。项目总工程师在项目经理的领导下，对工程质量负全面技术责任。

1）负责建立项目质量保证体系，协调质量相关部门的接口工作，指导、督促和检查质量职责的落实和质量体系运行等情况，并及时制订改进措施。

2）主持编写项目质量目标实施计划，并组织贯彻实施。

3）根据项目的工程特点，负责编制关键工序和特殊工序的方案或作业指导书，并督促实施，做好过程控制。

4）负责质量信息的审核、发布和上报工作，保证其及时性、准确性和可靠性。

5）负责组织开展创精品工程和创优工程活动，并制订实施措施和奖惩办法。

6）组织工程质量事故的调查与处理。

3. 现场检查与指导

现场检查与指导是项目总工程师的一项重要工作，通过现场检查与指导，可以及时了解现场情况，发现问题并及时采取措施，做到预防预控，防患于未然，确保工程顺利进行。

1）负责组织项目定期质量大检查，并将检查结果及时上报。积极参与和配合公司定期、不定期检查及业主、监理等组织的各项质量检查活动。

2）定期或不定期地进行现场检查，要重点关注关键工序和特殊工序，对关键工序、特殊工序要实行三认可制度（方案认可、设备认可、人员资质认可），对于发现的问题，要及时采取措施处理。

3）亲自到现场组织和指挥重大技术方案或技术措施的实施，实施过程中要不定期地进行现场检查与指导，确保方案或措施能落实到位。

4）经常对测量、试验、施工现场（包括拌和站）等的技术质量状况和相关技术人员的工作情况进行检查，发现问题及时解决。

4. 技术创新与科技进步

1）领导并组织项目的技术管理体系，在做好技术管理工作的同时，积极开展技术创新活动，不断提高科技进步水平。

2）项目技术管理体系的建立是以项目总工程师为首的技术业务统一领导和分级管理的工作体系，并配备相应的职能人员。一般规模项目设置：项目总工程师、主任工程师、工程师或技术员。其下设技术部门、工长等，然后按技术职责和业务范围建立各级的责任制，明确岗位职责，建立各项技术管理制度。

3）根据项目工程特点和需要，负责制订相应的技术进步和科技开发的实施计划，为工程的顺利施工提供有力的技术支持。

4）针对影响工程质量、安全、工期和效益的关键工序、特殊工序或重大问题，结合项目自身情况，负责申报公司级及以上科研课题，或自行进行一般性课题立项，通过开展专项科研课题研究和技术攻关，解决项目的实际问题。

5）积极引导和鼓励项目全体人员开展技术革新、修旧利废、合理化建议、QC 小组等活动，提高项目的整体技术水平。

6）结合项目实际，积极采用新技术、新工艺、新材料、新设备，大力推进"四新"技术的推广和实施。

7）积极建立和完善科技信息的收集、处理和交流体系，充分发挥科技信息对施工生产的服务功能。

5. 项目信息化管理

1）项目总工程师应加强工程的信息化管理，领导和组织项目技术人员充分利用 Office 等通用办公软件、CAD（BIM）等专业软件和网络信息资源，更好地为工程施工服务。

2）项目总工程师应牵头组织好企业办公平台等相关联的系统的应用，为项目级无纸化办公创造条件。同时应配合好相关部门结合各级政策做好劳务实名制平台建设、智慧工地建设、扬尘监控系统、安防系统等管理系统的规划工作。

3）配合相关业务系统做好项目信息化设备的台账建立、固定资产的管理和相关设备的调拨工作。

二、项目总工程师的工作方法

项目总工程师的工作方法，就是以科学的态度、方法和知识作为手段，以创造、创新和集体协作精神为宗旨，把工程施工上的具体问题作为任务加以分解，组织全体技术人员并身体力行地予以合理的解决。

1. 日常工作的基本方法

（1）处理公文

公文是上级领导机关用来发布法规、传达领导意图、指导工作、通报企业工作情况、交流经验及项目部向上级和业主请示问题、上报材料、互通情况的工具。公文的主要作用是上传下达、凭证依据、宣传教育和规范行为。

处理公文必须准确及时，防止公文被搁置而贻误工作。按照文件的来源、使用范围、用途和收发不同分类处理，对公文要认真阅读，领会其精神，慎重地审核批复。

(2) 组织会议

组织会议是常用的一种工作方法，通过会议来安排工作、协调关系、咨询决策、互通信息、讨论与决定问题等。会议的组织工作包括确定会议的议题，参加会议人员，会议的议程、时间、地点等，并要事先通知，使参加会议人员准备好有关资料，会场要提前做好布置。

(3) 组织协调

组织协调是行政管理的重要职能，主要是改善和调整各部门、各工种和人员之间的关系，使各项工作密切配合，人员分工合作、步调一致，促进工程项目的圆满完成。

协调的本质是对人员的协调。协调工作要贯穿工程项目施工的全过程，本着平等公正、求同存异、合理分工和统筹兼顾的原则，照顾到各个方面、各个环节和所有人员，做到上下协调、内外协调、横向协调、平行协调，使工程项目施工和谐统一，物尽其用，人尽其能，充分调动全体人员的工作积极性和创造性。

(4) 深入施工现场

施工现场是项目管理工作的基础，因此，项目总工程师应深入现场，了解并掌握具体情况，指导和解决实际问题，从而取得领导工作的主动权和实效性。

工作计划标明了工作的目标和重点，并使其成为有序的连续过程、执行的方法和进度的监控，是工程管理的重要依据。

项目总工程师的工作计划包括项目总体计划和个人工作计划。项目总体计划即项目工期进度总计划，是对工程项目的整体工作安排。在总体计划之下，需按照项目经营的要求细化为年度计划、季度计划、月计划乃至周计划，还需按工作类别不同细化为科技工作计划、质量工作计划、材料和设备进场计划等。个人工作计划是用于日常工作安排的、本人所主管的业务工作计划。

任何事物总是处于不断的发展变化中，这是客观规律。同样，由于工程施工中各种内外部条件的变化、环境与气候因素、不可抗拒的自然与社会灾害等，以及原计划本身的缺陷，工作计划需要随时做出相应的调整，以适应这些变化，更符合工程的内在规律性。项目科技管理体系如图1-2所示，读者可通过扫码查看此体系导图。

图1-2　项目科技管理体系

2. 检查总结方法

检查总结是上级对下级实施决策的情况和结果所做的专门调查，是对决策的再认识。领导不能只是作决策、发号施令，重要的是检查指示的执行情况，而且要通过实践的检验来检查指示本身正确与否，这是领导工作的重要环节。通过检查总结，有利于发扬成绩、找出差距、纠正错误、提高工作效率，有利于认识规律、发现问题症结所在，有利于发现人才，考核干部，提高领导干部的各项素质。

例如，项目总工程师针对工程上的某个质量问题提出处理意见，交给主管技术员具体处理，处理完成之后，项目总工程师再对结果进行检查、评价。在此过程中，项目总工程师可以检验自己提出的处理意见的合理程度和实际效果，了解到主管技术员解决具体技术问题的能力。

检查总结必须遵循理论和实际相统一的原则，反对主观主义，实事求是地评价各项工作的开展情况。要深入实际、深入施工现场、深入群众，全面细致地掌握客观事实，真正发现先进和落后的部位与环节，充分收集决策本身及决策执行情况的准确信息进行总结、分析和归纳，从而进一步完善各项工作，

在推行PDCA工作方法时，总结检查是其中的一项。PDCA循环，是指按计划、执行、检查、处理四个阶段的顺序来进行管理工作，并且循环进行下去，检查总结是这一工作程序的第三个环节，如图1-3所示。

进行检查总结有跟踪检查、阶段检查、自上而下与自下而上的检查、组织专门的班子检查等多种方式。

检查总结的目的在于指导工作，确保领导工作的有效进行和决策目标的顺利实施。这项工作要按计划定期进行，以便随时掌握工作的进程，交流经验，纠正错误，动态调整和优化工作。

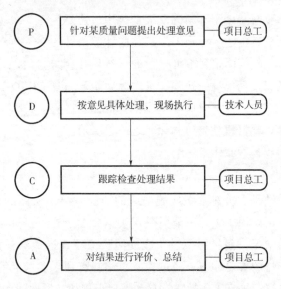

图 1-3　工程质量问题检查总结 PDCA 流程

第三节　项目总工程师的领导艺术

现代工程项目施工已经完全进入市场经济体系，不只是单一的施工作业，而是形成了社会化、系统化、市场化、人才化、信息化和科学化的综合体系，项目总工程师要站在战略的高度来管理项目的技术工作，重视市场调查研究，考虑社会和环境的影响，尊重人才，依靠全体技术人员、管理与操作人员，利用科技与信息技术，通过创新，实现项目质量、进度、经济效益和社会效益的总体目标。

（1）具有全局观念

项目总工程师应该具有全局观念，用系统的思想、信息化经济的观念和科学发展的眼光来看待工程项目，按照科学规律办事，依靠全体技术人员、管理层与操作层人员，共同推动工程项目的顺利实施。

在充分考虑整个工程的各方面情况后，从大局出发，合理安排各分项工程的施工顺序和各个环节，统筹兼顾各种工程要素，做到工程全局一盘棋，使工程施工均衡、协调、有序地进行。

(2) 分主次，抓关键

在一个工程项目的技术工作中，有各个方面、不同层次的许多工作，但中心任务只能有一个，这就要求项目总工程师在领导过程中，分清事情的轻重缓急，突出关键环节，抓住主要矛盾。把决定性的主要矛盾解决好了，其他工作的解决就会迎刃而解。

在一堆工作中不分主次，"眉毛胡子一把抓"，会造成工作零乱无序。同时，只抓中心工作而忽视其他工作，"头痛医头，脚痛医脚"，这样也不行。所以，项目总工程师在集中精力抓好主要工作的同时，也要兼顾其他工作，分清主次，协调配合，这就是"弹钢琴"式的领导艺术。

(3) 协调人际关系

在工作中，项目总工程师要根据管理人员或操作人员的个性特点和项目集体的工作规律，采用正确的方式方法，适时解决人际关系中的矛盾，使项目管理层和操作层之间、技术人员之间以及和外部单位之间的关系和谐，发扬团队精神。

在协调人际关系过程中，应注意以下具体原则：

1）相互尊重、公平待人的原则。摒弃权力意识，尊重别人，待人和蔼，关心职工，树立尽心尽力为技术人员和职工服务的思想。要主持公道，伸张正义，不能厚此薄彼，无论远近亲疏均做到"一碗水端平"，同时避免因自己考虑不周而出现的不公平现象。

2）相互信任、互相沟通的原则。作为领导者要充分信任下级，同时要做到言而有信，言出必行，不说假话、大话，多为对方着想，通过自己的表率作用取得大家的信任。在工作和生活中加强沟通，促进互相了解，互相支持，在上下级之间、项目领导班子之间建立起互相信任的氛围。

3）互助互利的原则。工程项目是一项集体工作，需要大家的互助合作，故要以互利互惠为前提，分配物质利益既要反对平均主义的干多干少、干好干坏一个样，又要防止差距过大，注意解决好分配制度中的不完善环节，同时要注意技术人员和职工的精神需求。

4）共同参与的原则。项目总工程师要充分发扬民主，积极听取广大职工和技术人员的意见和建议，吸收群众的智慧、经验和技巧来改善自己的工作方式，发动群众在不同管理层次上，采取不同形式参与项目工程管理，发挥大家的主观能动性，增强群体的凝聚力和向心力。

（4）良好的个人作风

良好的个人作风是领导者在日常工作、生活和学习中表现出来的一贯态度与行为，是领导者思想、品德和个人素质的外在表现。良好的个人作风对于领导者的号召力和领导效果有着十分重要的影响，有利于目标的顺利实施，有利于各种职能的正常发挥。

1）实事求是的工作作风。实事求是就是从客观存在的实际情况出发，用调查研究的方法，找出事物本身的客观规律和解决问题的正确途径。项目总工程师作为工程项目的技术工作领导者，更要坚持实事求是的原则，认真开展调查研究工作，因为技术工作本身就是对事物运动规律的探索，或是把探索得来的成果应用于施工，来不得半点虚假。

2）带头自觉学习、刻苦钻研技术的作风。作为工程项目的技术带头人，项目总工程师要自觉地加强自身的业务学习，不断钻研和学习先进的技术，努力提高自己的技术水平，为项目全体技术人员树立一个好榜样，在项目内形成重视业务学习和钻研技术的良好风气。

3）民主作风。工程项目是一个集体项目，工艺繁杂、专业工种较多，项目总工程师在进行工作决策时，或在解决技术问题的过程中，往往要涉及方方面面，难免有所疏漏，有所失误。因此，项目总工程师要密切联系群众，多听听来自基层和不同方面的意见，力戒主观武断，"三人行，必有我师"，只有集思广益，拾遗补阙，才能使技术方案更合理有效，做到决策民主化，最大限度地防止出现工作失误。

4）严于律己的作风。项目总工程师应严格要求自己，坚决执行公司的方针政策，遵守纪律，工作上踏踏实实，经济上清正廉洁，生活上艰苦朴素，个人品德修养上也要努力提高。

严于律己是一种良好的作风，项目总工程师要以自身行为作为表率来影响项目职工，从而带动全体技术人员和其他员工努力工作，战胜困难，把工程项目搞得更好。

第二章

投标前技术调查

招标投标管理的项目，施工企业进行标前调查是一项必不可少的工作。在标前调查研究中，投标单位因考察范围、内容不准确导致报价偏离而不中标或中标后出现严重亏损的情况时有发生。因此，对拟投标项目进行全面仔细的调查研究，再对投标报价进行权衡、调整是极其重要的。

第一节　调查前的准备

作为技术标编制的主要参与者，项目总工程师要参与投标前的技术调查。调查是在掌握设计文件（资料）和其他相关资料的基础上，及时取得施工现场实际资料，以便优化编制施工组织设计。但是技术调查前需要做好充分的准备工作。

1）查阅、熟悉已掌握的设计文件和有关资料，对于重点部分应进行摘录。

2）拟定详细的调查提纲，并根据实际情况安排具体调查计划。

3）按调查提纲内容进行人员分工，调查取证材料要逐项进行汇总。

第二节　调查内容

施工调查内容的深度及广度应根据工程类型及复杂程度，参照以下内容予以增减取舍，并要突出重点。

1）地形、地貌、地质：包括施工现场的地理位置，地形、地貌，用地范围，地质情况，地震及设防烈度等。

2）气象、水文：包括工程所在地的气象、水文情况，洪水、台风及其自然灾害情况等。

3）交通：交通运输条件，是否需要新修筑临时道路，周边道路能否满足工程建设运输要求，是否存在运输高峰期，是否存在限宽限高障碍，交通道路中是否存在孔洞隧道等限重情况，交通道路中是否存在架空线路，存在限高风险等。

4）电、水、通信、燃料：周边电、水、通信、燃料等配套是否到位，电源位置及负荷、水源位置及量级，供水供电线路情况，通信是否畅通，网络接纳距离和带宽，燃料的累计及供应方式等。

5）物资供应：周转材及主材的供应单位的位置、距离工程所在地的距离、供应的能力，给予周边工程供应的状况、价格水平与变动趋势，物资的参数与规格，物资的类别与数量等。

6）施工机具设备：主要施工机具设备的租赁单位的位置、距离工程所在地的距离、供应的能力，给予周边工程供应的状况、价格水平与变动趋势，参数、规格、类别、数量等。

7）劳务：劳务市场的状况，工种的类别，输送能力，价格区间等。

8）用地和拆迁：工程用地的范围、红线等位置，是否需要租用临时用地，场地内是否存在未拆迁的建筑（构筑）物，场地内是否存在苗木，场地内是否存在井、洞、庙、观、墓、信号塔、国防电缆等。

9）临建工程：结合场地情况及临建位置拟定区域选择，周边是否有可临时租用的既有建筑。

10）工程造价资料：地方信息价的情况，主要材料、设备价格与信息价的差异等。

11）风俗民情：地方全年周期内的风俗民情，是否存在重大地方性风俗活动或可影响项目施工的政府活动，是否存在地方村民恶意承接工程或坐地收费情况，是否存在设卡拦路情况等。

12）生活、卫生：生活必需品的供应来源和距离，卫生设施的排放渠道和相关政策收费情况等。

第三节　调查报告及案例

技术调查结束后要写出施工调查报告。调查报告由施工调查负责人主持编写，按专业组织编写后汇总，作为编制实施性施工组织设计及组织施工的重要依据。施工调查报告内容：工程概况、工程位置、工程规模、工程量、工程标准、技术条件、工期要求、工程自然条件、地质地貌、气象水文及社会经济、交通情况等。

【案例1】

新建×××铁路先期开工段站前工程标前调查报告

20××年××月××日至××日，×××××公司×××××项目经理部在项目总工程师×××的带领下对新建×××铁路先期开工段站前工程进行了标前施工调查，现将情况汇报如下：

项目总体简介：

×××至×××铁路位于××××，地处××境内。线路东起××市，沿×××西行，与省道××、国道××伴行，经×××，进入×××境内；之后线路穿××山，先后经过×××市。

主要技术标准见表2-1：

表2-1　主要技术标准

铁路等级	一级	正线数目	单线
限制坡度	6‰，双机地段16‰	设计行车速度	160km/h
最小曲线半径	一般1200m，困难800m	牵引种类	电力
牵引质量	4000t	机车类型	HXD系列
到发线有效长度	850m，双机880m	闭塞类型	自动站间闭塞

一、××××(含)至×××(不含)段工程概况

××境内先期开工段××至××,线路位于××境内。该段线路南起××,向西北方经××,从××南侧通过,横跨×××河,从××东侧约6km处通过,再沿××东侧向北至××东站。线路出××后分上、下行引入×××站。先期开工段线路全长×××km,近期开站4处,设中间站3处,会让站1处,特大桥1座计×××km,大桥5座计×××km,中桥28座计×××km,小桥35座计×××km,涵洞587座计×××横延米,区间路基土石方××××m³。

二、地形地貌

略。

三、水文、气象、地质

1. 不良地质和特殊岩土

(1) 不良地质

1) 风沙:略。

2) 地震液化:略。

(2) 特殊岩土

1) 盐渍土:略。

2) 软弱地基土:略。

3) 膨胀岩:略。

2. 水文地质特征

1) 地表水:略。

2) 地下水:略。

3. 气象特征

略。

四、施工用电用水情况

距离线路右侧约4km有电网分布,可从既有电网中引入电线;距项目4km有×××等水源,施工用水可从几处水源引入,施工用电用水都较为方便。

五、施工运输条件

国道××线与新建铁路并行距离不大于5km,既有道路亦可作为

施工运输道路，新建施工便道方便且地势平坦。土石方及地材每 m³ 运输价格在 0.5 元/km 左右（大于 40km）。

六、拆迁情况

沿线以垦荒农田、荒地及风蚀残丘为主，拆迁量小。

七、材料及设备调查情况（表 2-2）

表 2-2　材料及设备调查情况

序号	名称	价格	备注
1	砂	28 元/m³	出厂价，距离工程××km
2	碎石	40 元/m³	出厂价，距离工程××km
3	片石	60 元/m³	出厂价，距离工程××km
4	P.O42.5 水泥	400 元/t	出厂价，距离工程××km
5	钢筋	3200 元/t	均价
6	钢板	3300 元/t	均价
7	水	3.85 元/t	信息价
8	电	1.2 元/（kW·h）	信息价
9	0 号柴油	6750 元/t	信息价
10	……	……	……

八、现场照片

略。

九、施工现场总体评价

施工现场条件较好，道路通畅，施工便道修建或扩建既有便道方便，生活、生产所需物资来源便利；现场拆迁影响较小，无特别困难情况干扰项目施工。地质及周边环境较为单一，不良地质地段主要表现为风沙、地震液化、盐渍土、软弱地基、弱膨胀土。总体评价施工现场对全线开工建设条件较为有利。

十、存在问题

1）线路走向距×××距离较近，若遇军用光缆、电缆对施工产生较大影响。

2）线路所用 A、B、C 组填料料源较远，料源丰富地处于×××
×，距离两地中心距离在均×××km 以上，若无新的料源可取，对施
工成本影响巨大。

【案例2】

项目所在现场情况调查表见表2-3。

表2-3　项目所在现场情况调查表

工程名称				
项目地址				
现场条件	拆迁情况		场地平整	
	通水情况		通电情况	
	道路情况		污水排放	
	主要桥梁		是否扰民	
	地质条件		周边社区	
	周边环境		政府机构	
	施工材料		当地劳务	
现场情况及周边环境简图				
施工现场总体评价				
现场施工时可能遭遇的疑难问题				
制表		审核		批准	
时间		时间		时间	

18

第三章

投标技术方案管理

　　市场，永远是建筑企业的先锋，也是企业生存的根本。一个项目能否顺利落地，除了前期沟通、合理的报价以外，技术方案也是十分关键的环节。技术方案是一个企业技术实力、组织能力的重要体现，也是一个企业文化实力与工程建设硬实力的体现，能反映出企业能否安全优质快速地完成工程建设，能否给予业主以增值空间和良好的服务。当然投标过程中有很多技巧，各个企业的经验也不尽相同，这里仅对管理部分做出一点建议。

第一节　管理流程

企业投标管理流程如图3-1所示。

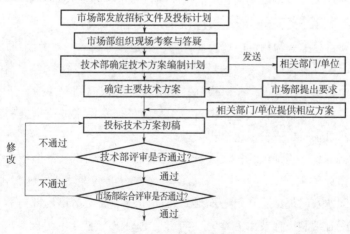

图 3-1　企业投标管理流程

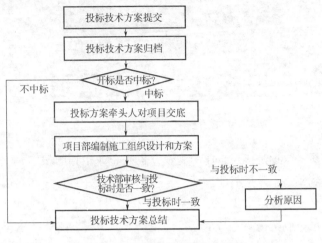

图 3-1　企业投标管理流程（续）

第二节　实施要领

1. 市场部发放招标文件及投标计划

市场营销人员将招标文件、书面的投标工作安排计划发放给投标项目的牵头人、拟派项目经理及拟派项目总工程师（技术负责人）。

2. 项目总工程师确定投标技术方案编制计划

项目总工程师制订内部投标计划，确定投标技术方案编制组成员。投标牵头人应根据市场部的投标工作安排计划，对投标技术方案的各项工作做出具体分工，并对投标技术方案的完成时间及质量标准提出明确要求，发给相关人员。项目总工程师根据招标文件要求提前编制技术标目录及格式，发送给相关人员。

项目总工程师组织相关人员熟悉招标文件及图纸。掌握招标文件中的招标范围，以及质量、工期要求，方案重点，设计及施工规范。发现问题及时提出，并以书面形式将问题清单提交给市场部。需专业分包配合编制投标技术方案时，向市场部提出专业分包配合要求。由市场部负责联系具体专业分包商，同时督促分包商按质按期完成专项技术方案的编制工作。市场部及时将专业分包的相关信息通知技术方案编制组并及时将专业分包所需的招标文件和图纸发放到各专业分包。专业分包必须参加主要方案讨论会议并完成专项方案编制工作，投标组对各个专业分包的参与响应程度做出评价，作为分包评价的一部分列入分包评价资料。技术标编制组要进行现场踏勘，将现场情况和特点以书面形式记录下来，在编制投标技术方案时应结合现场实际情况。

3. 确定主要技术方案

在相关人员已经熟悉招标文件以及招标图纸的基础上，项目总工程师配合投标组组织关于本工程投标主要技术方案、施工部署的讨论会，以确定本工程投标技术方案的整体编制思路及主要技术方案。会议所确定的工期、质量目标、组织机构、流水段的划分以及大型机械设备布置等主要技术方案，在招标条件未发生改变的情况下原则上与会各方不能随意更改，以确保技术方案编制的连贯性、整体性及严肃性。

投标技术方案交底见表3-1。

表3-1　投标技术方案交底

1. 降水方案		
拟采用的降水体系	主要工程量	备注
轻型井点降水	井点数：____个，井距：____m，井径：____m，井深：____m	
管井与自渗砂井结合降水	管井数：____个，井距：____m，井径：____m，井深：____m，滤水管径：____mm，滤料：____m³ 砂井数：____个，井距：____m，井径：____m，井深：____m，滤料：____m³	
……		
2. 基坑支护方案		
拟采用的支护体系	主要工程量	备注
土钉墙支护	土钉墙面积：____m²，墙厚：____mm，混凝土强度等级：____，钢筋网：____，土钉共：____个（竖向间距：____m，水平间距：____m，长度：____m，直径：____mm，钢筋：____），边坡坡度：____。	

拟采用的支护体系	主要工程量	备注
护坡桩支护	桩数：____ 个，桩距：____ m，桩径：____ m，桩深：____ m，混凝土强度等级：____。	
……		

3. 混凝土供应方案

拟采用商品混凝土的部位	拟采用现场搅拌混凝土的部位

4. 模板及支撑体系配置方案

拟采用的模板及支撑体系	模板选型	主要配置量
梁板模板及支撑体系	采用____厚竹/木胶合板，碗扣架/钢管支撑系统	面板：____ m²，木枋：____ m³，碗扣架：____ t/钢管架：____ t
	采用塑料或玻璃钢模壳，碗扣架支撑系统	模壳规格：_____ mm × _____ mm 配置数量：_____ 套，碗扣架：_____ t
墙模板体系	采用____厚竹/木胶合板	面板：____ m²，木枋：____ m³，穿墙螺栓直径：____，长____ m
	采用大钢模体系	大钢模：____ m²（单位重量约：____ t/m²）
柱模板体系	采用 T 形/L 形可调截面钢柱模	T 形/L 形柱模/共：____ 套，折合面积：____ m²，（单位重量约：____ t/m²）
	采用____厚竹/木胶合板	面板：____ m²，木枋：____ m³
……		

5. 脚手架配置方案

部位	拟采用配置方案	主要物资需用量	使用时间
外脚手架	液压爬架	爬架____，爬架费用：____元 其他材料：钢管____ t，扣件____ t，密目安全网____ m²，防坠安全网____ m²，木跳板____ m²	
	型钢挑架	型钢规格：____，数量：____米 钢管：____ t，扣件：____ t，密目安全网____ m²，防坠安全网____ m²，木跳板____ m²	
	单立杆双排钢管脚手架	钢管：____ t，扣件：____ t，密目安全网____ m²，防坠安全网____ m²，木跳板____ m²	
	双立杆双排钢管脚手架	钢管：____ t，扣件：____ t，密目安全网____ m²，防坠安全网____ m²，木跳板____ m²	
内脚手架	移动式脚手架	共____套	
	扣件式脚手架	钢管：____ t，扣件：____ t，木跳板：____ m²	
……			

6. 施工机械配置方案

序号	名称	规格型号	单位	数量	使用时间	用途
1	塔式起重机		台			
2	汽车式起重机		台			
3	外用电梯		台			
4	提升架		台			
5	混凝土地泵		台			
6	挖掘机		台			
7	推土机		台			
8	铲运机		台			

序号	名称	规格型号	单位	数量	使用时间	用途
9	混凝土搅拌站		套			
10	混凝土搅拌机		台			
11	砂浆搅拌机		台			
12	闪光对焊机		台			
13	交流电焊机		台			
14	电渣压力焊机		台			
15	空气压缩机		台			
16	蛙式打夯机		台			
17	装载机		台			
18	木工平刨		台			
19	木工圆刨		台			
20	钢筋弯曲机		台			
21	钢筋调直机		台			
22	钢筋切断机		台			
23	钢筋套螺纹机		台			
24	50mm 振捣棒		个			
25	30mm 振捣棒		个			
26	平板振动器		个			
27	备用发电机		台			
28	……					

7. 现场临建方案

序号	名称	单位	数量	结构类型/做法	备注
1	提供业主/监理办公室	间		集装箱式盒子房	
2	总包现场办公室	间		集装箱式盒子房	
3	提供分包现场办公室	间		集装箱式盒子房	
4	会议室	间		集装箱式盒子房	
5	实验室	m²			
6	备用发电机房	m²			
7	管理人员食堂	m²			
8	现场工人食堂	m²			

（续）

序号	名称	单位	数量	结构类型/做法	备注
9	管理人员厕所及淋浴室	m²			
10	现场工人厕所	m²			
11	现场工人淋浴室	m²			
12	工人宿舍	m²			
13	仓库	m²			
14	混凝土/砂浆搅拌站	m²			
15	木工加工棚	m²			
16	钢筋加工棚	m²			
17	工具房	m²			
18	门卫室	m²			
19	围墙（含出口及大门）	m²			
20	临时道路——混凝土	m²			
21	临时道路——碎石	m²			
22	九板一图制度牌	套		按公司标准做法	
23	临时砖砌化粪池	个			
24	临时砖砌隔油池	个			
25	临时沉淀池	个			
26	临时砖砌水沟	m			
27	……				

8. 冬期施工措施

序号	名称	规格	单位	数量	备注
1	电暖器		台		
2	冬施供暖用电量		kW·h		
3	塑料布		m²		
4	防火棉毡		m²		
5	临时封闭三合板		m²		
6	临时封闭木枋		m³		
7	临时封闭彩条布		m²		
8	……				

第三章　投标技术方案管理

9. 雨期施工措施					
序号	名称	规格	单位	数量	备注
1	塑料布		m^2		
2	潜水泵		台		
3	橡胶排水管		m		
4	雨具		套		
5	……				

10. 成品保护措施					
序号	名称	规格	单位	数量	备注
1	塑料布		m^2		
2	纤维板		m^2		
3	……				

11. 其他技术措施

说明：其他技术措施包括安全环保措施、场外临设及租地；业主或专业分包对场地、临设、脚手架、机械设备的配合要求；其他特殊技术措施等。

编制人/日期：　　　　　　　　　　　　　　审核人/日期：

4. 投标技术方案初稿形成

投标技术方案中总控进度计划及各阶段现场平面布置图，要及时提交给机电人员，由机电人员完成机电工程进度计划及现场临水临电布置图。

工程所涉及的新材料、新设备信息需求以书面形式交给物资人员，物资人员应及时将相关信息反馈给投标组。

在投标技术方案编制的整个过程中，项目总工程师要做好各投标参与单位或各专业人员的沟通协调工作，同时深入研讨和分析业主需求或意愿融入技术方案中，以便获得更好的认可度。

5. 投标技术方案综合评审及最终提交

投标技术方案完成初稿后，先进行组内评审。组内评审要逐句逐字通读，避免出现遗漏、错误或不符合招标文件要求的内容，避免出现不符合现行规范标准或法律法规的问题。一般情况下，组内评审通过换人阅读的方式比较好，即通过第三方的眼光来发现问题提出问题整改问题。

内部评审通过的投标技术方案初稿电子版本交给市场部（包括拟派项目部相关人员），以便在方案评审会议前仔细审阅。

技术方案编制组相关人员参加投标评审会议（必要时应邀请公司内外的有关专家），与会各方应对投标技术方案提出具体的修改意见。技术方案编制组根据评审意见调整投标技术方案，并将最终版的投标技术方案电子版提交给市场部，由市场部业务板块该项目牵头人负责复印及装订。

6. 投标技术方案资料归档

投标技术方案各种资料应用的软件应满足招标文件的要求。投标牵头人按投标技术方案归档资料组成的要求，整理电子版本投标文件。投标牵头人填写投标技术方案编制记录，并将投标过程中收到的各种书面资料按照投标资料目录整理齐全装订成册，并归档保存。

| 第三节　中标后的管理 |

投标项目中标后，技术方案投标牵头人应该就投标技术方案中的重要事项，向项目相关人员进行交底，见表3-2。

表3-2　中标项目交底

1. 降水方案		
拟采用的降水体系	简要施工方法	备注

2. 基坑支护方案		
拟采用的支护体系	简要施工方法	备注

3. 混凝土供应方案	
混凝土的供应方式	商品混凝土/现场搅拌混凝土
大体积混凝土浇筑方案	

4. 模板及支撑体系配置方案		
部位	拟采用的模板及支撑体系	备注
梁板模板	梁板模板体系：____，配置流水段：____，材料用量：	
墙模板	墙模板体系：____，墙模板共____流水段，材料用量：	
柱模板	柱模板体系：____，柱模共____套，材料用量：	
……		

5. 脚手架配置方案			
部位	主要物资需用量	使用时间/月	备注
外脚手架	外架形式：____，钢管____t，扣件____t，密目安全网____m^2，防坠安全网____m^2，木跳板____m^2		
内脚手架	内架形式：____，钢管：____t，扣件：____t，木跳板：____m^2		
……			

6. 施工机械配置方案

序号	名称	规格型号	单位	数量	使用时间	用途
1	塔式起重机		台			
2	汽车式起重机		台			
3	外用电梯		台			
4	提升架		台			
5	混凝土地泵		台			
6	挖掘机		台			
7	推土机		台			
8	铲运机		台			
9	混凝土搅拌站		套			
10	混凝土搅拌机		台			
11	砂浆搅拌机		台			
12	电焊机		台			
13	备用发电机		台			
14	……					

7. 现场临建方案

序号	名称	单位	数量	结构类型/做法	备注
1	办公用房	间		集装箱式盒子房	
2	实验室	m^2			
3	备用发电机房	m^2			
4	管理人员食堂	m^2			
5	现场工人食堂	m^2			
6	管理人员厕所及淋浴室	m^2			
7	现场工人厕所	m^2			
8	现场工人淋浴室	m^2			
9	工人宿舍	m^2			
10	仓库	m^2			
11	混凝土/砂浆搅拌站	m^2			

第三章　投标技术方案管理

（续）

序号	名称	单位	数量	结构类型/做法	备注
12	木工加工棚	m^2			
13	钢筋加工棚	m^2			
14	工具房	m^2			
15	门卫室	m^2			
16	围墙（含出口及大门）	m^2			
17	临时道路	m^2			
18	……				

中标项目在制订项目实施施工组织设计（方案）时，应与投标技术方案保持一致性。在中标项目实施过程中如对原投标技术方案有涉及安全、质量、技术等重大变动的，必须事先与企业管理部门进行沟通，提出充分必要的理由，在取得企业的同意后方可修改。以便企业随时了解项目的实施情况，了解项目实施过程中与投标阶段的偏差，做好技术方案的总结，为今后投标方案积累一些经验，使投标方案更有可操作性。

第四节　投标技术总结

项目投标结束后，由市场部负责收集竞争对手的投标技术方案、投标文件的最终评审结果及相关信息，并传递给企业技术方案编制组。技术方案组的成员把该投标方案中遇到的新技术、新方案等补充到技术资料库中。根据反馈信息进行投标技术方案的总结，并作为投标技术方案编制工作改进的基础。就像古人说的那样"知己知彼，百战不殆""以人为鉴，可以明得失"，市场开拓的路上，没有一马平川，有的是更多更深的险阻，但是也正是这些险阻培育了技术人员的一次次的进步。

第四章

测量管理

测量是工程师的"眼睛","失之毫厘,差之千里"。工程测量作为工程建设的重要环节,是技术管理工作的重要组成部分。它既是工程建设施工阶段的重要技术基础,又为施工和运营安全提供了必要的资料和技术依据。

第一节 施工现场测量管理的内容

1. 基准点交接

基准点交接工作应在进场一周内,由建设单位主持,项目总工程师及项目测量人员参加,在现场进行交接工作。基准点交接测量资料必须齐全,并应附示意图,标明基准点平面位置和标高,必要时附文字说明,依照资料进行现场核对,检查清点。交接基准点时,各主要标桩应确属完整、稳固。交接后,立即组织测量人员进行复测,如发现问题及时提交建设单位研究解决。交接工作办理完毕后,必须履行手续,填写基准点交接记录表,一式三份,建设单位、监理单位、施工单位各一份,交接桩记录表存入工程档案。为确保测量工作顺利进行和方便施工,基准点要设置明显标志,以防损坏。测量人员必须对基准点妥善保护,定期巡视基准点保护情况。所有测量标桩未经工程技术负责人同意,不得破坏。在施工范围内测量标桩附近,需搭设临时建筑物或堆放材料时必须事先与现场测量人员取得联系,同意后方可实施，以免损坏测量标桩或影响测量视线。基准点交接记录表见表 4-1。

表 4-1 基准点交接记录表

工程名称			
使用仪器及型号	全站仪 经纬仪 水准仪 ……		
基准点（一）		基准点（二）	基准点（三）
高程：		高程：	高程：
X：		X：	X：
Y：		Y：	Y：
基准点平面位置示意图：（可附图）			
建设单位：		施工单位：	其他单位：
现场代表：		测量： 复检人： 技术负责人：	代表：
年　月　日		年　月　日	年　月　日

2. 编制施工测量方案

工业与民用建筑、水工建筑物、桥梁、核电厂、隧道及综合管廊的施工测量均应按《工程测量标准》（GB 50026）制订施工测量方案。施工测量方案由测量工程师会同相关部门共同编写，并由项目总工程师负责审核，对于技术复杂、测量工作难度大工程的施工测量方案应由企业技术负责人审核、批准。测量工程师应依据设计要求和规范规定，根据现场情况在场区内合理设置测量控制点，将基准点引测至测量控制点，并绘制测量控制点布置图，定期对测量控制点复核并记录。施工测量方案审批后，由测量工程师对相关人员进行施工测量交底并按照批准的方案开展测量工作。

3. 工程定位及复核

在工程测量前测量工程师必须对有关设计图纸的测量定位依据进行复核，如发现问题及时向技术主管部门汇报核实以便与建设单位及设计单位协商。项目部进行首次定位，需企业测量管理部门进行复核，并填写工程定位放线记录。为避免测量差错，所有测量内业和计算资料必须两人复核，测量内容、成果等要详细填入测量手簿内，并签好姓名及日期，记好工作日志。施工测量放线自检完成后，请项目质检部门验线合格后报请监理验线。验线时，应准备好相关的测量记录，供验线部门核验。验线过程中，应对有关设计图纸、变更洽商和起始点位（如红线桩、楼座桩、水准点）及已知数据（如坐标、高程）等原始资料进行核实，保证验线依据原始、正确、有效，验线精度应符合测量规范要求。施工测量放线验收通过后，由测量工程师向下一工序的班组进行交接，并办理交接检查记录。做好日常放线工作外，根据现场施工情况对分包劳务测量工作进行检查复测，发现问题及时上报技术管理部门，问题未得到解决严禁进入下一道工序。

4. 施工测量放线

施工测量各项内容的实施应按照方案和技术交底进行，遇到突发问题应及时会同有关技术部门进行方案调整，补充或修改方案。施工测量中必须遵守先整体后局部的工作程序。即先测设精度较高的场地整体控制网，再以控制网为依据进行局部建筑物的定位、放线。施工测量前必须严格审核测量起始依据（设计图纸、文件、测量起点位、数据）的正确性，坚持测量作业与计算工作步步有校核的工作方法。实测时应做好原始记录。施工测量工作的各种记录应真实、完整、正确、工整，并妥善保存，对于需要归档的各种资料应按施工资料管理规程整理及存档。施工测量放线完成后，按施工资料管理规程要求，测量人员应及时填写各项施工测量记录，并提请质量工程师进行复测。轴网、基底标高及楼层标高引测，建筑物垂直度观测由测量工程师完成；墙柱边线、洞口位置及楼层内标高引测由劳务队完成，质量工程师复核。

5. 变形观测

按规范或设计要求进行基坑监测和建筑物变形观测的项目，须委托有资质的机构完成。项目测量工程师督促施测单位应按变形观测方案定期提交观测报告，并及时上报建设单位及监理单位。定期对基坑监测数据进行复测，建立观测数据库并及时整理分析观测结果，保证施工中的安全。

6. 工程竣工测量

施工测量必须保证建筑物或构筑物位置正确，其精度符合设计和施工技术规范要求。在工程施工中，必须根据有关规定要求及时安排竣工测量工作。工程竣工后及时提交竣工资料。

7. 测量仪器管理

测量所用的全站仪、水准仪、钢卷尺等测量器具必须按计量法规的要求进行定期送检。超过检定周期或精度达不到要求的禁止使用。测量仪器不允许外借，确需外借时需经主管领导批准，办理外借手续。测量人员必须熟悉测量仪器的性能、操作规程、日常保养知识以及了解各种仪器使用时必须具备的外界环境条件，避免因操作不当对测量仪器造成损害或使测量结果产生错误。所用仪器根据使用频率和使用时间进行及时保养；雨天尽量避免使用，如果确实需要使用，要做好避雨措施，用完后要及时清洁仪器，并把仪器架在既安全又通风的地方晾干。测量仪器转站时，严禁将支架的仪器横扛在肩上，必须装箱搬运。外业的仪器运输中，尽可能地把仪器抱在身上，不得无人监管使其受到振动。工作时严禁坐仪器箱和脚架，仪器操作要小心轻放，做到人不离机。仪器的保养应由专人负责，根据实际情况，约半个月清洁一次。测量仪器必须由经过培训能够熟练操作的人员使用，未经相关培训的人员不得擅自操作精密测量仪器。建立测量仪器台账和使用档案。

8. 测量成果管理

测量成果的计算资料必须做到记录真实、字迹清楚、计算正确，格式统一，并装订成册，妥善保管。原始记录必须做到清楚工整，不得涂改、后补，每一单位工程完毕后必须及时整理测量资料。凡纳入工程技术档案内的，应按规定整理交给资料管理部门入档，不入档者应保留到工程竣工验收一年后方可处理。

9. 测量安全管理

测量人员进入施工现场，必须严格遵守现场的有关规章制度，加强安全意识，避免发生人员、仪器安全事故；测量人员在施测过程中，应坚守岗位，操作人员不得擅自离开仪器，不允许非测量人员使用仪器，避免遗失和损坏；高处测量作业时，应采取防护措施，在没有防护设施的高处、陡坡测量时，必须系好安全带；立体交叉作业的区域，应采取安全防护，防止高处坠物造成人员、仪器损伤。

第二节　施工测量技术资料管理

1. 测量依据资料

地方规划局及城市规划管理部门的建设用地规划许可证及其附件、划拨建设用地文件、建设用地钉桩（红线桩坐标及水准点）通知单（书）；验线通知书及交接桩记录表；工程总平面图及图纸会审记录、工程定位测量及检测记录；有关测量放线方面的设计变更文件及图纸。

2. 施工测量记录资料

施工测量方案、现场平面控制网和水准点成果表报验单、审批表及复测记录；工程位置、主要轴线、高程及竖向投测等的施工测量报验单与复测记录；必要的施工测量原始记录及特殊工程资料（如钢结构工程等）。

3. 施工验收测量资料

竣工验收资料、竣工测量报告及竣工图；沉降变形观测记录及有关资料。施工测量技术资料的编制要求见表4-2。

表4-2 施工测量技术资料的编制要求

分类	资料名称及编号	编制要求	责任人
施工测量记录	施工测量放线报验申请	项目技术负责人应在完成施工测量方案、红线桩校核成果、水准点引测成果及施工过程中各种测量记录后，予以填写并报监理单位审核	项目测量员
	工程定位测量记录	1. 工程定位测量必须附加计算成果、依据资料、标准轴线桩及平面控制网示意图（可采用计算机或手工绘制）。采用的仪器名称及规格型号 2. 工程定位测量记录填写要求： （1）工程名称与图纸标签栏内名称一致 （2）施测日期、复测日期按实际日期填写 （3）平面坐标依据、高程依据是由测绘院或建设单位提供，在填写时要写明点位编号，且与交桩资料中的点位编号一致 （4）定位抄测示意图要标注准确，具体要求：①示意图要标注指北针。②建筑物轮廓要用轴线示意，并标出尺寸。③坐标、高程依据要标注引出位置，并标出它与建筑物的关系。④特殊情况下，可不按比例，只画示意图，但要标出主要轴线尺寸。同时须注明±0.000绝对高程 （5）复测结果一栏必须填写具体数字，各坐标点的具体数值。由施工（测量）单位填写，根据监理要求手写或计算机打印 3. 工程定位测量完成（经内部检查后），填写测量记录报监理单位审核	项目测量员

分类	资料名称及编号	编制要求	责任人
施工测量记录	基槽验线记录	施工单位应根据主控轴线和基底平面图，检验建筑物基底外轮廓线、集水坑、电梯井坑、垫层标高（高程）、基槽断面尺寸和坡度等，填写"基槽记录"报监理单位审核，由监理单位签认	项目施工员、测量员
	楼层平面放线记录	楼层平面放线内容包括轴线竖向投测控制线、各层墙柱轴线、墙柱边线、门窗洞口控制线等，项目施工员（测量员）应在完成楼层平面放线后，填写楼层平面放线记录报监理单位审核并签认	项目施工员、测量员
	建筑物垂直度、标高观测测量记录	1. 层高、总高的高度及最大垂直偏差、垂直度等观测测量，项目施工员（测量员）应及时在每层结构层完工时进行；全高顶面标高、垂直度观测测量，应及时在主体完工时进行 2. 施工单位应根据建筑测量定位放线的规定要求另附详细平面布置图及其观测测量手簿 3. 观测测量记录应报监理审核签认	项目施工员、测量员
	建筑物沉降变形观测记录及续表	施工单位在施工过程中，专职测量员应按设计要求和规范规定，编制观测方案，并经建设单位（监理单位）审批。合理设置沉降观测点，绘制沉降观测点布置图，合理设置观测周期，定期进行沉降观测并记录，并应附沉降观测点的沉降量与时间、荷载关系曲线图和沉降观测技术报告	专职测量员
仪器管理	测量设备台账	项目部建立测量设备台账（含分包商）；按照规定（周期）检定测量设备，检验证书齐全；测量设备台账中仪器设备数量应与实际使用相符	专职测量员
测量管理		1. 测量原始记录清晰、准确，信息齐全，签认手续完备并及时归档 2. 健全测量复核签认制，进行双人复核、测量闭合、逐级复核 3. 交接桩有书面签认，测桩标识醒目，保护得当 4. 对监理（设计、业主）移交的控制桩要有复测，成果按程序经监理工程师书面批准 5. 建立控制网、复测管理台账	专职测量员

第三节 案 例

一、测量案例

下面以某大型住宅小区工程为例,该工程总建筑面积 90 万 m²,包含 4 个地块,总计 31 栋高层建筑,4 栋多层建筑。功能涵盖住宅、社区综合用房、商业等。

1)项目进场后首先由项目总工程师与建设单位对接基准点交接事宜,由测量员完成基准点交接及复核事宜。

由于该建设项目占地较大,为了便于开展测量工作,甲方在场区内设置 9 个基准点,委托第三方有测量资质单位对基准点进行定位,并向项目提供了基准点测量成果数据。项目总工程师接到测量成果以后,立即会同甲方和监理单位进行基准点交接工作。安排项目测量工程师进行基准点复测工作,经复测无误后,填写交接记录表(表 4-3),一式三份,建设单位、监理单位、施工单位各一份,交接记录表存入工程档案。(基准点定位一般采用静态 GPS 方式采集数据,而 GPS 受天气、接收卫星个数过少等影响可能会出现误差,所以项目交接基准点时应该对基准点进行复测。)

表 4-3　基准点交接记录表

工程名称	××××建设项目		
使用仪器及型号	拓普康 GTS-336N 水准仪 DZS3-1		
基准点(1-1)	基准点(1-2)	基准点(2-1)	
高程:109.683	高程:108.506	高程:107.443	
X:3830650.796	X:3830393.412	X:3830477.634	

Y：490543.770	Y：490334.432	Y：490595.921
基准点（2-2）	基准点（3-1）	基准点（3-2）
高程：108.086	高程：108.008	高程：107.321
X：3830590.832	X：3830241.179	X：3830438.466
Y：490852.22	Y：490595.145	Y：490852.301
基准点（3-3）	基准点（4-1）	基准点（4-2）
高程：107.961	高程：107.920	高程：108.567
X：3830252.157	X：3830138.756	X：3829977.813
Y：490853.345	Y：490843.341	Y：490865.792

基准点平面位置示意图：（可附图）

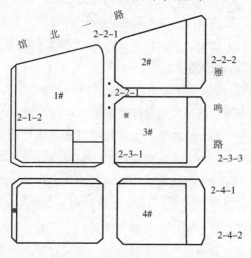

建设单位：	施工单位：	其他单位：
现场代表： 年 月 日	测量员： 复检人： 技术负责人： 年 月 日	代表： 年 月 日

2）编制施工测量方案。基准点交接完毕，项目总工程师组织测量工程师会同相关部门共同编写施工测量方案，并负责审核该施工方案。对于技术复杂，测量工作难度大工程的施工测量方案应由企业技术负责人审核、批准。施工测量方案报监理单位审批后，由测量工程师对相关人员进行施工测量交底并按照批准的施工测量方案具体实施。

3）工程定位及复核。施工测量过程管理中，工程定位内容比较多，包括建筑红线、基坑开挖、塔式起重机基础，主楼轮廓线等；在工程测量前测量工程师必须对有关设计图纸的测量定位依据进行核算，如发现问题及时向技术主管部门汇报核实以便与建设单位及设计单位协商，尤其是需要核对甲方提供的基准点坐标系是否与图纸坐标系一致；各图纸轴线坐标是否与总平面图轴线坐标一致。

项目部进行首次定位，公司工程部进行复核，并填写工程定位放线记录。在定位过程中，必须坚持有测量必校核，设站需校核第三个测量控制点，无法校核第三个测量控制点时，必须与邻近轴线或上次定位点进行检验，避免出现测量事故。水准测量需采用闭合水准路线或复测支水准路线方式进行。

4）施工测量放线。施工测量中必须遵循先整体后局部的工作程序。即先测设精度较高的场地整体控制网，再以控制网为依据进行局部建筑物的定位、放线。轴线、基底标高及楼层标高引测，建筑物垂直度观测由测量工程师完成；墙柱边线、洞口位置及楼层内标高引测由劳务队完成，质量工程师复核。该项目为高层住宅，施工至标准层以后，在 ±0 层设置内控点，利用垂准仪通过各层留设的 200mm × 200mm 放线洞进行内控点竖向传递（图 4-1）。内控点一定要避开钢筋混凝土构件和其他影响通视的不利因素，确保点位之间有良好的通视条件；内控点点位一定要精确复核、校验，点位精度直接决定主体结构轴线的投测精度。对投射的内控点几何元素进行校核，每隔 3 ~ 5 层对劳务测量工作检查复核一次；根据现场情况 5 ~ 10 层，重新布设一次测量内控点，确保楼层放线精度；楼层标高引测采用悬挂钢尺代替水准尺测量方法进行，高层建筑应自楼层同一水准点标高进行传递，避免层层传递，出现累计标高差。基础土方开挖工程定位测量及复核记录见表 4-4。

表 4-4　基础土方开挖工程定位测量及复核记录

工程名称	×××建设项目1#楼	定位依据	测量控制点 D1、D2、D3 及基础结构平面布置图（二）
使用仪器	拓普康 GTS-336N　水准仪 DZS3-1　50m 钢卷尺	控制方法	极坐标法

工程草图：

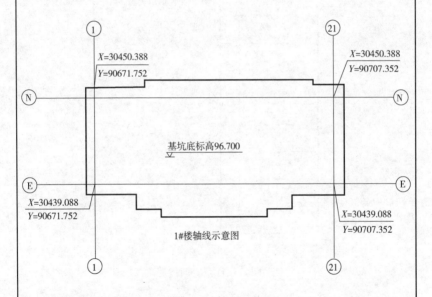

1#楼轴线示意图

备注：1. 利用基坑周边已布设好的测量控制点 D1（*X*＝30245.366，*Y*＝90723.715）、D2（*X*＝30360.661，*Y*＝90788.190）、D3（*X*＝30468.758，*Y*＝90753.739）为已知点，全站仪架设在 D3 点，后视 D1 点，校核 D2 点坐标（*X*＝30360.657，*Y*＝90788.187）满足测量条件后，使用极坐标法对 1#楼轴线①轴、㉑轴、Ⓝ轴、Ⓔ轴进行坐标放样（坐标见图）。放样后，经钢卷尺校核，偏差小于允许误差 ±5mm

2. 利用水准仪自甲方提供基准点 3-3（标高：107.961m）处，将标高引测至 1#塔式起重机（标高 98.750m）后，标定基坑底标高（96.700m），往返测量误差小于 5mm。满足《工程测量规范》（GB 50026）的要求

（续）

施工单位主测者：	监理（建设）单位复核人：
（测量工程师签字）	（监理工程师签字）
（章）	（章）
年 月 日	年 月 日

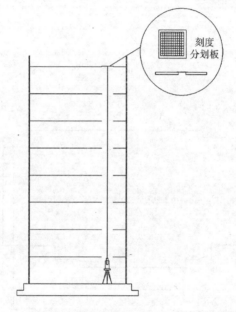

图 4-1　内控点竖向传递

5）变形观测。基坑监测和建筑物变形观测委托第三方资质单位完成。项目测量工程师督促施测单位应按变形观测方案定期提交观测报告，并及时上报建设及监理单位。施工现场监测点位应标识明显，方便寻找；日常监测数据应在现场挂牌公示，及时更新，便于安全管理。项目测量工程师定期对基坑监测数据进行复测，建立观测数据库并及时整理分析观测结果，保证施工安全。

6）工程竣工测量。工程竣工后及时提交竣工资料（表4-5、表4-6）。

表 4-5　建筑物垂直度、标高、全高检查记录

工程名称：									
检查部位：设计标高（全高） 33 层/ +205.200m				施工单位： 监理单位：				（施工单位名称）	
				监理单位检查结论：					
	1-D	5-A	17-A	21-D	21-N	16-P	6-P	1-N	
垂直度 允许偏差 （23mm）	偏北 5/ 偏西 12 A	偏南 8/ 偏西 8 B	偏南 5/ 偏东 10 C	偏南 11/ 偏东 12 D	偏北 6/ 偏东 15 E	偏北 7/ 偏东 5 F	偏北 10/ 偏西 10 G	偏北 8/ 偏西 16 H	每层允许偏差 10mm； 全高允许偏差 H/30000 + 20mm
标高（全高） 允许偏差 （±30mm）	205.218/ +18mm	205.221/ +21mm	205.215/ +15mm	205.218/ +18mm	205.215/ +15mm	205.217/ +17mm	205.218/ +18mm	205.223/ +23mm	每层允许偏差 ±10mm； 全高允许偏差 ±30mm
施工单位评定结果				项目专业质量检查员				年 月 日	
监理单位验收结论				监理工程师				年 月 日	

表4-6　一层工程定位测量及复核记录

工程名称	××项目××地建设项目×楼	定位依据	测量控制点 D1、D5、Z1 及 X 楼一层结构平面布置图
使用仪器	拓普康 GTS-336N 水准仪 DZS3-1 50m 钢卷尺	控制方法	归化放样法

工程草图：

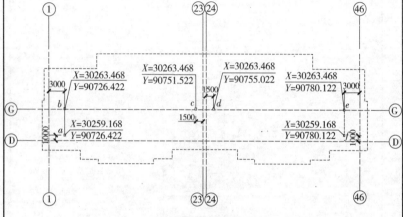

8#楼轴线示意图

备注：1. 利用基坑周边已布设好的测量控制点 D1 （$X=30245.382$，$Y=90723.704$）、D5 （$X=30249.955$，$Y=90613.519$）、Z1 （$X=30246.217$，$Y=90786.456$）为已知点，全站仪架设在 Z1 点，后视 D5 点，校核 D1 点坐标 （$X=30245.381$，$Y=90723.703$）满足测量条件后，使用归化放样法对 8#楼进行坐标放样 （坐标见图），设置 a、b、c、d、e、f 6 个点位。放样后，经钢卷尺校核，$L_{ab}=4.297$m、$L_{bc}=25.100$m、$\angle\alpha=90-1-12$、$L_{ef}=4.296$m、$L_{de}=25.099$m、$\angle\beta=269-59-59$；偏差小于允许误差 ±5mm

2. 利用水准仪自 D1 水准点 （标高：107.505m）处，抄测至 8#楼 1 层 （板顶）标高112.350m，往返测量误差小于3mm。满足《工程测量规范》（GB 50026）的要求

施工单位主测者：	监理（建设）单位复核人：
（测量工程师签字）	（监理工程师签字）
（章）	（章）
年　月　日	年　月　日

✅二、施工测量方案案例

1. 编制依据

《工程测量规范》	GB 50026—2020
《建筑变形测量规范》	JGJ 8—2016
《国家三、四等水准测量规范》	GB/T 12898—2009

甲方提供在场区外的坐标控制点位

建设项目施工图纸

建设项目施工组织设计

2. 工程概况

(1) 总体简介

建设单位：×××置业有限公司

设计单位：×××设计单位

勘察单位：×××勘测设计有限公司

监理单位：×××建设管理有限公司

施工单位：×××××××××××××

工程地址：本工程位于×××县×××镇×××村，场地东侧紧邻（约50m）在建×××路，南侧为规划小学用地，西侧、北侧均为规划路。

(2) 工程概况

×××项目总建筑面积约90万 m^2，包含1号地块、2号地块、3号地块、4号地块，总计31栋高层建筑，4栋多层建筑。功能涵盖住宅、社区综合用房、商业等。

3. 施工测量的基本要求

测量工作必须符合设计要求及《工程测量规范》（GB 50026—2020）中的各项规定。

严格执行审核原始数据的正确性，坚持测量工作步步校核，坚持自检、互检、交叉检的制度。合格后由技术人员验线。

严格执行"从整体到局部""先控制后细部""高精度控制低精度"的工作程序。

测量记录要及时，数字正确，内容完整，字体工整，清楚，原始依据正确。

测量计算的基本要求：依据准确、计算有序、方法科学、步步校核、结果可靠，记录中数字的单位反映观测的精度，如：水准读数至毫米。

测量结果现场标识要统一、明确，确保不让施工现场任何相关人员误解。

测量工作人员必须持证上岗，测量仪器必须经过检定，并有检定证书。使用时间超过检定时限，要及时送检。送检工作由测量专业人员负责。

4. 施工测量的准备工作

(1) 测量验线人员的要求

测量及验线人员要经过培训、考核，持证上岗，持证率100%。掌握并运用国家、地方有关现行标准规范，熟悉施工现场各种测量工作和熟练使用测量仪器。随工程进度在完成施工测量方案、红线桩校核成果、水准点引测成果及施工过程中各种测量、记录后，报监理单位审核并验线。

施工测量管理主要内容包括：编制施工测量方案、红线桩校核成果、水准点引测成果复查及施工过程中各种测量、填写记录〔含定位测量、高程引测、基槽验线、轴线竖向投测控制线、各层墙柱轴线、墙柱边线、门窗洞口位置线、垂直度偏差、楼层 +0.5m（或 +1.0m）水平控制线等〕。

(2) 测量放线人员的要求

全体测量放线人员，应明确为施工服务的工作意图，服从指挥，按规定精度、进度完成任务。发现问题及时向技术负责人汇报。

了解仪器的构造，熟练掌握仪器的使用。

仪器安置时，测量放线人员不准离开仪器。

仪器按期校对检查，发现问题或偏差过大，不得随意拆卸调校仪器的各部件，以防损伤、损坏，有问题应急时上报，由专业人员进行校正维修。在施工中仪器要防止碰撞，正确保养，做到防潮、防震，保护物镜、目镜。由于仪器使用不当，造成仪器损伤、损坏，因而影响工程进度的，根据情况作罚款处理。

未经技术部门同意，任何人不得擅自更改图纸，必须严格按图施工。

每次抄平放线后，应进行自检、互检，再提请有关部门进行验线后，只有确定测量放线成果符合设计及规范要求，经有关部门签定后，方可进行下道工序，并填写各种测量放线记录。

(3) 测量器具准备

本工程配备测量器具及器具周检情况见表4-7。

表 4-7

序号	名称	型号	数量	校准周期
1	全站仪	GTS-336N	1	一年
2	水准仪	DS3	2	一年
3	钢卷尺	50m	2	一年
4	钢卷尺	5m	30	一年

测量仪器管理：根据本工程测量性质、特点及工程任务，选择配备适宜的测量仪器，保证测量精度、允许偏差均在规定范围内。仪器均在检定周期内，校准状态标识明确，有完整的计量检定档案资料。仪器的使用、维护和保管指定专人负责。填写运行自检记录，发现偏离校准状态及时检修，检定合格后予以使用。仪器做到"三防、两护"，在专用房间储存，保证完好状态。

(4) 作业条件

本工程所占用的场地具备施工测量条件。

施工前，根据工程任务的要求，收集规划、勘察、设计及施工等有关资料。施工设计图纸及有关变更文件已具备。

认真做好内业资料成果与现场桩位交接工作，并妥善保护好桩位点。

为保证建筑定位依据点的准确可靠，平面控制使用前进行内业核算与外业校核，定位依据是建设单位提供的平面控制点坐标及高程。

使用的仪器和钢卷尺均经过检测，并在有效期范围内。

测角、延长直线和量距按《工程测量规范》（GB 50026—2020）的要求进行操作。

（5）技术准备

认真组织技术、放线人员进行图纸审核，首先对总平面图进行校对，出现不交圈现象应及时与技术负责人汇报，以便与设计院沟通，进行调整；同时审核正式图纸与定位桩点坐标、高程、建筑物本身各轴线关系，几何尺寸关系，出现问题均以洽商变更的形式形成文字记录，并作为测量放线的依据。

5. 施工测量的方法

（1）测量依据的校核

对建设单位提供的基准点进行校核，符合《工程测量规范》（GB 50026—2020）规定。

（2）场区控制网的布设

包括平面控制网测设测定和高程控制网的测设测定。

1）场区平面控制网的布设。工程开工前，测量人员对建设单位提供的控制点及有效测量依据进行复测，符合点位限差要求后，依据平面控制网布设原则，以甲方提供的基准点测量成果为基础，将基准点数据引测至地块内，在各地块布设场区平面控制网，作为场区首级控制。

根据现场的情况和施工需要，场区平面控制网采用导线网进行布设。其主要技术要求如下：

导线网的主要技术要求见表4-8。

表 4-8 导线网的主要技术要求

等级	测量中误差/(″)	边长相对中误差	导线全长相对中误差
一级	±5	1/30000	1/15000

首级控制网布设完成后，应依据总图及基础平面上有关建筑物定位点建立建筑物平面控制网，建筑物平面控制网悬挂于首级平面控制网上。为了便于测量放线工作，需要测定轴线控制网。建筑物平面控制网的主要技术要求，见表4-9。

表 4-9　建筑物平面控制网主要技术要求

等级	测量中误差/(″)	边长相对中误差
一级	$\pm 7\sqrt{n}$	1/30000

注：n 为建筑物结构的跨数

2）高程控制网的布设。根据现场条件和施工要求采用四等闭合水准布设高程控制网，闭合差不大于 $\pm 20\sqrt{L}$，四等水准测量测站观测顺序为"后视—前视—前视—后视"。水准测量采用尺台作转点尺承，观测时标尺成像清晰稳定；观测时测站视线长度、视线高度须按表 4-10 执行。

表 4-10　观测时测站视线长度、视线高度

等级	仪器类型	视线长度/m	前后视较差/m	前后视累积差/m	视线高度
四等	S2BZ 系列自动安平水准仪	≤100	≤5.0	≤10.0	三丝能读数

(3) 地下室筏板施工测量

本项目地下室筏板基坑开挖较深，对于深基坑开挖应按规范要求设置开挖台阶防止基坑开挖过程中出现塌方现象，对于地下水位较浅的承台基坑应做好排水工作。测量放出筏板的纵向和横向轴线，再按筏板各边向外放出 1.0m（作业空间）及放坡要求放出开挖边线。筏板基础的轴线位置，经校核无误后再开挖，为便于校核，使基础与设计吻合，将筏板纵、横轴线从基坑处引至安全的地方，并对轴线桩加以有效的保护。

在打好垫层后，在垫层上放样出筏板的纵向和横向轴线并弹上墨线，为筏板的模板装配提供依据，在钢筋绑扎和模板安装完成后对模板的坐标位置和标高进行校核，全部满足设计和规范要求方能浇筑混凝土。拆完模板后的筏板应及时地放出承台纵、横向轴线，同时测量筏板标高，对筏板进行成品验收。

向基坑内引测标高时，先联测场区高程控制点，以判断场区内水准点是否被碰动，经联测确认无误后，方可向基坑内引测所需的标高。

(4) 地下部分施工测量

在已完成的筏板顶面精确放样、标定墩身十字中心线、墩身轮廓线，将轴线控制线延长至适当位置加以固定并妥善保护。对于需要二次浇筑的剪力墙、柱、楼板，应在每次模板安装就位后对模板的位置和标高进行复核测量，满足设计和规范要求后方能浇筑混凝土。

(5) 地上部分施工测量

在标准层埋置轴线控制点，并用红漆标注，报监理检查、复核。每层混凝土浇筑完成后，使用经纬仪在标准层的轴线控制点向上通过放线孔进行激光投点，并在浇筑完成的楼面找出放线板的中心位置，固定好放线板。然后在浇筑完成的楼面将轴线的控制线用墨斗弹出。以此为依据，放出各楼层的轴线位置。

(6) 轴线控制

对于局部一层的建筑物 ±0.000 以上的轴线传递，采用极坐标法；而对于高层建筑物 ±0.000 以上的轴线传递，采用激光准直仪法。为保证轴线投测的精度，在建筑物首层内测设轴线控制点即内控法。

1）内控点布设。平面内控点的布设根据地上部分施工流水段的划分确定，每一流水段至少布设 3 个点。

埋件的埋设：内控点所在平面楼板相应位置上需预先埋设铁件并与楼板钢筋焊接牢固。以后在各层施工浇筑混凝土顶板时，在垂直对应控制点位置上预留出 150mm × 150mm 的孔洞，以便轴线向上投测。

预埋件做法：预埋铁件由 100mm × 100mm × 8mm 钢板制作而成，在钢板下面焊接 ⏀ 12 钢筋，且与底板焊接浇筑。预埋铁件加工大样如图 4-2 所示。

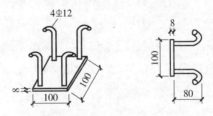

图 4-2　预埋铁件加工大样

2）控制点的测设。待预埋件埋设完毕后，将内控点所在纵横轴线分别投测到预埋铁件上，并用全站仪进行测角、测边校核，精度合格后作为平面控制依据。内控网的精度不低于轴线控制网的精度。内控点如图4-3所示。

图4-3　内控点

3）内控点竖向投测。轴线控制点的投测，采用激光准直仪，先在底层内控点处架设激光准直仪，调校到准直状态后，打开激光电源，就会发射和该点铅垂的可见光束。然后在楼板预留洞口处用接收靶接收。通过无线对讲机调校可见光光斑直径，达到最佳状态时，通知观测人员顺、逆时针旋转激光准直仪，这样在接收靶处就可见到一个同心圆（光环），其圆心即为内控点在此层的投测点，将接收靶固定。用同样的办法投测下一个点，保证每一施工段3~4个点，作为角度及距离校核的依据。控制轴线投测到施工层后，组成闭合图形，且间距不得大于所用钢卷尺的长度。施工层放线时，先在结构平面上校核，投测轴线，闭合后再测设备细部线，如图4-4所示。

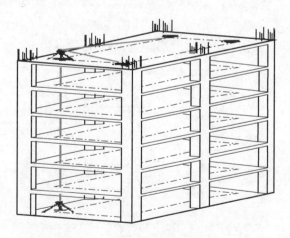

图4-4　轴线竖向投测示意图

6. 标高控制

首先检查高程控制点，然后将±0.000抄设到建筑物四周，用墨斗弹出标高控制线，误差在±3mm以内。结构施工中测设的平面标高线，要用红油漆做三角"▼"标记，然后用墨斗弹出水平线，线迹应清晰准确，线宽应小于1mm。

在墙体和平台浇筑好后，从墙体下面的已有标高点（通常是1m线）向上用钢卷尺沿墙身、边柱、楼梯间或电梯井等处量距。

标高的竖向传递，用钢卷尺从首层起始的高程点竖直量取，当传送高度超过钢卷尺长度时，另设一道标高起始线，钢卷尺需加拉力、尺长、温度三差改正。其操作步骤如下：

1）水准仪根据统一的±0.000水平线，在各传递点处准确地测出相同的起始高程线。

2）用钢卷尺沿竖直方向向上量至施工层。

3）将水准仪安置在施工层，校测由下面传递上来的各水平线，校差应在±3mm之内。

具体做法是：在施工层架设一吊杆，从杆顶向下挂一根钢卷尺（钢卷尺0刻度在下），在钢卷尺下端吊一重锤，重锤的重量与鉴定钢卷尺时所用的拉力相同。为了将首层标高控制点A的高程H_A传递到施工层，先在A点立尺测出后视读数a，然后前视钢卷尺，测出前视读数b。接着将仪器搬到施工层，测出钢卷尺上后视读数c和B点前视读数d，如图4-5所示。则施工层B点的高程H_B按下式计算：

$$H_B = H_A + a + (b - c) - d$$

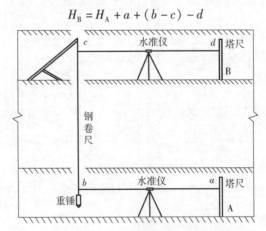

图4-5　高程竖向传递示意图

式中，$(b-c)$ 为通过钢卷尺传递的高差。

为确保标高传递精度，对 $(b-c)$ 值应进行尺长改正及温度改正。高程竖向传递的允许误差见表 4-11。

表 4-11　高程竖向传递的允许误差

高度/m	允许误差/mm
每层	±3
$H \leqslant 30$	±5
$30 < H \leqslant 60$	±10
$60 < H \leqslant 90$	±15
$90 < H \leqslant 120$	±20

施工层抄平之前，先校测首层传递上来的三个标高点，当误差小于 3mm 时，以其平均点引测水平线。抄平时，将水准仪安置在测点范围的中心位置，水平线标高的允许误差为 ±3mm。

7. 沉降观测

(1) 建筑物沉降观测

根据设计要求埋设沉降观测点，本工程设水准点两处，以便于校核，沉降观测点安设稳固后，应及时进行观测。本工程的沉降观测点位置在一层结构平面图中，沉降观测自完成正负零层开始，每施工一层观测一次，封顶后每月观测一次，竣工验收后第一年观测次数不少于 4 次，第二年不少于 2 次，以后每年不少于 1 次，直至建筑物沉降稳定。观测点的埋设形式如图 4-6 所示。

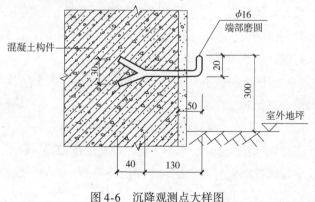

图 4-6　沉降观测点大样图

观测方法及精度要求：

1）各沉降观测点闭合水准路线，从埋设的永久性水准点出发，采用中间法，S3水准仪进行施测。精度要求：标高中误差±1.0mm。相邻点高差中误差±0.5mm，观测方法按二等水准测量要求测量，闭合差满足规范要求。

2）沉降观测成果整理。

①建筑物平面图，并标明观测点的位置和编号。

②下沉量统计表，根据沉降观测原始记录整理而成的各观测点的每次下沉量和累计下沉量的统计值。

③观测点的下沉量曲线，以横坐标表示时间，纵坐标分上下两部分，上部分为建筑荷载曲线，下部分为各观测点的下沉曲线，原始观测资料，每一观测点绘制一根曲线。

（2）沉降观测注意点

沉降观测是一项较长的系统观测工程，为保证观测成果的准确性，应做到：

1）固定人员观测及整理观测结果。

2）使用固定的水准仪和水准尺。

3）使用固定的水准点和沉降观测点。

4）采用同一线路进行观测。

5）定时观测。

8. 关键部位测量控制措施

由于楼层放线垂直方向轴线引测的积累误差较大，模板支设、加固垂直度控制不到位，容易造成主楼大角、电梯核心筒等关键部位误差偏大，特制订如下控制措施：

1）本工程中楼层的轴线引测采用激光垂准仪，每5层传递一次，以减少轴线引测的积累误差。

2）在普通的建筑大角处除了内侧放剪力墙控制线外，每层用线坠将控制线引测到建筑外墙上，以作为上层模板支设依据。利用经纬仪，配合线坠将建筑控制线引测到建筑大角内外墙上，并与下层控制线弹通，作为工程模板安装的依据。

3）利用经纬仪定期对建筑物大角垂直度进行观测，保证建筑物垂直度。

4）将控制点由激光垂准仪传递至核心筒大角测量支架上，用全站仪测量轴线控制点间的距离和角度，经校核无误后分别用吊线坠、拉尺等方法转移至核心筒四大角并弹墨线标示，依据大角线保证核心筒垂直度。利用绷钢丝的方法进行模板位置控制，各控制点间拉线然后根据钢丝用悬吊线坠的办法控制垂直度。

5）关键部位应每增加一层观测一次，且在其他重大荷载增加前后均应进行观测，如因故停工，应在停工时和复工前进行观测，竣工后的观测周期，根据建筑物的稳定情况而定。

9. 安全、质量保证体系及措施

（1）质量保证措施

百年大计，质量第一，而测量又是质量的关键环节，为保证测量成果的质量，制订以下措施：

1）测量人员按施工进度和测量方案要求，安排现场测量放线工作，并记录好施工测量日志。

2）现场使用的测量仪器设备应根据《测量仪器使用管理办法》的规定进行检校维护、保养并做好记录，发现问题后立即将仪器设备送检。

3）本工程的测量放线工作必须符合《工程测量规范》（GB 50026—2020）和《建筑变形测量规范》（JGJ 8—2016）的精度要求。

4）测量放线作业过程中，要严格执行"三检制"。自检时必须换人，以不同的方式检查，检查合格后方可交给专检部门验线。

（2）质量标准

建筑物施工放样允许的偏差见表4-12。

表4-12　建筑物施工放样允许的偏差

项目	内容	允许偏差/mm
基坑	上口桩	+50、−20
	下口桩	+20、−10

项目	内容		允许偏差/mm
各施工层上放线	外轮廓主轴线/m	$L \leqslant 30$	±5
		$30 < L \leqslant 60$	±10
		$60 < L \leqslant 90$	±15
		$90 < L$	±20
	细部轴线		±2
	承重墙、梁、柱边线		±3
	非承重墙边线		±3
	门洞口线		±3
轴线竖向投测	每层		3
	总高 H/m	$L \leqslant 30$	5
		$30 < L \leqslant 60$	10
		$60 < L \leqslant 90$	15
		$90 < L$	20
竖向标高传递	每层		±3
	总高 H/m	$L \leqslant 30$	±5
		$30 < L \leqslant 60$	±10
		$60 < L \leqslant 90$	±15
		$90 < L$	±20

（3）技术措施

为确保工程质量，提高放线精度，按期完成放线抄平工作，为施工创造按图施工的依据，采取以下措施：

1）在放线过程中，应以较大的边测定较小的边，以长定短，以大定小，以精定粗。

2）在水准测量中，均采取前后视等长的施工方法，以抵消仪器视水准轴不平行造成的水准管轴的误差（i 角误差）。

3）在竖向传递标高中，主要用钢卷尺直接向上量取，所用钢卷尺必须经过检定，并进行尺长、温度、拉力等改正。

4）施工层的轴线投测，宜使用 2″级激光铅直仪进行。控制轴线投测至施工层后，在结构平面上按闭合图形对投测轴线进行校核。合格后，再进行本层上的其他测设工作；否则，应重新进行投测。

5）坚持测量作业、计算步步有校核。

（4）竖向轴线投测注意事项

1）轴线控制点的测设要准确，首层放线后要对控制点及竖向控制点进行校测。

2）向上投测时，应始终以首层立面轴线基点为准，避免换层投测产生的误差。

3）操作时要精密定平经纬仪度盘水准管，减少因竖轴不铅直所产生的误差。

4）施工层平面投点、画线要准确，操作人员之间配合要默契。

（5）检查与验收

按照规范要求对测量放线进行质量预验收。班组对各测量部位进行自检，合格后上报工长。平面控制网和建筑物定位后，由技术负责人、工长组织质检及有关下道工序的检查验收。合格后填写资料报监理单位审核并验线。

（6）其他措施

1）施工测量工具要由专人管理使用，严格遵守操作规程。

2）控制桩点要做围栏加以保护，以防破坏，做到桩轴通视，并做定期检查。

3）对施工人员做出详细的技术安全交底，做到管理到位。

4）本工程无关人员不得进入施工现场，擅自动用测量设备和挪动测量的各种标志。

10. 安全环保措施

（1）安全措施

1）进入施工现场戴好安全帽，从事 2m 以上的高处作业必须系好安全带。

2）在施工现场内禁止穿拖鞋。

3）在外墙吊线时，应检查线坠是否牢固，以防线坠断落，无意坠落伤人。

4）放线人员应配备工具袋，线坠、墨斗、钢卷尺、锤子、斧子等工具，不用时应装进工具袋，不许在施工层随便乱放，以防从高处坠下，发生意外事故。在脚手架上施工时，随时注意抬头板和脚下堆放的物品，以防绊倒，工作中应相互提醒注意安全。

5）所有放线人员在遵守上述安全规定的同时，还应遵守施工现场的其他安全规定。

（2）环保措施

测量人员放线所用的墨斗、油漆等严禁随意丢弃，废弃不用的墨斗、油漆桶、刷子要集中回收，作为不可回收垃圾处理，以免造成环境污染。

11. 成果资料提交及整理

1）测量记录应做到原始、正确、完整、工整。

2）必须在规定的表格上填写记录。

3）记录应当场及时填写清楚，不得转抄，保持其"原始性"。

4）字迹清楚、工整。

5）测量记录要妥善保管，工作结束后及时存档。

第五章

监视与测量装置管理

第一节　监视和测量装置的配备、使用和检定

✔一、监视和测量装置的配备

项目部需使用的监视和测量装置，由企业技术部门按照批准的"监视和测量装置配备计划表"计划，组织调配。

(1) 监视和测量装置的采购

按照批准的"监视和测量装置配备计划表"，需购买的监视和测量装置必须具有政府主管部门批准的计量器具制造许可证、产品合格证等，且产品上标有"MC"标志；购买的进口测量装置须有省级以上的计量主管部门批准的销售证书。

(2) 监视和测量装置的租赁

按照批准的"监视和测量装置配备计划表"，需租赁的监视和测量装置，要求租赁方提供合格有效的检定证书与监视和测量装置。

(3) 监视和测量装置的验收

1) 新购置的监视和测量装置应检定合格后方能验收。

2) 检定不合格的由采购人员负责退货。

3) 验收合格后专（兼）职计量管理人员建立监视和测量装置档案。

4) 档案包括使用说明书、验收记录、历史记录卡、检定证书等资料。

(4) 监视和测量装置的领用

监视和测量装置的使用者应到专（兼）职计量管理人员处办理领

用手续。

✓二、监视和测量装置的使用

1) 对使用、管理监视和测量装置人员的资格要求。

①试验人员、兼职计量人员应取得有效的上岗证才能使用监视和测量装置。

②水平仪、经纬仪、水准仪等测量装置的使用人员须培训合格或熟练掌握操作程序。

③监视用装置不需专门培训,但使用前应先熟悉该装置使用说明书或操作规程。

2) 使用者必须选择适宜的操作方法,防止进行可能使测量结果失效的调整。

①有操作规程的监视和测量装置使用者必须按规程操作。

②有说明书的监视和测量装置,使用者必须按说明书操作。

③现场测量结果须经复核确认方能有效。

④监视结果准确性、真实性由监视人员负责。

3) 使用者应进行监视和测量装置的调整、再调整。

①水平仪、经纬仪、水准仪等测量装置使用前调整气泡居中才能使用,使用中发现偏离时须进行再调整。

②天平、台秤、案秤等装置使用前应进行调零,使用中发现有偏离时,须进行再调整。

③电流表、电压表等在使用时应观察指针能否正常变化,不能正常变化的,不能使用。

4) 如发现监视和测量装置不符合要求时,使用者应对测量结果的有效性进行评价并记录,同时对该装置进行校准或检定,合格后才能使用,并保持校准或检定记录。

5) 操作者应在适宜的环境下使用监视和测量装置,确保测量结果的准确性。

①风、雨、雪、沙尘等天气条件下,影响测量结果时,禁止室外测量。

②太阳光下测量注意调整测量视角误差。

③实验室要封闭，能防雨、风、雪，且干净，能具备测试设备要求的必要条件。

✅三、监视和测量装置的检定

(1) 检定的定义

检定是计量器具检定或"计量检定"的简称，它被定义为："查明和确认计量器具是否符合法定要求的程序，它包括检查、加标记和出具检定证书。"

检定是由政府通过法定或授权的计量技术机构，依照计量检定规程，实施严格的定期周检和发放有效的计量检定印、证来控制计量器具的使用风险。

检定证书是一种证明计量器具已经经过检定，并获得满意结果的文件。检定印、证包括：

1) 检定证书。

2) 检定结果通知书（表明检定结果不合格），也称不合格通知书。

3) 检定合格证。

4) 检定合格印：契印、喷印、钳印、漆封印、注销印。

(2) 检定的对象

检定的对象是依法管理的标准计量器具和工作计量器具（包括标准物质和专用计量器具）。执行计量检定的机构必须满足 3 个基本条件：

1) 有经过政府计量行政部门或授权部门考核合格的计量标准，该计量标准一定是在检定合格的周期内。

2) 有可依据的有效的计量检定规程。

3) 有经过考核合格的计量检定人员。

(3) 检定通知

公司兼职计量员在监视和测量装置有效期到期前一个月编制检定通知，经部门负责人审核后，下发有关项目部，由项目部兼职计量员及时通知使用者送检。

（4）检定

监视和测量装置的检定必须能溯源到国家计量标准：

1）A、B类监视和测量装置由兼职计量员或使用者根据检定通知送国家计量检定机构检定。

2）C类监视和测量装置的校准可与设备检修等工作同步进行，使其保持正常工作状态；使用者在操作过程中观察其运行状况，发现异常时，及时向有关人员汇报，采取措施，保持完好。

3）使用环境恶劣，短寿命，易损易耗及一次性使用的监视和测量装置由兼职计量员负责使用前的校准。

4）自动搅拌站管理软件初次使用前由兼职计量人员和操作者共同确认，并记录确认结果，以后每年确认一次。

5）监视和测量装置检定合格后，由兼职计量人员保存检定记录，并复印1份交使用者，以便校准状态得到识别。

第二节 监测和测量装置的管理

（1）监视和测量装置的搬运

1）精度较高的监视和测量装置搬运时要尽量采用原包装，或其他适宜的包装，并轻拿轻放，避免剧烈震动和挤压。

2）其他监视和测量装置搬运时，也应采取装箱、装盒等措施防护，以保持其准确度。

3）因搬运、防护和储存方式不当造成校准失效时，应重新校准合格才能使用。

4）搬运由使用者负责。

（2）监视和测量装置的防护

使用者应能胜任本职工作，按规范要求操作监视和测量装置，防止误操作。

（3）监视和测量装置的控制

建立并实施监视和测量方案，保持监视和测量过程始终有效、可靠。项目计量员按要建立项目使用监视和测量装置台账、历史记录卡。

监视和测量装置管理流程如图5-1所示。

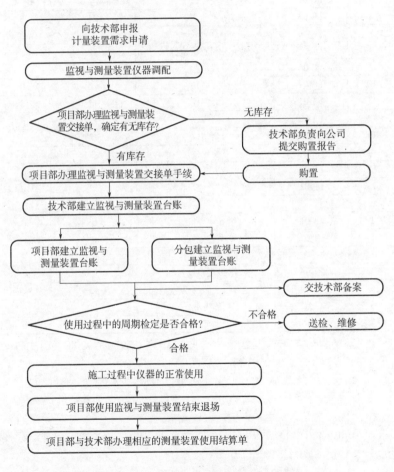

图 5-1　监视和测量管理流程

（4）监视和测量装置检定分类

监视和测量装置检定分类见表5-1。

表 5-1　监视和测量装置检定分类

序号	监测装置编号	监测装置名称	校准周期/月	备注
1. 长度类				
1	LS-01	钢卷尺	24，0	B，C
2	LS-02	钢盘尺	24，0	B，C
3	LS-03	钢直尺，钢角尺	24，0	B，C
4	LG-01	游标卡尺	24	B
5	LG-02	盒尺	24，0	B，C
6	LG-03	千分表	24	B
7	LG-04	百分表	24	B
8	LG-05	建筑工程质量检验尺	0	C
9	LG-06	焊口检验尺	0	C
10	LG-07	测厚仪	12	B
11	LA-01	经纬仪	12	B
12	LA-02	测距仪	12	B
13	LA-03	全站仪	12	B
14	LA-04	万能角度尺	0	C
15	LP-01	水平尺	0	C
16	LP-02	水准仪	12	B
2. 热学类				
1	TT-01	半导体点温计	0	C
2	TT-02	玻璃管温度计	0	C
3	TT-03	干湿温度计	0	C
4	TT-04	电接点温度计	0	C
5	TT-05	数字温度仪	12	焊接用
6	TT-06	热电偶	24	B
7	TQ-01	高温毫伏计	24	B

注：1. 钢卷尺、钢盘尺、钢直尺、钢角尺、盒尺等：质量检查人员使用的校准周期为 24 个月，为 B 类；生产工人使用的校准周期为 0，为 C 类。

2. 氧气表、乙炔表：施工现场作指示用时，校准周期为 0，为 C 类。

3. 压力表：进行压力测试用的压力表校准周期为 12 个月，为 B 类。空气压缩机等设备上作指示用的压力表，校准周期为 0，为 C 类。

4. 电压表：用作电压测试的，校准周期为 12 个月，为 B 类。电焊机等设备上作指示用的，校准周期为 0，为 C 类。

5. 电流表：用作电流测试的，校准周期为 12 个月，为 B 类。电焊机等设备上作指示用的，校准周期为 0，为 C 类。

6. 校准周期为 0，表示该装置只需进行启用前的一次性校准、比对。

7. 混凝土试模，坍落度筒，砂、石筛，环刀等每半年比对一次。

监测装置台账见表5-2。

表 5-2 监测装置台账

序号	类别	装置名称	精度等级	装置编号	出厂编号	型号规格	制造厂家	使用日期	使用部门	校准周期	最近的检定校准时间	备注

监测装置校准记录见表 5-3。

表 5-3　监测装置校准记录

校准部门：					
校准装置名称		精度要求			
校准标准记录：					
名称	精度等级	校准单位	合格证号	负责人	备注
校准条件	温度：		湿度：		
校准使用工具器具情况					

校准记录：

次数　　　　　标准数值：　　　　监测装置读值：　　　　误差值：

1

2

3

误差平均值：

部门负责人：　　　　　　　　　　　计量员：

　年　月　日　　　　　　　　　　　年　月　日

第三节 案 例

某住宅项目，建筑面积 27 万 m^2，由主楼和车库组成。

表 5-4

楼号	层数	层高
1 号、2 号、4 号、5 号、7 号、8 号、9 号	地上：34 层 地下：4 层	地上：2.9m 地下：3.75m、3.1m、3.2m
车库	地下：3 层	3.75m、3.65m、4.0m

根据地质勘察报告及业主意见，高层主楼采用 CFG 桩复合地基，车库采用天然地基，土方、桩基工程、基坑支护工程均由专业分包施工。

高层拟采用铝合金模板 + 全钢式附着升降脚手架施工，其余部位采用传统木模板 + 承插式满堂架 + 落地式钢管脚手架施工。拟采用施工电梯和塔式起重机作为垂直运输工具。基坑采用复合土钉墙及桩锚形式支护。

1）项目部进场后，编制监视和测量装置计划表（表 5-5），报公司审批。

2）为了保证设备仪器的正确使用及工程成果的准确，项目部配备专职的测量员和试验员，由专业的人员进行操作。

3）项目部所使用的仪器按照国家规范要求定期进行标定检测，报告归档备查。

表 5-5　监视与测量装置计划表

项目名称：　　　　　　　　　　　　　　　　　　填表时间：

序号	设备名称	型号规格	数量	产地	制造年份	用途	备注
1	全站仪	TCR802	2	瑞士	2019 年	场区定位	
2	经纬仪	LT402L	8	苏州	2019 年	平面定位	
3	水准仪	DSZ-02	12	苏州	2020 年	高程传递	
4	垂准仪	DZJ300	4	苏州	2020 年	轴线传递	
5	50m 钢卷尺	N2020	8	天津	2020 年		
6	5m 钢卷尺	V16	30	天津	2020 年		
7	坍落度筒	A	4	郑州	2020 年	混凝土检测	
8	混凝土试模	150mm × 150mm × 150mm	80	郑州	2020 年	混凝土检测	
9	砂浆试模	70.7mm × 70.7mm × 70.7mm	40	郑州	2020 年	砂浆检测	
10	抗渗混凝土试模	185mm × 175mm × 150mm	40	郑州	2020 年	混凝土检测	
11	扭力扳手	300N · m	3	郑州	2020 年	直螺纹检测	

填报人：　　　　　　　　　　　　　　审批人：

时间：　　年　　月　　日　　　　　　时间：　　年　　月　　日

监视与测量装置管理台账见表 5-6。

项目名称：

登记时间：　　年　　月　　日

表 5-6　监视与测量装置管理台账

序号	类别	仪器名称	精度等级	出厂编号	型号规格	制造厂家	使用日期（购置日期）	使用部门	校准周期	最近检定校准时间	备注
1	B	全站仪	Ⅱ级	5A8143	GTS-332N	拓普康	2020 年 4 月 16 日	技术部	一年	2021 年 5 月 26 日	正常
2	B	水准仪	Ⅰ级	7099684	AL10A-32H	天津威斯曼	2020 年 9 月 8 日	技术部	一年	2021 年 9 月 3 日	正常
3	C	50m 钢卷尺	Ⅱ级	XS19DEC0794	N2020-50m	天津雄狮	2020 年 5 月 16 日	技术部	两年	2020 年 5 月 26 日	正常
4	C	5m 钢卷尺	Ⅱ级	—	5m	天津雄狮	2020 年 5 月 26 日	技术部	两年	2020 年 5 月 26 日	正常
5	B	水准仪	Ⅱ级	B95055	DSZ-2A	天津天创利	2020 年 8 月 15 日	技术部	一年	2021 年 8 月 14 日	正常
6	B	经纬仪	Ⅱ级	320S01199	DT-22RL	创元测绘	2020 年 8 月 15 日	技术部	一年	2021 年 8 月 14 日	正常
7	B	经纬仪	Ⅱ级	904252	SD 2A-L	久福田	2020 年 10 月 20 日	技术部	一年	2021 年 10 月 20 日	正常
8	B	激光垂准仪	Ⅱ级	2702	CZJ2-1	天宇	2021 年 3 月 8 日	技术部	一年	2021 年 3 月 7 日	正常

第五章　监视与测量装置管理

第六章

施工组织设计（方案）管理

在项目管理中，施工方案的正确与否，是直接影响施工质量、安全、经济的关键所在。对项目中工程量大、施工难度高，并对整个项目的完成起关键作用，甚至会影响全局的关键单项工程，通过技术、组织、经济、管理等方面分析，确定出合理的施工程序、顺序、工艺流程，兼顾工艺的先进性和经济性的最佳施工方法我们称之为施工组织设计（方案）。施工组织设计（方案）是一个项目或者分部分项工程的实施方案，对分部分项工程乃至项目的实施有着指导性的作用，正确的施工方案是工程项目施工管理的指南，是工程项目施工质量、安全、进度、造价受控的重要保证，也是项目总工程师工作的重点和关键环节。

施工组织设计（方案）的建立，目的是提高质量、加快工期、降低成本、提高项目施工的经济效益与社会效益，也就是说，在施工过程中，对人力与物力、主体与辅助、供应与消耗、生产与储存、专业与协作、使用与维修、空间布置与时间安排等方面进行科学、合理的部署，为建筑产品生产的节奏性、均衡性和连续性提供最优方案，作为建设工程项目施工管理的指南。但是现实工程中施工方案往往被忽视，存在"三不"现象：即不符合现行法律、法规、规范、标准以及地方政策；不符合设计与工程现场实际；内容不完整、缺项或错项。这些问题的发生固然存在一些人员不重视方案的思想问题，但也映射出我们的项目总工程师，不了解施工组织设计（方案）管理的要素，对待工程对待工作缺乏严谨、严肃、务实的态度。

第一节 施工组织设计（方案）的编制、审批、交底

✅一、施工组织设计（方案）编制

1）施工组织设计的编制必须遵循工程建设程序，并符合下列原则：

①符合施工合同或招标文件中有关工程进度、质量、安全、环境保护、造价等方面的要求。

②积极开发、使用新技术和新工艺，推广应用新材料和新设备。

③坚持科学的施工程序和合理的施工顺序，采用流水施工和网络计划等方法，科学配置资源，合理布置现场，采取季节性施工措施，实现均衡施工，达到合理的经济技术指标。

④采取相应技术和管理措施，推广建筑节能和绿色施工。

⑤与质量、环境和职业健康安全三个管理体系有效结合。

2）施工组织设计应包括但不仅限于以下九部分的基本内容：

①编制依据。

②工程概况。

③总体施工部署。

④施工现场总平面布置。

⑤施工总进度计划。

⑥施工准备与主要资源配置计划。

⑦主要施工方法。

⑧绿色施工。

⑨主要施工管理措施。

3）施工组织设计应由项目负责人主持编制，可根据需要分阶段编制和审批。

4）施工组织设计应至少以下列内容作为编制依据：

①工程施工合同或招标投标文件。

②工程有效的地质、水文勘查报告等文件。

③工程有效的施工图纸。

④与工程建设有关的规范、规程、标准、图集以及企业标准。

⑤与工程有关的资源供应情况。

⑥施工企业的生产能力、机具设备状况、技术水平等。

5）工程概况中应至少描述以下内容：

①工程总体介绍。

②建筑、结构概况及设备安装概况。

③工程中突出或有特色的施工内容。

④现场地质、水文、气象、场地及周边条件。

⑤能够代表工程的典型平、立、剖面图。

6）总体施工部署中应至少描述以下内容：

①施工管理目标，包括科技、进度、质量、安全、环境和成本等目标。

②总承包单位的合同施工范围。

③组织机构及人员的分工、职责。

④施工部署的总体原则。

⑤各施工阶段的流水段划分。

⑥工程的重点与难点分析及采取措施。

⑦四新技术推广应用计划。

7）施工总平面布置中应至少描述以下内容：

施工总平面布置依据、施工总平面布置原则以及各施工阶段总平面布置图。

8）施工总进度计划应至少描述以下内容：

①施工总进度计划（可分阶段进行编制）。

②专业分包进场计划。

9）施工准备与主要资源配置计划中应至少描述以下内容：

①技术准备工作中应包括器具配置计划、施工方案编制计划、试验工作计划、样板计划。

②资源准备中应包括劳动力进场计划、大型机械设备配备计划以及施工过程中主要材料进场计划。

③施工现场准备中应包括临时用水、临时用电、临时设施以及临时道路设置情况。

10）主要施工方法中应至少描述以下内容：

①主要分部分项工程的施工方法。

②专项方案工程施工方法。

③应用"四新"技术的施工方法或关键技术要点。

11）绿色施工中应至少描述以下内容：

①建立绿色施工管理体系。

②明确绿色施工管理目标，内容需涵盖"四节一环保"的具体要求。

③建立绿色施工管理制度，确定实现目标所需采取的相关措施，明确数据统计分析的方法以及绿色施工过程资料（含影像资料）的采集和保存制度等。

12）主要施工管理措施中应至少描述以下内容：

①工期保证措施。

②质量保证措施。

③技术管理措施。

④安全保证措施。

⑤季节性施工措施。

⑥消防措施。

⑦项目总承包管理与协调措施。

⑧降低成本的措施。

⑨应急预案。

13）施工组织设计应实行动态管理，项目施工过程中，发生以下情况之一时，施工组织设计应及时进行修改或补充：

①工程设计有重大修改。

②有关法律、法规、规范和标准实施、修订和废止。

③主要施工方法有重大调整。

④主要施工资源配置有重大调整。

⑤施工环境有重大改变。

14）专项施工方案根据重要程度划分为以下四类：

①A类：超过一定规模的危险性较大工程专项安全施工方案。

②B类：危险性较大工程专项安全施工方案。

③C类：一般性专项安全施工方案。

④D类：专项技术施工方案。

15）工程开工前，项目总工程师须组织项目部有关技术人员讨论确定所需编制的专项技术施工方案、专项安全施工方案的范围，制订施工方案编制计划，编制计划中必须注明方案名称、编制人、审批人以及方案完成时间，并注明需进行专家论证。

根据各种工程的实际情况，应编制各类方案。

16）专项施工方案由项目总工程师主持编制，在专项工程施工前30日内（含需专家论证施工方案）编制完毕。

17）危险性较大的分部分项工程，施工前必须单独编制专项安全施工方案，并附安全验算结果。危险性较大的分部分项工程专项安全施工方案编制应当包括但不限于以下内容：

①工程概况：危险性较大的分部分项工程概况和特点、施工平面布置、施工要求和技术保证条件。

②编制依据：相关法律、法规、规范性文件、标准、规范及施工图设计文件、施工组织设计等。

③施工计划：包括施工进度计划、材料与设备计划。

④施工工艺技术：技术参数、工艺流程、施工方法、操作要求、

检查要求等。

⑤施工安全保证措施：组织保障措施、技术措施、监测监控措施等。

⑥施工管理及作业人员配备和分工：施工管理人员、专职安全生产管理人员、特种作业人员、其他作业人员等。

⑦验收要求：验收标准、验收程序、验收内容、验收人员等。

⑧应急处置措施。

⑨计算书及相关施工图纸。

✓二、施工组织设计（方案）审批

（1）施工组织设计审批程序

1）由项目负责人主持编制后，由企业技术、质量、安全等部门进行审核；审核合格后由企业总工程师批准签字。

2）企业总工程师签字审批后按监理规范要求提交给监理及业主方进行会签。

3）禁止用投标阶段施工组织设计替代实施阶段施工组织设计进行报批、组织施工。

（2）A类施工方案审批程序

1）由项目总工程师主持编制后，由企业技术、质量、安全等部门进行审核；审核合格后由企业总工程师批准签字。

2）按照住建部《危险性较大的分部分项工程安全管理办法》组织专家组对已批准的安全专项施工方案进行论证审查，专家资格必须经工程所在地建设主管部门审核。

3）专家组提出修改意见的，项目部应当根据论证审查报告进行完善，经专家组及企业总工程师再次确认后，按监理规范要求提交给监理及业主方进行会签。

4）书面论证审查报告应作为安全专项施工方案的附件，在实施过程中，各方不得擅自修改经过专家论证审查过的技术方案。

5）被论证项目的单位按规定支付专家咨询费用。

(3) B类、C类施工方案审批程序

1）由项目总工程师主持编制后，报企业技术、质量及安全等部门进行审核，审核合格后由企业总工程师批准签字。

2）企业总工程师签字审批后，按监理规范要求提交给监理及业主方进行会签。

(4) D类施工方案审批程序

1）由项目专业方案工程师编制后，项目总工程师会同项目各部门审核合格后批准签字。

2）项目总工程师审批合格后报监理单位进行审核，审核合格后按监理规范要求提交给监理及业主方进行会签。

(5) 专业分包方案审批程序

1）由专业分包单位编制，专业分包单位技术负责人审批签字后报项目部进行审核。

2）项目总工程师会同项目各部门审核合格后，根据方案类别分别按相应规定执行相关审批程序。

✓三、施工组织设计（方案）交底

1）项目部在施工过程中按工程施工的需要进行施工组织设计交底、施工方案交底、分部分项工程施工技术交底。

2）项目施工组织设计批准后，项目经理组织向项目现场管理各工程师交底，明确项目的范围、施工条件、施工组织、计划安排、特殊技术要求、重要部位技术措施、新技术推广计划、项目适用的技术规范、政策等。

3）项目施工方案批准后，由方案编制人向项目现场管理各工程师交底，明确分部工程（或重要部位、关键工艺、特殊过程）的范围、施工条件、施工组织、计划安排、特殊技术要求、技术措施、资源投入、质量及安全要求等。

4）项目各现场管理的工程师负责向分包单位的施工人员进行分项工程施工技术交底，交底内容包括具体工作内容、操作方法、施工工

艺、质量标准、安全注意事项。

5）技术交底以书面形式或视频、语音课件、PPT 文件、样板观摩
等方式进行。交底后，交底人应组织被交底人认真讨论并及时回答被
交底人提出的疑问。交底人应事先将交底资料交总工程师审核确认，
交底双方在技术交底书上签字确认，资料员存档。

6）技术交底必须在工作开始前进行，办理好签字手续后方可开始
施工操作。

第二节 施工组织设计（方案）的实施和管理

1）施工组织设计（方案）完成企业内部审批手续后，报监理
（业主）审批。

2）项目施工组织设计经审批后，项目技术负责人应组织项目技术
工程师等参与编制人员就施工组织设计中主要管理目标、管理措施、
规章制度、主要施工方案以及质量保证措施等对项目全体管理人员及
分包主要管理人员进行施工组织设计交底并做出交底记录。

3）施工方案经审批后，项目负责编制该方案的技术工程师或责任
工程师应就方案中的主要施工方法、施工工艺及技术措施等向相关现
场管理人员及分包进行方案交底并做出方案交底记录。

4）施工组织设计（方案）经审批完成后，原件由项目资料员建
档管理，复印件作受控编号管理后，发放到项目实施现场的各相关方。

5）施工组织设计（方案）是指导项目施工的规范性重要性文件，
经批准后必须严格执行，不得随意变更或修改。如有重大变更，应征
得原施工组织设计（方案）批准人同意，并办理相应的变更手续。在
技术部备案的方案文件必须做相应的变更。

6）工程部负责组织相关的部门，对项目施工组织设计（方案）的执行情况进行检查监督。

7）项目结束后按照档案室对归档资料的要求对施工组织设计（方案）进行归档。

第三节 案 例

一、施工组织设计（方案）编制总计划

某住宅项目，建筑面积27万 m^2，由主楼和车库组成，见表6-1。

表6-1 某住宅项目情况

楼号	层数	层高
1号、2号、4号、5号、7号、8号、9号	地上：34层 地下：4层	地上：2.9m 地下：3.75m、3.1m、3.2m
车库	地下：3层	3.75m、3.65m、4.0m

高层拟采用铝合金模板＋全钢式附着升降脚手架施工，其余部位采用传统木模板＋承插式满堂架＋落地式钢管脚手架、悬挑式脚手架施工。拟采用施工电梯和塔式起重机作为垂直运输工具。基坑采用复合土钉墙及桩锚形式支护。

工程开工前，项目总工程师须组织项目部有关技术人员讨论确定所需编制的专项技术施工方案、专项安全施工方案的范围，制订施工方案编制总计划，上传至公司综合管理平台。编制计划中必须注明方案名称、编制人、审批人以及方案完成时间，并注明需进行专家论证方案。

施工方案编制总计划见表6-2。

项目名称：×××项目　　　　　　　　　　　　　　　　　　　　　编制时间：　　　年　　　月　　　日

表 6-2　施工方案编制总计划

序号	方案种类	方案名称	类别	是否进行专家论证	编制人	编制时间	审批人	审批时间	备注
1	施工组织	施工组织设计	P 类	否		2020 年 5 月 1 日		2020 年 5 月 16 日	
2		项目实施计划书	P 类	否		2020 年 5 月 1 日		2020 年 5 月 16 日	
3		科技创效实施计划书	P 类	否		2020 年 5 月 1 日		2020 年 5 月 16 日	
4	策划类	安全生产实施计划书	P 类	否		2020 年 5 月 1 日		2020 年 5 月 16 日	
5		质量管理计划书	P 类	否		2020 年 5 月 1 日		2020 年 5 月 16 日	
6		创优策划书（质量创优项目）	P 类	否		2020 年 5 月 1 日		2020 年 5 月 16 日	
7		施工临建布置方案	C 类	否		2020 年 5 月 5 日		2020 年 5 月 20 日	
8	临建类	施工消防安全方案	B 类	否		2020 年 5 月 7 日		2020 年 5 月 22 日	
9		施工临时用电方案	B 类	否		2020 年 5 月 9 日		2020 年 5 月 24 日	
10		施工临时用水方案（不含消防用水）	D 类	否		2020 年 5 月 10 日		2020 年 5 月 25 日	
11	土方	肥槽回填施工方案	C 类	否		2021 年 1 月 5 日		2021 年 1 月 15 日	
12		地下室顶板回填施工方案	C 类	否		2021 年 4 月 1 日		2021 年 4 月 7 日	
13	基坑类	土方开挖安全专项施工方案	A 类	是					分包
14		深基坑工程专项施工方案	A 类	是					分包

序号	方案种类	方案名称	类别	是否进行专家论证	编制人	编制时间	审批人	审批时间	备注
15	塔式起重机类	塔式起重机定位及基础施工方案	C类	否		2020年4月29日		2020年5月15日	
16		群塔作业防碰撞方案	B类	否		2020年5月1日		2020年5月16日	
17		塔式起重机安装方案及应急预案	B类	否		2021年5月15日		2020年5月25日	
18		塔式起重机吊运方案	C类	否		2020年5月1日		2020年5月16日	
19		塔式起重机拆除施工方案	B类	否		2021年4月16日		2021年10月10日	
20		塔式起重机附臂安装方案	B类	否		2020年8月10日		2020年8月25日	
21	垂直运输类	施工电梯基础施工方案	C类	否		2021年3月25日		2021年3月29日	
22		施工电梯基础施工方案	C类	否		2021年6月12日		2021年6月29日	
23		施工电梯安装施工方案	B类	否		2020年9月20日		2020年10月6日	
24	检测类	施工测量方案	C类	否		2020年4月25日		2020年5月10日	
25		沉降观测方案	C类	否		2020年5月10日		2020年5月20日	
26		实测实量方案	D类	否		2020年6月10日		2020年6月26日	
27	混凝土	大体积混凝土施工方案	C类	否		2020年5月20日		2020年6月6日	
28		混凝土施工方案	D类	否		2020年5月2日		2020年5月17日	
29		楼垫层施工方案	D类	否		2020年5月2日		2020年5月10日	
30		CFG截桩、补桩施工方案	D类	否		2020年5月2日		2020年5月10日	

31	钢筋	钢筋施工方案	D类	否	2020年5月3日	2020年5月18日
32		电渣压力焊作业指导书	D类	否	2020年7月10日	2020年7月17日
33		钢筋直螺纹连接作业指导书	D类	否	2020年7月11日	2020年7月18日
34		筏板钢筋支撑施工方案	D类	否	2020年7月1日	2020年7月5日
35	模板	模板施工方案	C类	否	2020年5月10日	2020年5月25日
36		大截面梁和高支模施工方案	A类	是	2020年5月10日	2020年5月25日
37		后浇带模板施工方案	C类	否	2020年5月20日	2020年6月5日
38		铝合金模板施工方案	C类	否	2020年10月20日	2020年11月5日
39	脚手架	落地架施工方案	B类	否	2020年5月20日	2020年6月6日
40		落地式卸料平台施工方案	B类	否	2020年6月20日	2020年7月6日
41		悬挑式卸料平台施工方案	B类	否	2020年8月20日	2020年9月6日
42		附着式脚手架施工方案	B类	否	2020年8月25日	2020年9月11日
43		电梯井、采光井操作平台	B类	否	2020年8月10日	2022年2月16日
44		附着式脚手架拆除施工方案	B类	否	2021年12月10日	2022年2月7日
45		悬挑脚手架施工方案	B类	否	2020年12月10日	2020年12月26日
46		爬架抄平架施工方案	B类	否	2020年9月10日	2020年9月26日
47		屋面悬挑架施工方案	B类	否	2021年8月25日	2021年9月16日
48		挑脚手架拆除施工方案	B类	否	2021年11月20日	2021年12月8日

（续）

序号	方案种类	方案名称	类别	是否进行专家论证	编制人	编制时间	审批人	审批时间	备注
49	防水	地下室防水施工方案	C类	否		2020 年 5 月 25 日		2020 年 6 月 10 日	
50		屋面防水施工方案	C类	否		2021 年 6 月 10 日		2021 年 6 月 25 日	
51		卫生间聚氨酯防水涂料方案	C类	否		2021 年 9 月 5 日		2021 年 9 月 9 日	
52	隔墙	砌筑施工方案	D类	否		2020 年 12 月 10 日		2020 年 12 月 25 日	
53		屋面施工方案	D类	否		2021 年 5 月 10 日		2021 年 5 月 25 日	
54		外墙保温方案	C类	否		2021 年 3 月 10 日		2021 年 3 月 25 日	
55	装修	抹灰工程施工方案	C类	否		2021 年 3 月 12 日		2021 年 3 月 27 日	
56		腻子、涂饰工程施工方案	C类	否		2021 年 7 月 27 日		2022 年 2 月 16 日	
57		外墙保温施工方案	B类	是		2021 年 12 月 18 日		2022 年 2 月 16 日	
58		外墙吊篮施工方案	B类	是		2021 年 12 月 25 日		2022 年 3 月 13 日	
59	季节施工	冬期施工方案	C类	否		2020 年 10 月 1 日		2020 年 10 月 25 日	
60		风季雨期及高温施工方案	C类	否		2020 年 5 月 26 日		2020 年 6 月 15 日	
61	其他方案	应急准备和响应方案	B类	否		2020 年 5 月 3 日		2020 年 5 月 19 日	
62		职业健康安全方案	C类	否		2020 年 5 月 3 日		2020 年 5 月 19 日	
63		绿色施工专项方案	C类	否		2020 年 5 月 5 日		2020 年 5 月 20 日	
64		新冠肺炎疫情防控技术措施方案	C类	否		2020 年 5 月 2 日		2020 年 5 月 17 日	

序号	其他方案	方案名称	类别	是否		
65		新冠肺炎疫情防控专项方案	C 类	否	2020 年 5 月 2 日	2020 年 5 月 17 日
66		节能减排施工方案	C 类	否	2020 年 5 月 15 日	2020 年 5 月 20 日
67		环境管理方案	C 类	否	2020 年 5 月 2 日	2020 年 5 月 17 日
68		安全防护专项方案	C 类	否	2020 年 6 月 2 日	2020 年 6 月 17 日
69		地下室顶板荷载管控方案	B 类	否	2020 年 9 月 2 日	2020 年 9 月 17 日
70		样板引路方案	D 类	否	2020 年 5 月 2 日	2020 年 5 月 17 日
71	其他方案	混凝土严重质量缺陷处治方案	D 类	否	2020 年 6 月 2 日	2020 年 6 月 7 日
72		混凝土质量缺陷修补方案	D 类	否	2020 年 6 月 2 日	2020 年 6 月 7 日
73		楼板裂缝处理方案	D 类	否	2020 年 6 月 2 日	2020 年 6 月 7 日
74		螺栓孔封堵	D 类	否	2020 年 11 月 3 日	2020 年 11 月 8 日
75		混凝土质量通病修补措施	D 类	否	2020 年 5 月 20 日	2020 年 5 月 27 日
76		成品保护施工方案	D 类	否	2020 年 5 月 20 日	2020 年 5 月 27 日
77		大型机械专项应急救援预案	D 类	否	2020 年 5 月 5 日	2020 年 5 月 10 日
78		工法样板施工方案	D 类	否	2021 年 3 月 6 日	2021 年 3 月 12 日

第六章 施工组织设计（方案）管理

（续）

序号	方案种类	方案名称	类别	是否进行专家论证	编制人	编制时间	审批人	审批时间	备注
79		扬尘治理专项施工方案	D 类	否		2020 年 6 月 5 日		2020 年 6 月 10 日	
80		砖胎模施工方案	D 类	否		2020 年 5 月 10 日		2020 年 5 月 15 日	
81	其他方案	样板实施施工方案	D 类	否		2020 年 6 月 5 日		2020 年 6 月 10 日	
82		钢筋加工车间回顶施工方案	C 类	否		2021 年 3 月 26 日		2021 年 4 月 4 日	
83		安全通道防护棚施工方案	C 类	否		2020 年 8 月 5 日		2020 年 8 月 17 日	
84		安全文明施工方案	C 类	否		2020 年 5 月 5 日		2020 年 5 月 17 日	
85	验收	工程验收方案	D 类	否		2022 年 6 月 10 日		2022 年 6 月 20 日	
86		分户验收方案	D 类	否		2021 年 10 月 10 日		2021 年 10 月 15 日	

审核人：

审批人：

编制人：

编制时间：

注：1. 方案种类按照施工组织策划、土方基坑、临建、垂直运输机械、塔式起重机、混凝土、钢筋、模板、脚手架、钢结构、防水、隔墙、室外、季节性施工、验收方案以及其他特殊方案等进行分类统计，建立统一的施工方案编制计划台账，并定期根据实际情况进行动态调整。

2. 方案类别按照 P、A、B、C、D 类进行分类审批权限划分，策划类方案需公司总工程师，公司生产负责人签字，并盖单位公章。

二、危险性较大的分部分项工程专项施工方案编制计划

项目总工程师应根据《危险性较大的分部分项工程安全管理规定》（住建部令第 37 号）、《住房城乡建设部办公厅关于实施〈危险性较大的分部分项工程安全管理规定〉有关问题的通知》（建办质〔2018〕31 号）文件要求，

结合项目招标文件、工程设计文件，正确识别项目危险性较大的分部分项工程内容，编制危险性较大的分部分项工程及超过一定规模的危险性较大的分部分项工程施工专项方案编制计划表（表6-3），并经公司总工程师审批。

表6-3 危险性较大的分部分项工程专项施工方案编制计划表

项目名称：　　　　　　　　　　　　　　　　　　　　　　　　　编制时间：　　　年　　　月　　　日

项目名称	方案种类	专项施工方案名称	编制人	编制日期	审批人	审批日期	备注
×××项目	临建类	施工消防安全方案		2020年5月7日		2020年5月22日	
	塔式起重机类	塔式起重机安拆施工方案		2020年5月1日		2020年5月16日	
		塔式起重机附墙方案		2020年8月10日		2020年8月25日	
		群塔作业防碰撞方案		2020年5月1日		2020年5月16日	
	垂直运输机械	电梯安装施工方案		2020年9月20日		2020年10月6日	
		电梯拆除施工方案		2021年8月20日		2021年9月6日	
	脚手架	落地架施工方案		2020年5月20日		2020年6月6日	
		落地式卸料平台施工方案		2020年6月20日		2020年7月6日	
		悬挑式卸料平台施工方案		2020年8月20日		2020年9月6日	
		附着式升降脚手架专项施工方案		2020年10月16日		2020年10月28日	
		附着式脚手架拆除方案		2021年12月10日		2022年2月16日	
		悬挑架拆除施工方案		2021年11月21日		2021年11月30日	

审批人：　　　　　　　　　审核人：　　　　　　　　　编制人：

注：方案种类按照《超过一定规模的危险性较大的分部分项工程范围》分类，建立统一的专项施工方案编制计划台账，并定期根据实际情况动态调整。

三、方案案例

复核土钉墙基坑支护施工方案

1. 工程概况

（1）工程基本情况

×××项目位于××市内环路西南侧，地上20层，地下3层，建筑总高度为99.5m，框架剪力墙结构，桩筏基础，基坑底长73.2m、宽53.5m，自然地面标高为−0.500～0.900m，坑底标高为−13.400～−12.100m，局部最低标高为−16.500m，基础埋深为11.2～16.0m。

（2）环境条件

项目东北侧为商务内环路（图6-1），建筑红线距围墙5.0m，内环路侧基坑边有三根高压线杆，影响帷幕桩的施工；东南侧为商务西八街，建筑红线距围墙5.0m；两条路上均有各种地下管线，埋深3.0m左右。西南侧为待建商业步行街及正在施工的B大厦（桩锚支护），本基坑开挖时，已停止坑内降水，西北侧为A大厦，其边轴线距本工程边轴线15m，基坑已开挖到底（基坑较浅，土钉墙支护）。

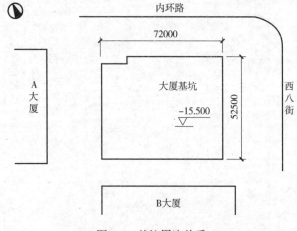

图6-1　基坑周边关系

（3）工程水文地质条件

场区内主要地层为第四系土层，与基坑支护降水有关的地层土力学参数见表6-4。地下水位埋深：潜水水位埋深为8.0～9.0m，承压水静止水位埋深为 10.0m 左右，潜水水位年变幅为 1.0m。

表6-4 地层土力学参数

土层序号	土层名称	层厚平均数/m	埋深/m	重度 γ/ (kN/m³)	内摩擦角 ϕ/ (°)	黏聚力 c/kPa	承载力 f/kPa	渗透系数 K/ (m/d)
1	粉土	2.77	2.77	17.9	23.8	10.3	130	
2	粉质黏土	1.53	4.30	18.9	14.5	13.6	85	
3	粉土	2.36	6.66	19.5	20.7	9.6	130	
4	粉土	3.92	10.58	19.0	21.8	8.8	140	
5	粉质黏土	1.49	12.07	19.3	15.4	10.9	100	0.5
6	粉土	1.14	13.21	19.5	20.3	8.1	160	
7	粉质黏土	2.31	15.52	18.5	14.4	12.3	120	
8	粉土夹粉质黏土	2.06	17.58	20.1	24.1	11.2	140	
9	粉砂	3.63	21.25	20.2	25	0	240	8.0
10	细砂	8.62	29.83	20.2	25	0	340	

（4）施工平面布置

施工平面布置图如图 6-2 所示。施工时应注意：

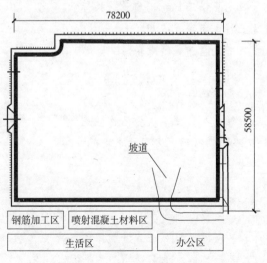

图6-2 施工平面布置图

1）要确保基坑周边的临时建筑、电线杆、变压器、道路及地下管线的安全。

2）要确保主体地下室施工期间基坑的安全，保证主体施工的工作面满足施工要求，保证地下水位在基坑底以下0.5～1.0m。

（5）技术保证条件

1）基坑周边有放坡的条件，基坑底线与基坑上口边线的距离最大3.00m，符合土钉墙、复合土钉墙的使用条件。

2）帷幕桩既可以加固基坑底部土层，提高承载力，又可以截住基坑周边的水，确保地下水位满足施工要求。

3）微型桩可以提高基坑侧壁的刚性，减小基坑的变形。

4）低机架高压旋喷钻机能满足高压线杆下帷幕桩的施工条件。

5）附近稍浅基坑复合土钉墙的成功施工经验。

6）有可信赖的土方开挖队伍，能按要求分层开挖。

2. 编制依据

1）×××基坑降水、支护工程设计

2）场地工勘报告及有关图纸

3）《建筑基坑支护技术规程》

4）《建筑地基基础工程施工质量验收标准》

5）《基坑土钉支护技术规程》

6）《建筑基坑工程监测技术标准》

7）《岩土锚杆（索）技术规程》

8）《建筑地基处理技术规范》

9）《混凝土结构工程施工质量验收规范》

10）《施工现场临时用电安全技术规范》

3. 施工计划

（1）施工顺序

深层搅拌桩→微型桩→降水井→观测渗流井→降水运行→土方开挖第一层→施工第一排土钉→土方开挖第二层→施工第二排土钉……土方开挖第八层→施工第八排土钉→人工开挖剩余土方。

（2）施工进度计划

1）深层搅拌桩、微型桩、降水井的施工工期为36d。

2) 土方开挖计划。

第一步：开挖2.45m，施工第一排土钉，工期5d。

第二步：开挖1.30m，施工第二排土钉，工期4d。

第三步：开挖1.30m，施工第三排土钉，工期4d。

第四步：开挖1.30m，施工第四排土钉，工期4d。

第五步：开挖1.30m，施工第五排土钉，工期4d。

第六步：开挖1.30m，施工第六排土钉，工期4d。

第七步：开挖1.30m，施工第七排土钉，局部开挖第八层并施工土钉，工期6d；机械开挖至距基坑底面0.30m，人工开挖0.30m、凿桩头、清柱间土，工期2d。

第八步：坡道回填支护工期2d。

开挖工期共35d。

(3) 施工材料进场计划

1. 水泥、碎石、砂：现场存有5d的使用量。

2. 钢管：一次性进场。

3. 钢筋：一次性进场。

(4) 施工设备进场计划

施工设备进场计划见表6-5。

表6-5 施工设备进场计划

设备名称	型号/功率	数量	作用	进场计划
深层搅拌桩机	PH-5D/60kW	2台	帷幕	开工前3d进场
高压旋喷桩机	XY-1型/90kW	1台	帷幕、加固	开工前3d进场
水井钻机	回转GW-12/30kW	2台	降水井	开挖前3d进场
空气压缩机	VY-9/7/55kW	1~2台	土钉墙	开挖前3d进场
喷混凝土机	PZ-5B/5.5kW	1~2台	土钉墙	开挖前3d进场
注浆泵	CZJ30C/3kW	1台	土钉墙	开挖前3d进场
搅拌机	JH-350/3kW	1台	土钉墙	开挖前3d进场
电焊机	BX1-500/20kW	4台	土钉墙等	开挖前5d进场
钢筋切断机		1台	土钉墙	开挖前5d进场
钢筋调直机		1台	土钉墙	开挖前5d进场
锚杆钻机	MZJ-50/10kW	2台	微型桩	施工前3d进场
注浆泵	BW-150/7.5kW	1台	微型桩	施工前3d进场

（续）

设备名称	型号/功率	数量	作用	进场计划
挖掘机		2 台	土方	挖土前 1d 进场
发电机	DF-75/75kW	1 台	降水	备用降水后进场
运浆车	7m³	1 台	降水井运浆	打降水井前进场
潜水泵	QS15-26-2.2	20 台	降水井	安装前 2d 进场
污水泵	3PNL/22kW	2 台	排污、排浆	开工前 2d 进场
全站仪	NTS-322	1 台	施工、监测	开工前 3d 进场
水准仪	AL20	1 台	施工、监测	开工前 3d 进场
轻型井点		若干组	降水	备用使用时进场
洛阳铲	100	15 把	土钉墙	开工前 3d 进场

4. 施工工艺技术

（1）作业条件

该场地两面是在建施工场地，其中西南侧为待建商业步行街及正在施工的 A 大厦；两面是道路，只有 B 大厦与本基坑之间的商业步行街可作为现场办公和材料加工场地，还要留基坑开挖坡道，周边关系及施工平面布置图如图 6-1 和图 6-2 所示。

（2）材料的性能要求

本工程施工所用材料有钢材、地材，材料性能必须满足规范要求，进场材料必须经过复验。同一验收批号或同一炉号的钢筋，按不同规格，每 60t 取一组试件，不足 60t 按 60t 取样。检查产品合格证、出厂检验报告和进场复验报告，当发现钢筋脆断、焊接性能不良或力学性能显著不正常等现象时，应对该批钢筋进行化学成分分析或其他专项检验。

焊接件：同一焊工，同接头规格，同一钢筋级别，每 300 个接头取一组试件进行检验。

水泥采用袋装水泥，现场水泥储存量要保证 5d 使用，检测数量：同一生产厂家、同一等级、同一品种、同一批号且连续出厂的水泥每 200t 为一批，每批抽样一次。检验方法：检查产品合格证、出厂检验报告和进场复验报告。碎石、砂：每 40m³ 抽样检验一次。钢管要有出厂合格证。

（3）施工工艺流程

1）搅拌桩施工工艺流程。

放线定桩位→桩机就位→调整桩架垂直度→预搅下沉至设计深

度→喷浆搅拌提升至桩顶标高→复搅下沉至桩底标高→复喷搅拌提升
至桩顶标高→移机至下一桩位。

2）旋喷桩施工工艺流程。

放线定桩位→桩机就位→调整桩架垂直度→清水喷射下沉至设计
深度→喷射搅拌提升至桩顶标高→复喷复搅下沉至桩底标高→复喷搅
拌提升至桩顶标高→移机至下一桩位。

3）微型桩施工工艺流程。

测量放线定孔位→钻机就位→成孔→插钢管→投石振捣→预注浆、
补石料→封堵孔口→初次注浆→二次注浆。

4）降水井施工工艺流程。

测量放线定孔位→钻机就位→成孔→下井管→投滤料→下污水泵
洗井→下潜水泵降水。

5）土钉墙施工工艺流程。

测量放线→开挖修坡→凿孔→安装钉杆→注浆→挂钢筋网→焊接
加强筋→喷射混凝土→养护。

（4）施工工艺技术要求

基坑采用复合土钉墙进行支护（基坑支护、降水平面图如图6-3
所示）。支护体系根据周边情况采用8种组合，1-1剖面和3-3剖面如
图6-4所示。

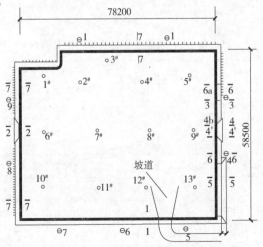

图6-3　基坑支护、降水平面图

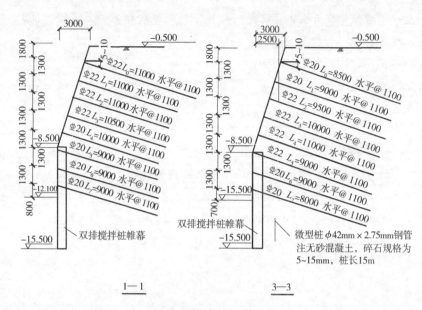

图 6-4　基坑支护剖面图

1）土钉墙。土钉墙钢筋中钉杆采用 HRB400 钢筋，加强筋和网筋采用 HPB300 钢筋，面层喷射混凝土强度等级为 C20。注浆采用 P·O42.5 水泥，水灰比为 0.5，注浆水泥用量为 30kg/m，采用二次注浆技术，二次注浆压力不小于 1.0MPa，网筋搭接长度不小于 300mm。土钉墙施工土钉长度及相关参数见表 6-6。

表 6-6　土钉墙施工土钉长度及相关参数

剖面	1-1	2-2	3-3	4-4	5-5	6-6	7-7	4'-4'
坑深/m	11.6	11.6	12.0	12.0	10.7	10.7	11.6	10.7
计算钉杆直径 d/mm	20.8	20.3	21.0	20.9	18.7	19.57	20.8	20.7
有无微型桩	无	无	无	无	无	有	有	无
选用钉杆钢筋规格	Φ22/20	Φ22/20	Φ22	Φ22	Φ20	Φ20	Φ20/22	Φ22
水平间距/m	1.10	1.00	1.10	1.10	1.10	1.10	1.10	1.10
L_0/m	11	10	8.5	10	9	10	8.5	10
L_1/m	11	10	9.0	12	9	10	9	11
L_2/m	11	10	9.5	11.5	8.5	10	9.5	11

剖面	1-1	2-2	3-3	4-4	5-5	6-6	7-7	4'-4'
L_3/m	10.5	10	10	11	9	9	10	10.5
L_4/m	10	10	11	10.5	8	9	11	10
L_5/m	9	9.0	9	10	7.5	8	9	9
L_6/m	9	8.0	9	9	6.5	7	9	8
L_7/m	9	7.5	8	8			8	

2）微型桩。桩孔直径不小于 150mm，桩长为 15.0～16.0m，桩距为 1.1m。插管规格为 $\phi42mm \times 2.75mm$ 钢管，插入坑底 2.0～3.0m。成孔后立即插入制作好的钢管，钢管的下端做成马蹄形，从底部往上 3.0m 每隔 0.5m 打 2 个 $\phi10mm$ 出浆孔，钢管上端用两根 $\phi12mm$ 钢筋横向连接在一起。碎石规格为 5～15mm，注浆用 P.O 42.5 水泥，水灰比为 0.6～0.8，注浆水泥用量为 50kg/m，注浆压力为 0.4～1.0MPa，一次注浆压力为 2.0MPa。

3）帷幕桩。双排深层搅拌桩帷幕挡墙参数：桩径 0.5m，桩距 0.35m，排距 0.40m，桩顶标高 -8.5～-6.7m，桩底标高 -15.5m，注浆用 P.O 32.5 水泥，水灰比为 0.6，注浆水泥用量不小于 50kg/m，基坑周边除高压旋喷帷幕桩外的部分，总桩数约 1470 根。

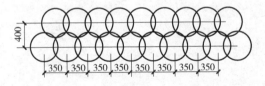

图 6-5

4）高压旋喷桩。桩径 0.60m，桩距 0.40m，采用 P.O 32.5 水泥，水泥用量 200kg/m，帷幕桩顶标高 -6.7m，桩底标高 -15.5m，3 根加固用高压旋喷桩桩顶为自然地面，内插 $\phi42mm \times 2.75mm$ 钢管，水灰比为 1.0，全桩长复搅复喷，旋喷桩下沉清水成孔压力为 15.0MPa，注浆压力为 22.0MPa，位置在 3 根高压线杆旁，如图 6-6 所示。

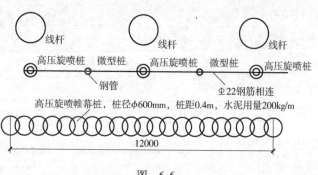

图 6-6

5）土方开挖。土方开挖要分层、分段进行，每层挖至下层土钉位置下 0.50m 左右为宜，分段开挖长度为 20.0m 左右，确保基坑安全及给土钉施工创造良好的条件。

6）降水井。降水井 13 眼，井深 25m，布置在基坑内；观测渗流井 9 眼，井深 23m，布置在基坑周边，孔径均为 0.6m，用水泥滤水管，米石作为滤料，备用轻型井点。

7）施工监测。施工单位应成立专业监测组承担基坑周边裂缝、位移和沉降观测，开挖前埋设各种监测点，并进行初测；基准点要距离基坑边 30.0m 以上，严格按设计进行监测。

5. 施工安全保证措施

（1）确保工程安全施工的组织措施

坚持"预防为主，安全第一，综合治理"的方针，重视和加强安全施工管理工作，保障施工人员的生命安全和施工设备的良好运转是工地安全文明施工的重要组成部分，为此必须采取相应措施，加强安全管理。实现人身伤亡事故"零目标"，在施工中杜绝人身死亡事故、重伤事故、重大机械和设备损坏事故，不发生火灾事故、环境污染事故、重大交通事故，轻伤事故频率小于 3‰。

1）强化全体施工人员的安全意识，建立项目安全管理体系，设立专职安全员，负责现场安全的专业管理，各作业班组设兼职安全员。真正做到安全检查时时有人抓，采取日抓、周查、月评比的方法，把群众性安全检查管理与领导管理结合起来。

2）施工现场建立安全管理小组。由主管生产负责人主持安全活动，建立专业检查、职工自检相结合的制度，发现问题立即整改。建立安全资料管理台账，由专人负责，做到及时、准确、完整。落实安全检查生产岗位责任制及有关规章制度，定期对管理人员进行安全技术考核。

3) 实行安全生产责任制。对各个班组每周进行一次评定，对安全管理先进小组进行物质奖励，对落后小组进行处罚。

4) 建立健全职工安全培训教育制度。特殊工种人员必须做到持证上岗，要在新技术、新工艺培训的同时培训安全技术，不经培训教育或考核不合格者不得上岗作业。执行每周一安全例会制度和班前安全活动。对全体施工人员进行安全技术知识、操作规程、设备性能等安全教育，定期对管理人员进行安全技术考核。

5) 配齐所有生产设备的安全防护装置，配齐所有生产管理人员的个人劳动防护用品，对安全整改所需的费用不得挪用。

6) 制订安全生产奖罚措施，对重视安全生产，加强安全教育，坚持班前班后会，坚持周一安全活动日，生产无事故的班组进行奖励；对发现事故隐患及时提出整改，避免了可能发生事故的人员进行表扬奖励；对忽视安全生产，存在重大事故隐患的班组进行处罚。

7) 加强施工现场管理。

①所有人员进入施工现场必须戴安全帽；严禁赤脚、穿拖鞋进入现场，严禁酒后施工作业。

②机械由专人操作，特殊工种必须经过教育培训，持证上岗；施工时，操作人员要思想集中，不得擅离职守或将机械交给非操作人员操作；机械设备应由专人管理，非操作人员不得进入操作区进行操作；起落机架应有专人指挥，口号一致，机架移位应谨慎操作，避免机架发生较大的晃动；交接班时应检查主要连接部位、传动部分的防护装置是否完好，确保安全生产。

③现场设置标志牌，禁止非生产人员入内；在现场事故多发地点设安全警示牌。

(2) 确保工程安全施工的技术措施

1) 临时用电安全管理办法

①在工程开工前必须编写临时用电施工组织设计。

②安装维修或拆除临时用电工程必须由持证的专业人员进行。电缆埋地深度应不小于0.6m，并在电缆上下均匀铺设不小于50mm厚的砂。

③施工现场必须设总配电箱，配电箱和开关箱的装设环境应符合下列要求：干燥通风、无外力撞击和强烈振动、防雨、防尘；配电箱及开关箱应定期进行检查、维修。

④施工现场用电严格按照《施工现场临时用电安全技术规范》（JGJ 46—2005）的要求执行。现场所有用电设备，除作保护接零外，必须在设备负荷线的首端处设置两级漏电保护装置。遇到跳闸，应排除故障后方可继续运行。所用电缆，应架空或埋设，用电设备必须由专职电工进行安装、接电、调试，严禁无证人员私自操作，施工时现场要有电工24h值班。

2）机械设备安全管理办法

①各种机具、机电设备要安装牢固，安全防护装置要齐全，保险设施性能良好，工具要经常检查，所有机械设备不能"带病运转"，设备使用严格执行各自的安全操作规程。

②挖掘机施工时应有专人指挥，严禁转臂范围内站人。起重机转动部分与固定设施间的距离不小于0.5m。

3）消防措施

①为了保证施工现场的安全，现场实行防火责任制。组建消防小组，进行防火教育，设置防火标识，配备消防器具，负责日常消防工作。

②项目部所有参检人员在日常工作及生活、学习中应不断提高自身的防火意识，加强防范。

③生活区要合理利用煤气，严禁采用电炉取暖。

4）制作钢筋安全技术措施

①钢筋加工组负责支护用钢筋的下料及制作，必须符合设计及规范要求。

②钢筋笼下料使用钢筋切割机，切割机必须有防护罩，切割片必须按要求上紧；切割操作时，操作人员要躲开切割片回转平面，防止

切割片破碎甩出伤人；被切钢筋要抓牢，以确保下料尺寸正确及避免切割时钢筋活动伤人。

③钢筋焊接严格执行以下规定：

a. 焊机应有金属外壳，并采用保护接零或接地，电焊设备必须按规定安装漏电保护装置，并有防雨措施。

b. 焊机应放置在防雨和通风良好的地方，焊接现场不得有易燃易爆物品。

c. 按规定长度和质量使用一次侧、二次侧电源线，并加以保护。

④作业人员要严格使用绝缘防护用品，焊钳绝缘层损坏时不得使用，焊接及辅助操作人员应使用防护面罩及手套。

⑤不得带电持续登高作业，焊机停用 1h 以上或下班时应切断电源。

⑥移动电焊机、切割机或照明线路时，必须先切断电源再移动；重物压住电线时不得强拉。

（3）基坑监测措施

基坑沉降、位移监测点设置平面图如图 6-7 所示。监测要点如下：

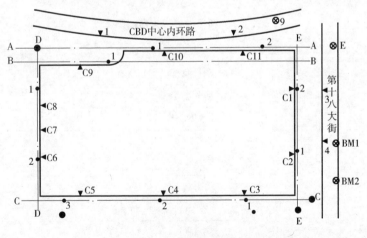

图 6-7　基坑沉降、位移监测点设置平面图

1）施工单位应成立专业监测组承担基坑周边裂缝、位移和沉降的观测工作；开挖前埋设各种监测点，并进行初测，基准点要远离基坑边 30.0m 左右；严格按设计进行监测及时向监理和建设单位提供监测

結果；本基坑按一级基坑进行监测，基坑变形的监控值为：墙顶位移3cm，墙体最大位移5cm，地面最大沉降3cm。

2）在支护施工阶段，要每天监测1次，特殊情况增加监测次数，在完成基坑开挖，变形趋于稳定的情况下，可适当减少监测次数，直到支护措施退出工作为止。

3）支护结构水平面位移观测使用全站仪或经纬仪配钢卷尺，采用直线投点法测定。

4）坑顶及周边沥青路面及管线井口的沉降观测使用S2水准仪（测微器）及变形观测专用尺，采用闭合水准测量法测定。

5）地下水位测量：测量降水井和观测井的水位，采用水文绳测量。

6. 施工管理及作业人员配备和分工

（1）项目部管理人员配备和分工

团队总人数为××人，核心管理班子由项目经理、商务经理、生产经理、技术负责人、安全总监、质量总监组成，见表6-7。项目部主要责任人联系方式见表6-8。

表6-7 项目部管理人员配备表

序号	部门设置	岗位	姓名	备注
1	项目领导班子	项目经理		
2		商务经理		
3		技术负责人		
4		生产经理		
5		安全总监		
6		质量总监		
7	技术质量部	技术员		
8		资料员		
9		试验员		
10		质检员		
11		测量员		

序号	部门设置	岗位	姓名	备注
12	商务部	预算员		
13	安全管理部	专职安全员		
14	工程部	施工员		
15	物资部	材料员		
16	综合办公室			
合计：××人				

表6-8　项目部主要责任人联系方式

序号	姓名	职务	电话
1		项目经理	
2		商务经理	
3		技术负责人	
4		生产经理	
5		安全总监	
6		质量总监	

（2）作业人员配备和分工

为了加强现场的管理，在保证工期的情况下拟在本项工程投入以下劳动力，如情况发生变化再进行适当调整。支护人员配备见表6-9。

表6-9　支护人员配备表

序号	岗位名称	工作任务	人数
1	帷幕施工人员	帷幕施工	28
2	微型桩施工人员	微型桩施工	10
3	挖掘机驾驶员	土方开挖作业	2
4	兼职安全员人员	安全作业	1
5	电工	施工用电布置、检查、维修	1
6	支护人员	支护施工	80
7	喷射混凝土人员	排水施工	10
8	降水运行人员	降水运行施工	6
9	后勤服务人员	后勤服务	5
合计：143人			

注：要求电工、焊工、司钻、驾驶员必须持证上岗。

第六章　施工组织设计（方案）管理

99

7. 验收要求

（1）搅拌桩施工要点及质量标准

1）桩距 400mm，桩位偏差小于 50mm，桩位撒白灰、插竹签作为标记；根据设计图纸用导线控制法，使用全站仪和钢塔尺进行轴线放样，距离允许偏差为 ±5mm，角度允许偏差为 ±10″，轴线复验合格后测放桩位，精度要求 10mm，桩位偏差不应大于 50mm，垂直度偏差不应大于 1%H（H 为桩长），并及时绘制测量复核签证。

2）施工前先进行试桩，确定钻进及提升速度、注浆流量、注浆压力，搅拌桩桩径为 500mm，水泥使用 P.O 32.5 水泥，用量为 50kg/m。

3）钻机安装定位。钻机就位后，测量钻头直径不小于 0.50m，使钻头对准孔位中心（竹签），同时双向调整钻架的垂直度，使钻杆轴线与钻孔中心一致，桩位偏差小于 50mm，钻杆垂直度误差小于 1%H（H 为钻杆长）。

4）预搅下沉。开动钻机钻进至设计桩底标高以下 0.1~0.2m，应特别注意砂层施工。

5）喷浆搅拌提升至桩顶标高。当钻至预定深度后，开动水泥浆泵送浆，确认浆到底后搅拌提升，提升速度为 1.0m/min，转速为 50r/min，送浆流量为 30L/min，送浆压力为 0.2~0.3MPa（参考值）。提升至桩顶标高后，关闭水泥浆泵，浆液水灰比为 0.6 左右。

6）复搅下沉。关闭水泥浆泵后复搅下沉至桩底标高。

7）开泵送浆，复喷搅拌提升至桩顶标高，提升速度为 1.0m/min，转速为 50r/min，送浆流量为 20L/min，送浆压力为 0.2~0.3MPa（参考值）。当提升至桩顶标高后，关闭水泥浆泵，将钻具提出地面。

8）施工顺序：2 台钻机分别在各自区域内施工，互不影响。

9）施工技术参数：水灰比 0.6 左右，全桩长复搅复喷，钻进及提升速度、注浆流量、注浆压力等根据试桩结果确定，参考值：提升速度 1.0m/min，送浆流 20~30L/min，送浆压力 0.2~0.3MPa。

10）要特别注意出现停机故障后的上下搭接问题，要确保桩体的垂直度和桩体搭接完好，搭接长度一般应大于 300mm，保证帷幕的完整性。

11）质量标准：桩长达设计要求，桩长允许偏差为±0.2m，桩位偏差小于30mm，桩身垂直度偏差不大于1%H（H为桩长），桩顶标高±100mm，搭接长度大于200mm，成桩合格率100%。

12）质量控制点：桩位经监理复验；钻机对准桩位由质检员复核，钻头直径由质检员检查；开钻前双向校正机架垂直度，钻进中及时观测，如有偏斜及时调整；水灰比及单桩送浆量、泵量由质检员检查，钻进深度由深度盘和钻杆记号确定，水泥要双证齐全。

13）施工时如因故停机3h以上，必须拆卸输浆管路，并加以清洗。

14）资料：应在专用记录表格上如实记录各项参数，做到桩桩有记录。

（2）旋喷桩施工要点及质量标准

1）测量放线定桩位，桩距0.40m，桩位偏差小于50mm，桩位撒白灰，插竹签作为标记。

2）施工前先进行试桩，确定钻进及提升速度、注浆流量、注浆压力，旋喷桩桩径为600mm，桩距400mm，水泥使用P.O 32.5水泥，用量200kg/m。

3）钻机安装定位：钻机就位后，检查喷头是否堵塞，使钻头对准孔位中心（竹签），同时双向调整钻架垂直度，使钻杆轴线与钻孔中心一致，桩位偏差小于50mm，钻杆垂直度允许偏差小于1%H（H为钻杆长度）。

4）清水旋喷成孔：开动钻机钻进至设计桩底标高以下0.1～0.2m，清水喷射压力为15.0MPa。

5）喷浆搅拌提升：钻至预定深度后，开动水泥浆泵送浆，确认浆到底后搅拌提升，提升速度为40cm/min，转速为24r/min，送浆流量为80L/min，喷射压力为20.0～22.0MPa（参考值），提升至桩顶标高。

6）复搅下沉：复搅下沉至桩底标高。

7）喷浆搅拌提升：喷浆搅拌提升至桩顶标高，转速为24r/min，提升速度为50cm/min，送浆流量为30L/min，喷射压力为20.0MPa

（参考值）；当提升至桩顶标高后，关闭水泥浆泵，将钻具提出地面。

8）施工技术参数：水灰比为1.0，全桩长复搅复喷，钻进及提升速度、注浆流量、注浆压力等根据试桩结果确定，喷浆压力不小于22MPa。

9）要特别注意出现停机故障后的上下搭接问题，要确保桩体的垂直度，桩体搭接完好，搭接长度一般不小于300mm，保证帷幕的完整性。

10）质量标准：桩长达到设计要求，桩长允许偏差为±0.20m，桩位偏差小于30mm，桩身垂直度不大于1%H（H为桩长），搭接长度大于200mm，桩体直径允许偏差不大于50mm，成桩合格率100%。

11）质量控制点：桩位经监理复验；钻机对准桩位由质检员复核，钻头直径由质检员检查；开钻前双向校正机架垂直度，钻进中及时观测，如有偏斜及时调整；水灰比及单桩送浆量、泵量由质检员检查，钻进深度由深度盘和钻杆记号确定，水泥要双证齐全。

12）施工时如因故停机3h以上，必须拆卸输浆管路，并加以清洗。

13）资料：应在专用记录表格上如实记录各项参数，做到桩桩有记录。

（3）微型桩施工要点及质量标准

1）测量放线定桩位，桩距1.1m，桩位偏差小于50mm，桩位撒白灰，插竹签作为标记。

2）钻机安装定位：钻机就位后，使钻头对准孔位中心（竹签），同时调整钻架垂直度，使钻杆轴线与钻孔中心一致，桩位偏差小于50mm，钻杆垂直度偏差小于1%H（H为钻杆长度）。

3）钻进成孔：开动锚杆钻机使用清水或稀泥浆钻进成孔，钻进至设计桩底标高以下0.1~0.2m；终孔后要清孔，钻孔直径不小于150mm，钻孔深度根据基坑深度的不同为15.0~16.0m，孔距为1.10m，垂直度小于1%H（H为孔深），桩位偏差不大于50mm。

4）成孔后应立即插入ϕ42mm×2.75mm注浆管，钢管的下端做成马蹄形，从底部往上3.0m打ϕ8~10mm的出浆孔。碎石粒径为5~

15mm，边投石边振敲注浆管，顶部注浆补石料，封堵孔口。

5）接通注浆管注浆，水泥采用 P.O 42.5 水泥，水灰比为 0.6 ~ 0.8，水泥用量为 50kg/m；初次注浆压力为 0.4 ~ 1.0MPa，水泥初凝后进行二次注浆，注浆压力为 2.0MPa。

6）微型桩施工中应严格控制注浆压力和水泥注入量，保证注浆压力不低于设计值，水泥用量不低于 30kg/m。

7）为保证桩身的强度及密实度，碎石粒径取 5 ~ 15mm 级配碎石，投石时要不停振敲注浆管。

8）桩顶横向用两根 $\phi12mm$ 钢筋连成一体，同网筋一起打在护顶中。

9）施工过程中随时检查施工记录，并对照规定的施工工艺对每根桩进行质量评定，检查水泥的用量、桩长、桩径、注浆压力、碎石级配及振捣是否密实。

10）质量标准：桩长达到设计要求，允许偏差为 0.2m，桩位偏差小于 50mm，桩身垂直度偏差不大于 $1\% H$（H 为桩长），孔径大于 150mm，水泥用量不低于 30kg/m，成桩合格率 100%。

（4）降水井、观测渗流井（轻型井点）施工及运行要点、质量标准

1）测量放线定孔位：桩位要躲开桩、墙、柱、承台，孔位偏差为 0.2 ~ 1.5m，孔位撒白灰。

2）钻机安装定位：钻机就位后，使钻头对准孔位中心，同时调整钻架垂直度，使钻杆轴线与钻孔中心一致，钻杆垂直度误差 <$1\% H$（H 为钻杆长度）。

3）成孔：管井采用回转成孔法，使用清水或稀泥浆，孔径 0.6m，降水井井深 25m，观测井井深 23m。在施工过程中，当钻进到设计深度后，加大泵流量冲洗，将孔内的土块及泥浆冲洗出孔口，使孔内水的含泥量不大于 5%，轻型井点采用水冲法成孔，成孔直径为 0.3m 左右。

4）下井管：用托盘人工下放井管，井管采用水泥无砂管，用竹竿捆绑井管，井管间围好塑编布并扎牢，要求缓慢下放；轻型井点点管滤水器采用花管缠棕并包两层纱网，人工下入，上部用管汇连接。

5）填：管井砾料采用米石、轻型井点滤料采用粗砂。填砾前应彻底换浆，然后向井管四周填砾，开始时速度不宜过快，待井管内出水后再适当加快填砾速度。井口返水突然变小时，说明滤水管已埋没，继续填至地面以下1.0~1.5m，改用黏土填至地面，并压实封闭孔口，以防地下水渗入。

6）安装污水泵洗井：管井中下放水泵至水面下3.0m，开始抽水，抽水过程中及时下放水泵，水清后提出污水泵，安装潜水泵降水，定时测定抽水量，并做好记录。

7）降水井的运行：降水井开始工作后，应注意以下几个问题。

①派专人值班、巡回检查泵的运行情况，发现工作不正常要及时更换。

②开始一个星期，每天测量一次水位，以后3d测量一次水位，并做好记录。

③降水运行期视建筑物进展情况而定。

④运行期间抽出水的含砂量不大于0.5‰。

⑤现场配备75kW的发电机组，始终保持完好状态，以确保停电时能连续降水。

（5）土钉墙施工要点及质量标准

1）测量放线定孔位：土钉竖向间距1.30m，水平间距1.10m，孔位偏差±100mm。

2）凿土钉孔：采用洛阳铲人工凿孔，孔径100mm，按设计的孔位布置，进行测量画线，标出准确的孔位；然后按设计要求的孔深、孔的俯角和孔径进行凿孔，严格注意质量，逐孔进行验收记录，不合格者为废孔，必须重打。施工应符合以下规定：孔深允许偏差为±50mm，孔径允许偏差为±5mm，孔距允许偏差为±100mm，成孔倾角允许偏差±5%。当由于地下水位高无法成孔时采用打入式注浆锚管，通常情况下锚管长度增加1.0m；如遇流砂层，为防止振动液化造成地面下沉，采用水冲成孔法，水冲成孔形成松散带，插入锚管后及时注浆，禁止插入锚管后长时间等待注浆。

3）钉杆安装：按照设计规定的各排钉杆的长度、直径，加工合格的钉杆，钉杆采用双面搭接焊，焊接长度大于5倍钉杆直径；土钉墙钢筋中钉杆采用螺纹钢筋，钢筋直径为20～22mm，每隔2.5～3m焊接一组对中支架，将钉杆安放在孔内，置于孔的中心位置，钉杆长度允许偏差为±30mm。

4）注浆

①在安好钉杆的孔内注入水泥净浆，使用P.O 32.5水泥，水灰比为0.5，压力不低于0.3MPa，注浆水泥用量为30kg/m。对打入式锚管（在水位以下土钉无法人工成孔的情况下用锚管代替土钉施工），注浆前应先用清水洗孔，洗通后再注浆；一般情况下，锚管段先挂网喷混凝土，后注浆。

②水泥浆应拌和均匀，随拌随用，一次拌和的水泥浆应在初凝前用完。

③注浆前应将孔内残留或松动的杂土清除干净，注浆开始或中途停止超过30min时，应用水或稀泥润滑注浆泵及其管路。

④确保钉杆与孔壁之间注满水泥浆，由里向外分两次注浆，需将注浆管插入孔内距孔底约0.5m处；随注浆随拔注浆管，要使注浆管始终在浆液中，注满后拔出注浆管。二次注浆时用编织袋塞住孔口，以保证注浆压力，防止浆液流出；当土钉较长时，为确保注浆管到位，应将注浆管随同土钉钉杆一同下入，注浆是否饱满是土钉墙施工的重点检查项目。

5）挂网

①网筋采用一级钢筋，ϕ6.5mm@250mm×250mm，网格允许偏差为±10mm。

②网筋的搭接长度不小于300mm，钢丝绑扎隔一格绑一道，不允许疏漏。

③铺设钢筋网前，先调直钢筋。

④边壁上的钢筋网宜延伸至地面，其翻边长度不小于0.5m。

6）加强筋焊接：加强筋采用ϕ12钢筋，加强筋必须与土钉主筋焊接固定，外焊挡块，挡块与钉杆同径，长50mm左右。加强筋搭接要有一定的焊接长度，达到10倍钢筋直径。钉杆外端焊接合格的挡块也是土钉墙施工的重点之一。

7）喷射混凝土

①严格按设计要求及混凝土配合比拌制混凝土，混凝土配合比由实验室提供，施工时根据材料的含水量确定施工配合比。混合材料应搅拌均匀，颜色一致，混凝土应随拌随用。

②喷射混凝土前，应在网筋下垫 2.0～3.0cm 厚的混凝土块，喷射混凝土时喷头与受喷面应保持垂直，距离为 1.0m 左右。

③喷射作业应分段进行，同一分段内的喷射顺序为自下而上，一次喷射厚度不小于40mm。

④喷射混凝土接槎处，采用斜交搭接，搭接长度为22cm以上。

8）养护：喷射混凝土终凝8h后要在混凝土表面每天多次洒水养护，使其强度稳定避免出现裂缝。

9）质量标准：土钉长度允许偏差为 ±30mm，桩位允许偏差为 ±100mm，成孔倾角允许偏差为 ±5%，注浆量大于桩孔体积，注浆压力不小于设计值，土钉墙面层厚度允许偏差为 ±10mm，墙体混凝土的强度等级大于C20。

（6）土方开挖及注意事项

1）土方开挖要分层、分段进行，第一层挖至第一排土钉下 0.5m，以后每层挖至下层土钉位置下 0.5m 为宜，分段开挖长度 20.0m 左右，确保基坑安全及给土钉施工创造良好的条件。

2）挖至桩头时，严禁碰撞桩体，以防断桩。

3）凿桩头人员要与土方开挖人员、清桩间土人员配合好，及时将混凝土块及桩间土清运走。

4）开挖侧壁土时留 0.1m 以便人工修坡。

5）严禁超挖，留 0.3m 进行人工开挖，为此技术人员要跟班，及时设置开挖深度标志，指挥挖掘机开挖。

6）挖掘机和运土车的驾驶员要特别留意降水井，不能损坏降水井。降水井施工人员要在降水井管（孔）口设置醒目标志，或派专人巡视，确保降水井的完好。

7）要求基坑边至围墙之间的地面全部硬化；基坑在回填以前，基坑边 5.0m 范围内不得堆载，5.0m 至一倍基坑深度范围内的堆载不得大于 20kPa；基坑周边出现小裂缝时要及时灌浆；要做好雨期基坑边防水及基坑内排水工作。

8. 应急处置措施

1) 设专人定时进行监控测量，及时将监测结果报项目部并分析原因，实行信息化施工管理。

2) 当出现事故征兆或达到报警值时，应首先采取稳定边坡和降水井水位的措施，根据情况采用堆砂袋、回填基坑、边坡卸荷、增设预应力锚杆、设置斜支撑、降低基坑外水位等补救措施。

3) 施工前尽可能准确地了解周围管线的埋设深度，避免打穿管线发生漏水事故。如发生漏水事故，应及时切断水源，及时堵漏，为此需做好堵漏材料的准备，如麻袋、木棍、水泥等材料。

4) 基坑开挖期间，挖掘机驾驶员要 24h 值班，以便及时处理安全事故。

5) 现场必须备有足够容量的发电机，以便停电时能继续不间断的降水。

9. 计算书及相关施工图纸

本基坑计算依据《基坑土钉支护技术规程》（CECS96）计算钉杆直径，使用北京深基坑支护结构设计软件计算土钉长度、整体稳定性、抗倾覆稳定性及内部稳定性安全系数。

1-1 剖面：基坑深度 $h = 11.6$m，地面荷载 $q = 20$kN/m^2，重度 $\gamma = 18.92$kN/m^3，黏聚力 $c = 10$kPa，内摩擦角 $\psi = \psi_k = 20°$，粘结力 $\tau = 50$kPa，土钉竖向间距 $S_v = 1.3$m，水平间距 $S_h = 1.1$m。

1) 钉杆断面 d_b 计算公式：$\pi d_b f_{yk}/4N \geq 1.4$。

2) 锚固长度 L_e、孔径 d_h 的计算公式：$L_e = NK_s/\pi d_h \tau$。

3) 锚杆设计内力 N 的计算公式：$N = PS_v \cdot S_h/\cos\theta$，$P = P_1 + P_q$。

4) 荷载折减系数 ζ 的计算：$\zeta = \tan\dfrac{\beta - \psi_k}{2}\dfrac{\left(\dfrac{1}{\tan\dfrac{\beta + \psi_k}{2}} - \dfrac{1}{\tan\beta}\right)}{\tan^2\left(45° - \dfrac{\varphi}{2}\right)}$。

式中，β 为土钉墙坡面与水平面的夹角，侧壁 $-8.5m$ 以上按 $1:0.3$ 放坡，$-8.5m$ 以下为垂直面，相当于总体按 $1:0.15$ 放坡，$\beta = 81.5°$，按上部卸荷体积除以 1.2 所得体积计算总体放坡系数为 0.15。

当 $c/\gamma_h = 0.046 < 0.05$ 时，$P_m = 0.55K_a\gamma_h = 59.14kN$，$K_a = \tan^2(45° - 20°/2) = 0.49$。

$P_1 = P_m = 59.14kN$，$P_q = K_a \cdot q = 9.8kN$，$P_1 = 68.94kN$，$N = 100.1kN$，$\zeta N = 81.1kN$

固段长度 $L_e = 7.45m$，钉杆断面直径 $d_1 = 20.8mm$，材料为 $\oplus 22$ 钢筋。

运用同样的方法计算出其他剖面的钉杆直径及锚固段长度，运用作图法和理正软件可确定土钉长度。

理正软件计算结果（按二级基坑计算，帷幕未参与计算）为：

11.6m 深基坑，不设微型桩，抗滑安全系数 1.405 > 1.3，抗倾覆安全系数 8.9 > 1.6，内部稳定性安全系数 1.18 ~ 1.94（1-1 剖面）。

11.6m 深基坑，设一排微型桩，抗滑安全系数 1.405 > 1.3，抗倾覆安全系数 8.9 > 1.6，内部稳定性安全系数 1.132 ~ 1.89（3-3 剖面）。

第七章

临时建（构）筑物标准管理

建筑工程开工进场后，首先进行建设工程施工的准备工作。最主要的一项工作就是工程施工临时设施的建设。什么是临时设施呢？它又包含有哪些内容呢？

建筑工程施工的临时设施是指为了保障建设工程正常施工和项目管理，根据施工组织设计要求，建设的临时性建筑物、构筑物、基本设施、设备。临时设施的建设标准，从一定程度上能够提高施工建设的安全意识、提高建设工程质量、加快施工建设速度、提高企业收益，临时设施建设标准也反映了一个企业的形象。所以现在很多大型建筑企业都逐步完善和实现建设工程项目临时设施的标准化。

建筑工程施工临时设施按照临时设施价值（造价）的大小分为大型临时设施和小型临时设施两种类型。大型临时设施主要是指大型建设项目建设的大型临时设施和设备，比如临时铁路线、临时公路、临时混凝土搅拌站、临时码头、渡口、大型钢构加工棚等。小型临时设施是指一般性建设项目临时建设的设施和设备，比如临时宿舍、临水、临电等（当然大型项目也包含这些内容，只不过体量大些）。大型临时设施根据不同的建设项目，临时设施建设内容大不相同，在这里就不做讨论，仅探讨一般性建设项目的临时设施内容。

建筑工程项目施工的临时设施建设主要依据是该工程项目的施工组织设计，施工组织设计中临时设施的完善程度、布置的合理性，决定了临时设施建设的实用性；同时，企业的临时设施标准化程度的高低决定了临时设施的发挥作用的高低。临时设施也不是一成不变的，应根据建设项目进度需要，不断进行调整。

第一节 临时建(构)筑物的内容

一般建筑工程施工的临时设施主要建设内容有:

1)建设项目施工场地围挡、围墙、大门、门楼、施工人员进出场通道、门卫保安室等。

2)建设项目施工道路、洗车台、洗车设备、沉淀池、施工场地排水设施、路面降尘设备。

3)九牌两图:工程概况牌、项目组织机构及监督电话牌、安全生产牌、文明施工牌、安全标语牌、消防保卫牌、危险源告示牌、危大工程公示牌、危险性较大工程机械设备操作要点牌;施工总平面布置图、安全文明施工责任图。

4)木工加工棚、钢筋加工棚、机电加工棚、搅拌机防护棚、危险品仓库、茶水亭、休息亭、厕所、化粪池、垃圾站、实验室等。

5)脚手架及架体防护体系、基坑临边防护体系、楼内临边洞口防护体系、塔式起重机防护体系、升降机防护体系、卸料平台等。

6)材料堆放场地规划:水电材料库房(材料架)、钢筋料场、模板料场、木方料场、砌块料场、砂石料场等。

7)临时用电:变压器及防护、1(2、3)级配电柜(箱)、电缆敷设、现场照明设备布置等。

8)临时用水:临时用水管线敷设、蓄水池等。

9)现场消防设施、设备:消防泵房、消防管道、消防栓、消防报警设备、消防器材(消防柜、灭火器等)、应急救援设施设备。

10)生活区:临时宿舍、围挡、大门、门卫(保安)室、食堂、厕所、洗漱池等。

11)办公区:临时办公(室)楼、办公区围挡、大门、门卫(保安)室、企业形象标志(旗台、旗杆、旗子)、宣传栏、项目部铭牌、食堂、卫生间等。

第二节 建筑物做法

建筑工程项目施工临时设施根据施工组织设计中临时设施平面布置图具体布置，根据实际需要进行调整，但必须满足《施工现场临时建筑物技术规范》（JGJ/T 188）、《建筑施工安全检查标准》（JGJ 59）、《建设工程施工现场消防安全技术规范》（GB 50720）有关要求。临建施工方案中应给出临建的总平面图（包括围墙边线），办公楼、宿舍还应给出平、立、剖面图，其余临建应给出平面及剖面图。办公楼及宿舍楼常搭建两层式的活动板房，若场地允许，可搭建一层，其余临时建筑多为一层。若项目可利用场地有限或存在其他特殊原因，则各种临时建筑设置可根据项目实际情况做出适当调整，临时建筑的人均使用面积原则上须满足本书要求的使用标准。下面以中国建筑股份有限公司某公司项目为例，对临建的做法进行描述，以供参考。

(1) 围墙

1）围墙种类。分为一次性使用的砖砌式和重复利用的金属式两种，各工程依据实际情况选用。

2）围墙规格。若工程处于市区主要路段围墙高 2.5m，重点区域范围内不低于 2.2m，一般地段墙高均为 2m，若当地政府有具体要求则按其要求执行。

砖砌式：颜色为白色，其中围墙上端 0.2m、下端 0.3m 高范围为蓝色。

金属式：一般为彩钢板或金属栅栏。

3）砖砌式围墙。以 2m 高围墙为例进行说明。

①基本构造。围墙基本构造：围墙基础采用 MU7.5 的 390mm × 190mm × 190mm 混凝土小型空心砌块或砖砌体和 M5 水泥砂浆进行砌筑，基础下设 100mm 厚 640mm 宽 C15 素混凝土垫层，围墙两侧抹 20mm 厚 1:2.5 水泥砂浆，围墙基础做法如图 7-1 所示，围墙每隔 5m 设 200mm × 400mm 砖垛构造柱，柱外侧与墙面齐平，每 30m 左右设变

形缝一道，变形缝两侧设置端柱。

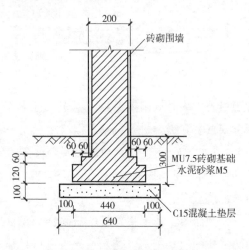

图 7-1　围墙基础做法

门柱基本构造：大门两侧门柱尺寸 800mm×800mm，高 2.2m，柱子采用 390mm×190mm×190mm MU7.5 混凝土小型空心砌块砌筑，门链处增设混凝土块，砖与砖以及砖与混凝土块之间用插筋连接，以增加整体强度。地面上下均采用 M5 水泥砂浆砌筑。门柱基础深 500mm，门柱基础如图 7-2 所示。

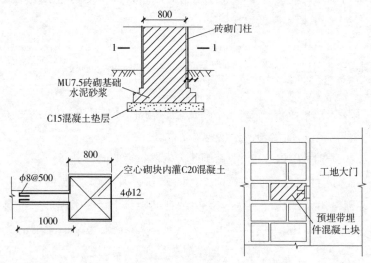

图 7-2　门柱基础

②围墙标准组合。围墙外侧：主图案为中建标志和"中国建筑"繁体手写字样组合，标志和字体均为蓝色，标志尺寸为 0.8m×0.8m，位置居白色墙体上 0.36m、下 0.34m 之间，即距地面 0.64m；字体按图 7-3 所示尺寸组合，每组的组合图形之间用辅助图形间隔。每组间距为 7.2m，辅助图形居中。

围墙内侧：颜色同外侧一样，内容为中建标志同中建广告标语组合，标志、字体（黑体字）均为蓝色，尺寸为 0.7m×0.7m。广告标语组合如下：

中国建筑　服务跨越五洲　　过程精品　质量重于泰山

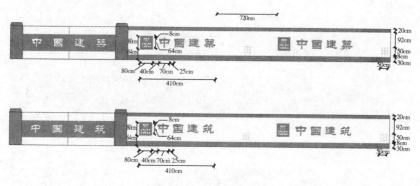

图 7-3　围墙标准组合

4）金属式围墙

围墙标准组合。颜色为白色，上端 0.2m 高、下端 0.3m 高为蓝色。自大门边第二块板起每隔 5~8 块板设中建标志与"中国建筑"繁体手书字体上下组合图形（蓝标、黑字）。图形组合尺寸在 0.5m×0.6m（高×宽）之间，具体位置如图 7-4 所示。

用蓝色板与白色板的组合，从大门边的第二块板（白色）起，每隔 5~8 块蓝色板，设一块白色板，在白色板上制作中建标志和"中国建筑"繁体手书字体上下组合图形（蓝标、黑字）。图形组合尺寸在 0.5m×0.6m（高×宽）之间，具体位置如图 7-5 所示。

围墙颜色同图 7-4 要求，在白色彩板的上端 0.2m 处和下端 0.3m 处刷成蓝色，自大门边的第二块板（全蓝色）起，每隔 5~8 块板设一块蓝色板，在蓝色板上用螺钉固定一块 0.7m×0.7m 的白底、蓝标、黑字的中建标志和"中国建筑"繁体手书字体上下组合图形，具体安装位置如图7-6所示。

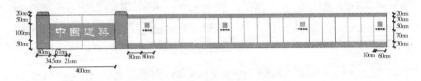

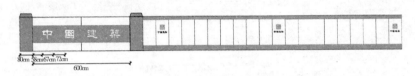

图 7-4　围墙组合示例 1

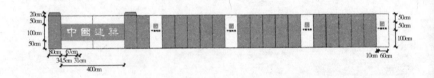

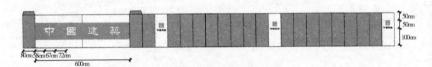

图 7-5　围墙组合示例 2

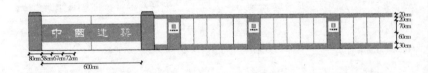

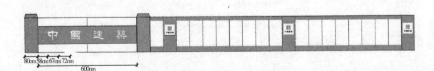

图 7-6　围墙组合示例 3

（2）工地大门

大门种类。大门分为无门楼式和门楼式两种形式，各工程依据自身情况进行选用。

1）无门楼式大门。在施工现场，非主大门一般采用无门楼式大门（图7-7）。

材质：大门为3mm厚薄钢板+型钢龙骨。

规格：大门形式为对开门或四开门。总宽度为6～8m；高度为2m；每扇门尺寸为3m×2m或2m×2m（宽×高）。

色彩：大门颜色为白色或不锈钢本色。

文字组合及其他：每扇门正腰安装一块面积为1m×2m或1m×3m（高×宽）的薄钢板或宝丽板。颜色为企业CI规定色号。上面书写"××××"字样。

门柱：门柱截面尺寸建议为0.8m×0.8m，高度为2.2m，其中0.2m为柱帽高度，柱帽为梯形，顶面积为0.6m×0.6m。门柱通体为蓝色。两柱帽上方可加灯箱，各工程根据需要自行决定。

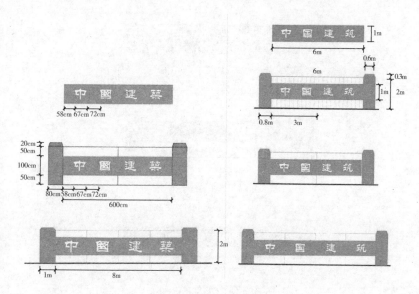

图7-7　无门楼式大门

2）门楼式大门。在施工现场，主大门一般采用门楼式大门（图7-8）。

大门门体形象：同无门楼式。

门柱及门楣形象

材质：门柱为不锈钢球形网架或普通钢管构造，可在普通钢管外包薄钢板或其他板材。

尺寸：门柱截面尺寸建议为1m×1m，总高度为6.5m，其中门楣高度为1.5m，大门净高度为5m。

色彩：门柱若包有薄钢板，从地面起2m高为蓝色，2～5m处为白色；门楣为蓝色，标志反白，字为白色。

标志与文字组合：标志尺寸为1m×1m，文字内容分为两排，上排为施工的工程局全称，下排为承建××工程。此为非标准组合，只限于门楣上使用，未经允许，严禁在其他场合使用。

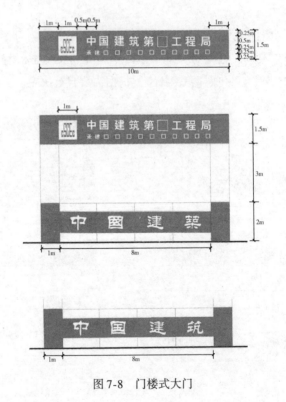

图7-8　门楼式大门

(3) 施工道路

1) 基本原则。场地施工道路应有两个以上进出口，宜采用环形布置，若场地限制，应设置车辆调头区。主要道路宜采用双车道，宽度不小于6m，次要道路宜采用单车道，宽度不小于3.5m。

2）道路做法

①混凝土现浇道路（图7-9）。道路做法自下向上依次为素土夯实、150mm厚道渣，150mm厚C20混凝土。具体各构造层厚度需依据具体情况计算复核。

图7-9　混凝土现浇道路

②拼装钢板道路（图7-10）。对于不适合做混凝土硬化处理的临时道路，可采用钢铺道路。钢板厚度一般为20～30mm，基础分层夯实30～50cm。

图7-10　拼装钢板道路

③预制道路（图 7-11）。各工程依据项目自身策划可选用活动吊耳式钢框预制道路。

钢框一般采用 16 号槽钢，混凝土强度等级为 C30，单块预制道路尺寸为 300cm×300cm×25cm。

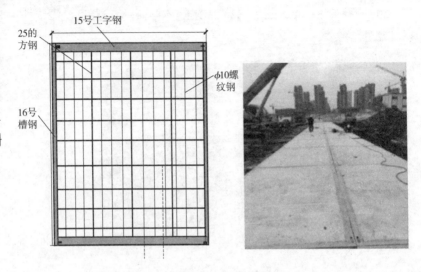

15号工字钢

25的方钢

φ10螺纹钢

16号槽钢

图 7-11　预制道路

（4）办公楼及宿舍

1）布置原则。办公室可选用活动彩钢板房或者活动箱式板房，活动彩钢板房尺寸分别为 3000mm×5400mm、3600mm×5400mm、3300mm×6000mm 或 3600mm×6000mm，活动箱式板房尺寸为 3000mm×6000mm。大会议室为 3~4 个开间大小，宜设在底层，项目经理、项目总工、商务经理可单独使用一间办公室，其余办公人员可按部门不同每 4 人使用一间办公室。管理人员办公室：使用标准为 4.5~5.5m²/人，按 4 人一间考虑进行布置，人均使用面积 5m²。

管理人员宿舍可选用活动彩钢板房或者活动箱式板房：使用标准为 4.5~5.5m²/人，按 4 人一间考虑进行布置。

工人宿舍宜选用活动彩钢板房：使用标准为 3m²/人，工人宿舍开间大小 3600mm×6000mm，双层床铺，按 7 人一间考虑进行布置，人均使用面积为 3m²。

2）材料要求

①活动板房。所用板材、钢材、配件等材料均应符合 DGJ 08—114—2016 中 5.2 条的要求，参见表7-1。

门尺寸为900mm×2100mm，75mm厚彩钢夹芯板，球形锁。

塑钢窗，尺寸为1200mm×1200mm（带防盗窗网），3mm厚白玻璃，窗台高度900mm。

表7-1　材料参考表

项次	层数及层高	结构类型	墙体材料及截面尺寸	柱材料及截面尺寸	梁材料及截面尺寸	基础做法及埋深	地面做法	楼面做法	屋面做法	人均使用面积
办公室	1~2层2.6m	轻钢结构	彩钢板，外墙75mm、内墙50mm；面层厚度为0.45mm	80mm×80mm方钢管	角钢屋架	砖基础30cm	瓷砖	瓷砖	单层彩板压型瓦	4.5~5.5m²
管理人员宿舍	1~2层2.6m	轻钢结构	彩钢板，外墙75mm、内墙50mm；面层厚度为0.45mm	80mm×80mm方钢管	角钢屋架	砖基础30cm	瓷砖	瓷砖	单层彩板压型瓦	4.5~5.5m²
工人宿舍	1~2层2.6m	轻钢结构	彩钢板，外墙75mm、内墙50mm；面层厚度为0.45mm	80mm×80mm方钢管	角钢屋架	砖基础30cm	水泥砂浆	水泥砂浆	单层彩板压型瓦	3m²

②箱式板房。外墙侧板采用75mm双面彩钢岩棉夹芯板，彩钢板厚度为0.4mm，内隔板采用50mm厚双面彩钢板，门采用钢制防盗门，骨架材料由12号槽钢、C100mm×50mm×2mm型钢、120mm×60mm×2.5mm矩形钢、40mm角钢由M12螺栓连接而成，参见表7-2。

表7-2　材料参考表

项次	层数及层高	结构类型	墙体材料及截面尺寸	柱材料及截面尺寸	梁材料及截面尺寸	基础做法及埋深	地面做法	楼面做法	屋面做法	人均使用面积
办公室	1~2层，2.7m	轻钢结构	外墙75mm、内墙50mm；面层厚度为0.4mm	12号槽钢、40mm角钢	C100mm×50mm×2mm型钢、120mm×60mm×2.5mm矩形钢	砖基础30cm	瓷砖	瓷砖	单层彩板压型瓦	4.5~5.5m²

（续）

项次	层数及层高	结构类型	墙体材料及截面尺寸	柱材料及截面尺寸	梁材料及截面尺寸	基础做法及埋深	地面做法	楼面做法	屋面做法	人均使用面积
管理人员宿舍	1~2层，2.7m	轻钢结构	外墙75mm、内墙50mm；面层厚度为0.4mm	12号槽钢、40mm角钢	C100mm×50mm×2mm型钢、120mm×60mm×2.5mm矩形钢	砖基础30cm	瓷砖	瓷砖	单层彩板压型瓦	4.5~5.5m²

3）形象要求

①办公室（图7-12）。房檐和踢脚线为蓝色。若无房檐或踢脚线，可参照围墙形式，在墙面刷蓝头、蓝脚。

墙体为白色，楼梯护栏为蓝色。

普通材质的门、窗，门框、门扇、窗框、窗扇内外均为蓝色；铝合金等较高档的门、窗，

图7-12　办公室

可保持其本色。若办公室为套间，考虑到采光问题，室内门可为灰白色。

内部形象：墙面、顶棚为白色；地面最低材质为水泥地面，室内窗帘建议为蓝色；普通职员办公桌和办公柜一般为灰色；项目主要领导办公桌和办公柜如为较高档材质，颜色保持本色；项目经理、书记办公室摆放总公司桌旗。

②宿舍（图7-13）。宿舍凡为普通材质的门、窗，其门框、门扇、窗框、窗扇内外均为蓝色；若为铝合金或更高档材质的门、窗，可保持其本色。

房屋墙体或附近应有导向牌标明"宿舍区"或"生活区"字样。

宿舍区或生活区内外要求整洁、卫生。

凡是不在现场的宿舍，一般不做形象要求。

图 7-13 宿舍

（5）食堂

1）布置原则。食堂若为独立临时建筑，应搭建一层，净高 2.8m；若食堂不是独立临建，则应设于二层临时建筑的底层，食堂应设置储物间、操作间、售饭间和餐厅。

2）材料要求。操作间地面铺 400mm × 400mm 防滑瓷砖，售饭间及餐厅铺 400mm × 400mm 普通瓷砖。

3）使用标准。管理人员餐厅使用标准为 $0.5 \sim 0.7 \text{m}^2/$人，工人食堂餐厅使用标准为 $0.3 \sim 0.4 \text{m}^2/$人，售饭间、操作间及储藏室等面积之和可按餐厅面积的 $1 \sim 1.3$ 倍考虑，具体可根据所使用设备等不同做出调整。

4）基础做法。基础采用多孔砖基础，采用 MU7.5 390mm × 190mm × 190mm 混凝土小型空心砌块和 M5 水泥砂浆，砌筑基础下设 100mm 厚 640mm 宽 C15 素混凝土垫层，基础顶做 200mm × 150mm 圈梁，如图 7-14 所示。

5）形象要求（图 7-15）

①外部形象参见现场

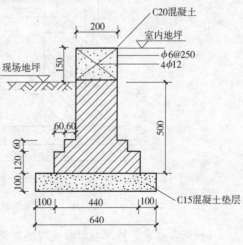

图 7-14 食堂基础做法

宿舍。

②食堂门牌上严禁使用中建标志。

③若食堂悬挂责任制度图牌，其形式等同于办公室室内图牌。

④内部地面最低材质为水泥地面。

⑤食堂要求干净、卫生。

图7-15　食堂

(6) 会议室

1）布置原则。会议室若为独立临时建筑，应搭建一层，净高2.8m；若会议室不是独立临建，则应设于二层临时建筑的底层。

2）材料要求。地面铺 600mm×600mm 普通瓷砖。

3）基础做法。基础采用多孔砖基础，采用 390mm×190mm×190mm 的 MU7.5 混凝土小型空心砌块和 M5 水泥砂浆，砌筑基础下设 100mm 厚 640mm 宽 C15 素混凝土垫层，基础顶做 200mm×150mm 圈梁，如图 7-16 所示。

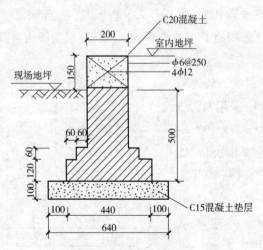

图 7-16　会议室基础做法

4）形象要求。外部形象参见现场办公室外部形象。

内部形象（图 7-17）：

墙面、顶棚为白色；地面为水泥地、地板砖或其他更高档次的材质。

图 7-17　会议室

室内窗帘为蓝色。会议桌若为较高档的长圆弧形，可保持其本色。若为普通会议桌或办公桌拼成，上面则须覆盖厚质蓝色台布。

主墙设局或公司质量方针（横式排列），字体尺寸自定；"质量方针"四字为红色，内容字体为蓝色；在右下方落款处书写 A 式组合规范，蓝标、黑字；标和所有文字也可全为金色，尺寸自定；两侧墙体可悬挂工程模型照片和公司代表性工程照。其他形象参见办公室要求。

(7) 厕所、浴室

1）布置原则。厕所、浴室若为独立的临时建筑，应搭建一层，可选用彩钢板或混凝土多孔砖搭建，净高 2.8m。若厕所、浴室不是独立临建，则宜设于二层临时建筑的底层。原则上布置于接近市政排污、排水接近位置。

2）材料要求。见表 7-3、表 7-4。

表 7-3　彩钢板厕所、浴室材料要求及做法

部位	材料	做法
墙	彩钢夹芯板	外墙厚 75mm，内隔墙厚 50mm
地面	300mm×300mm 防滑瓷砖	满铺
门窗	900mm×2100mm 内开门，75mm 厚彩钢夹芯板，球形锁	室内净高 2.8m，窗离地高 900mm
屋面	100mm 厚彩钢保温板	前屋檐挑出 1100mm，后屋檐挑出 250mm，排水坡度为 2.5%，向后排水

表 7-4　砖砌厕所、浴室材料要求及做法

部位	材料	做法
墙体	MU7.5 390mm×190mm×190mm 的混凝土小型空心砌块和 M5 水泥砂浆砌筑	墙两侧抹 20mm 厚 1:2.5 水泥砂浆并刷浆
墙面	300mm×300mm 瓷砖	浴室全高满铺，厕所高度 1500mm
地面	300mm×300mm 防滑瓷砖	满铺
门窗	900mm×2100mm 内开门，75mm 厚彩钢夹芯板，球形锁	室内净高 2.8m，窗离地高 900mm
屋面	100mm 厚彩钢保温板	前屋檐挑出 1100mm，后屋檐挑出 250mm，排水坡度为 2.5%，向后排水

3）使用标准

①管理人员厕所和浴室。使用标准为 0.15～0.2m²/人。男厕蹲位数可按人数的 1/15 设置，小便斗可按人数的 1/10 考虑，女厕蹲位数可按人数的 1/8 设置，浴室喷头数可按人数的 1/15 设置。

②工人厕所和浴室。使用标准为 0.07～0.1m²/人。男厕蹲位数可按人数的 1/30 设置，小便槽每 30 人设 1m 长设置，女厕蹲位数可按人数的 1/15 设置，浴室喷头数可按人数的 1/30 设置。

③盥洗池。应设置满足施工现场人员使用的盥洗池和水嘴。盥洗池水嘴数可按人数的 1/20 设置，水嘴间距不小于 700mm。

4）形象要求（图 7-18）。外部形象参照现场宿舍，门牌上严禁使用中建标识。

内部地面最低材质为水泥地面，墙面镶贴白色瓷砖，高度自定，并有冲水设备。

（8）标准养护室

1）布置原则。标准养护室为一层临建，分操作间和养护间，开间大小根据项目实际情况设置。

2）基础做法。基础采用多孔砖

图 7-18　厕所

124

基础，采用 390mm×190mm×190mm 的 MU7.5 混凝土小型空心砌块和 M5 水泥砂浆，砌筑基础下设 100mm 厚 640mm 宽 C15 素混凝土垫层，基础顶做 200mm×150mm 圈梁，如图 7-19 所示。

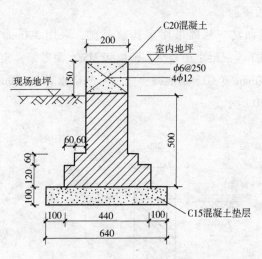

图 7-19　标准养护室基础做法

3）材料要求及做法，见表 7-5。

表 7-5　标准养护室材料要求及做法

部位	材料	做法
墙体	390mm×190mm×190mm 的 MU7.5 混凝土小型空心砌块和 M5 水泥砂浆砌筑	墙两侧抹 20mm 厚 1:2.5 水泥砂浆并刷浆
地面	300mm×300mm 防滑瓷砖	满铺
门窗	900mm×2100mm 木门，900mm×1200mm 塑钢窗	室内净高 2.8m，窗离地高 900mm
屋面	100mm 厚彩钢保温板	
养护池	390mm×190mm×190mm 的 MU7.5 混凝土小型空心砌块和 M5 水泥砂浆砌筑	预养水池高 1.6m，养护水池高 0.8m，水池内壁抹 20mm 厚 1:2 防水砂浆，内表面贴面砖

（9）库房

1）布置原则。仓库包括现场施工的工具库、五金配件库、水泥库、水电材料库、危险品仓库等库房，不同类型材料应分库储存。

第七章　临时建（构）筑物标准管理

125

2）材料要求。采用 390mm×190mm×190mm 的 MU7.5 混凝土小型空心砌块和 M5 混合砂浆砌筑，墙两侧抹 20mm 厚 1∶2.5 水泥砂浆；室内净高 2800mm，450mm×450mm 塑钢窗，离地高 1800mm。屋面采用彩钢保温板屋面。

3）基础做法。基础采用多孔砖基础，采用 390mm×190mm×190mm 的 MU7.5 混凝土小型空心砌块和 M5 水泥砂浆，砌筑基础下设 100mm 厚 640mm 宽 C15 素混凝土垫层，基础顶做 200mm×150mm 圈梁，如图 7-20 所示。

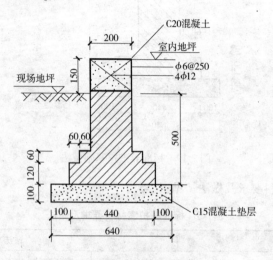

图 7-20　库房基础做法

4）地面做法，见表 7-6。

表 7-6　库房地面做法

区域	底层	中间层	面层	备注
库房	素土夯实	50mm 碎石 + 100mm C20 细石混凝土	随浇随抹	
危险品仓库（有毒有害）	素土夯实	40mm 预制水泥板 + 25mm C20 细石混凝土	随浇随抹	
水泥（干粉砂浆）棚	素土夯实	40mm 预制水泥板 + 25mm C20 细石混凝土	随浇随抹	墙身设防潮层

（10）化粪池

1）布置原则。现场卫生间位置需配套设置化粪池。

2）化粪池种类（图7-21）。化粪池可分为成品化粪池和现场砖砌化粪池，成品化粪池分为玻璃钢化粪池、混凝土化粪池和PVC化粪池等，各工程依据实际情况进行选用。

3）具体要求：

砖砌化粪池：参照国家建筑标准设计图集《砖砌化粪池》（22S701）进行选用。

成品化粪池：参照各形式成品化粪池说明书选用。

图7-21　化粪池

（11）隔油池

1）布置原则。厨房位置需设置隔油池。

2）分类。可分为砖砌隔油池和成品隔油池，各工程依据实际情况进行选用。

3）具体要求：

砖砌隔油池：参照国家建筑标准图集《小型排水构筑物》（04S519）进行选用，多采用砖砌池，具体型号各项目根据用餐人数选用。

成品隔油池：参照各形式成品隔油池说明书选用。

（12）沉淀池

1）布置原则。现场污水、废水排向市政接驳口位置均需设置沉淀池。

2）材料要求（图 7-22）。采用 390mm×190mm×190mm 的 MU7.5 混凝土小型空心砌块和 M5 水泥砂浆砌筑，池内外壁用 20mm 厚 1:2.5 防水水泥砂浆抹面。盖板为 60mm 厚预制钢筋混凝土盖板，板中部双向配筋 $\phi12@150$。垫层为 100mm 厚 C15 素混凝土。

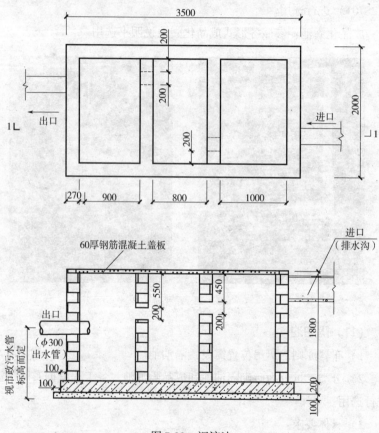

图 7-22　沉淀池

（13）排水沟

采用 240mm×115mm×53mm 的 MU5.0 混凝土砖和 M5 水泥砂浆砌筑，池内外壁用 20mm 厚 1:2.5 防水水泥砂浆抹面，按 0.5% 放坡，排水沟宽度和高度根据项目实际情况而定。排水沟两侧应设置角钢支撑排水沟箅子，排水沟箅子可选用铸铁箅子、不锈钢箅子等，各工程依据实际情况选用，如图7-23所示。

图7-23　排水沟

（14）门卫室

1）布置原则。现场大门位置需设置门卫室。门卫室可优先考虑工具式临时房，但需按公司CI要求制作。

2）形象要求。现场门卫室房间若为铝合金材质，保持其本色，若为普通材质，则蓝檐、蓝脚，门框、门扇、窗框、窗扇内外均须为蓝色。门上须悬挂或粘贴门牌，形式参见办公室门牌。若室内有责任制度图牌，形式等同于办公室内图牌。

第三节　质量要求和措施

（1）质量要求

所有临时建筑的质量标准要符合国家现行标准的质量评定要求。

（2）质量措施

在施工中严格按照正规工程的做法来要求施工队伍，把正规工程的各个分项质量标准用于临建，现场的责任工程师要对质量严格把关。

现场工作人员在施工时，如发现不明确的地方要及时与有关部门联系，以进一步明确细部做法。

(3) 安全文明施工措施

在临建开工时，也应按照正规工程的有关安全规范进行多级、分层分级交底，对工人进行安全教育，定期召开安全会。在屋顶防水作业前，要特别注意对工人进行高处作业、防火等安全交底（按有关安全规范要求）。

1) 在场地上容易起灰的地方进行洒水。

2) 对地下障碍物不清楚的地方，挖基础时要与有关部门配合，弄清楚后，方可施工。

3) 进入施工现场必须戴好安全帽，穿好防护鞋，高处作业时必须佩带安全带。

4) 搭设区域应设置安全警戒线。

5) 电焊工必须持有特殊工种上岗证。

6) 遇六级及以上的大风和雾、雨、雪天气时应停止搭设。

7) 做好成品保护：彩钢板房、瓷砖地面等施工完后，必须做好成品保护措施，防止墙面污染及地面瓷砖破损。

8) 操作地点和周围必须清洁整齐，做到工完场清。

9) 在多台风地区，临建外挑走道均应在钢桁架顶端增设钢立柱。

第四节 案 例

某项目临时建（构）筑物标准管理案例介绍。

1. 工程简介

本工程为博物馆工程，框架结构，地下 1 层，地上 2 层，占地面积 39916.50m^2，总建筑面积 19977m^2，建筑高度 10.35m。

2. 临时建（构）筑物布置内容

布置内容包括工程围墙、大门、道路、办公楼、宿舍楼、食堂、厕所及浴室、标准养护室、茶水间、加工场（棚）、现场库房、化粪池、隔油池、沉淀池、排水沟、门卫室等。

3. 临时建（构）筑物布置原则

1）在满足施工要求的前提下，少占地，不挤占交通道路；临时工程越小越好，以降低临时工程费。

2）办公、宿舍等临时设施一次性布置到位，朝向尽量采用自然采光；钢筋、木工等加工棚随不同施工阶段进行调整，但以少移动为原则。

3）材料堆放场地最大限度地压缩场内运输距离，尽可能避免二次搬运。

4）施工设施布置满足生产安全便利、生活方便、办公环境安静，充分考虑劳动保护、环境保护、技术安全、消防要求等。

5）遵守当地主管部门和建设单位关于施工现场安全文明施工的相关规定。

6）达到文明施工标准化的要求。

4. 临时建（构）筑物布置方案

（1）总平面规划

如图 7-24 所示，结合现场实际情况，现场拟设置 2 个出入口，西侧中部 1 号大门为人员及车辆主入口，西侧北部 2 号大门为车材料运输车库主出口。场地内侧形成环形道路。在场地西侧布置办公区、管理人员生活区、工人生活区。其中办公区及管理人员生活区一体化设置，紧邻 1 号大门，设置两个出入口。办公区采用箱式板房，在办公室后设置宿舍，宿舍区采用彩板房，同时配套设置卫生间、洗浴间、食堂、洗碗间等。工人生活区设置在 2 号大门处，紧邻拟建建筑物 1 号坡道，方便工人进场施工。工人生活区采用彩板房。

（2）围墙布置

现场四周所有围挡均采用下部砌筑，砌筑高度 500mm，上部采用夹芯板围挡，围挡高度 2000mm，总计高度 2500mm，如图 7-25 所示。钢柱及彩钢夹芯板的材质应符合相关规范的要求。

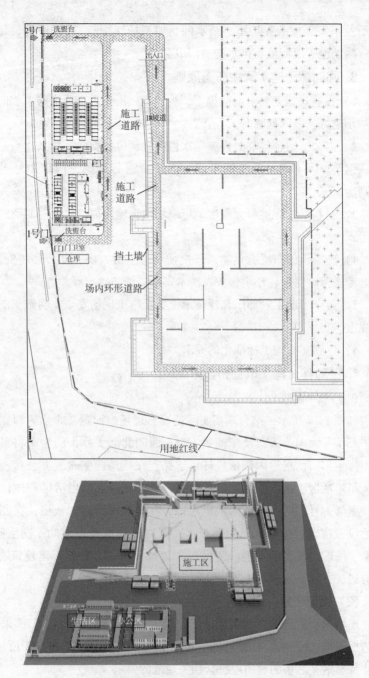

图 7-24　总平面布置图

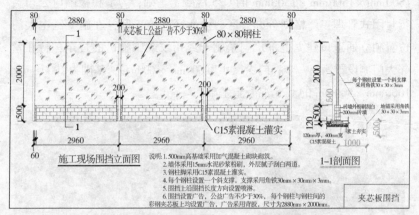

说明：1.500mm高基础采用加气混凝土砌块砌筑。
2.墙体采用15mm水泥砂浆粉刷，外层腻子刮白两道。
3.钢柱脚采用C15素混凝土灌实。
4.每个钢柱设置一个斜支撑，支撑采用角铁30mm×30mm×3mm。
5.围挡上沿围挡长度方向均设置喷淋。
6.围挡设置广告，公益广告不少于30%，每个钢柱与钢柱间的彩钢夹芯板上均设置广告，广告采用背胶，尺寸为2880mm×2000mm。

围挡示意图

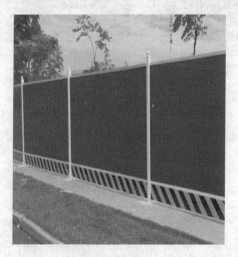

围挡实景图

图 7-25　围墙布置

（3）大门及配套设施布置

依据图纸设计及现场情况，现场拟设置 2 个大门，西侧中部 1 号大门为人员及车辆主入口，西侧北部 2 号大门为车材料运输车库主出口。大门位置配套设置门卫室、门禁系统、洗车棚等设施，如图 7-26 所示。大门门柱尺寸为 1000mm × 1000mm（钢架外包铝塑板），基础为

1500mm×1500mm×1500mm 的 C25 混凝土基础；为了积极响应公司实行封闭式管理，严格划分办公区、生活区和施工区，在施工区主大门位置独立通道口建立上下班门禁刷卡或指纹或刷脸机的规定，特在紧邻大门侧设置侧门一个，门垛尺寸为 600mm×600mm，基础为 1000mm×1000mm×500mm 的 C25 混凝土基础。

大门

门禁系统

图 7-26　大门及配套设施布置

门卫室基础采用 300mm 厚砖渣碾压密实 +200mm 厚 C20 混凝土硬化 + 砖砌条形基础 300～500mm 高，与门卫室及门禁通道齐平，20mm 厚水泥砂浆粉刷，如图 7-27 所示。

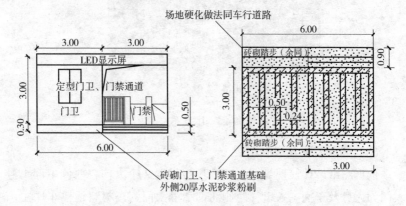

图 7-27　门卫及门禁系统基础图

大门设置自动冲洗平台、过水槽及三级沉淀池，如图 7-28 所示。

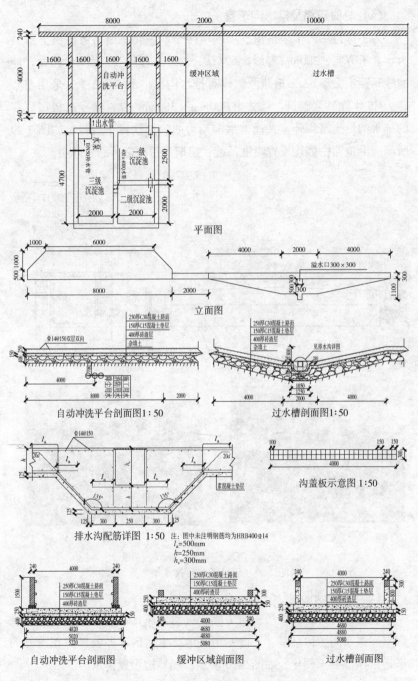

图7-28　自动冲洗平台、过水槽、沉淀池示意图

（4）临时道路及排水沟布置

为了保持场内干净整洁，场内道路全部硬化。道路做法由下至上为：素土夯实，300mm 厚级配砂石层，200mm 厚 C20 混凝土路面，伸缩缝间距不大于 6m，道路两侧设有排水沟，排水坡度 1%，采用空心砖、M5 水泥砂浆砌筑，尺寸为 $300mm \times 300mm \times L$；除穿过板房底部的排水沟设为暗沟外，其他排水沟均为明沟加铁箅子盖板，如图 7-29 所示。沿道路一侧均设置喷淋系统，定期对道路进行洒水降尘。

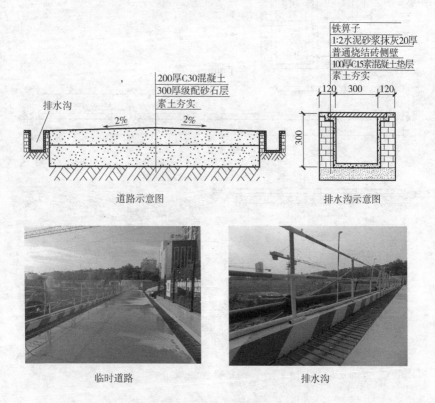

图 7-29 临时道路及排水沟布置

（5）现场硬化

施工区所有材料堆场、加工棚、机动停车区、非机动停车区、吸烟室、茶水间、休息室、人行专用通道；生活区、办公区除花池外的场地采用混凝土硬化，如图 7-30 所示。场地边设置排水沟。

(6) 管理人员办公区、宿舍区布置

根据现场场地实际情况，办公室设置在现场西侧。

办公区及管理人员生活区一体化设置，紧邻 1 号大门，设置两个出入口。办公区采用箱式板房，计划设置总承包办公室、甲方、监理

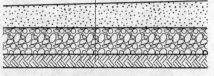

200厚C25混凝土随打随抹光

150厚碎石垫层

素土夯实

图 7-30　现场硬化示意图

办公室、卫生间等配套设施。在办公室后设置宿舍，宿舍区采用彩板房，同时配套设置卫生间、洗浴间、食堂、洗碗间等，办公区北侧设置停车位及电动车棚，如图 7-31 所示。

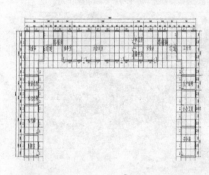

办公楼布置图

会议室　　　　　　　　　　　　　　　卫生间

图 7-31　管理人员办公室、宿舍区布置

(7) 劳务人员宿舍区布置

工人生活区设置在 2 号大门处，紧邻拟建建筑物 1 号坡道，方便

工人进场施工。工人生活区采用彩板房，共计设置约 100 间宿舍，可供 600 人居住，并配套有厨房、食堂、宿舍、洗浴间、商店等生活设施，如图 7-32 所示。

劳务人员宿舍

劳务人员餐厅

劳务人员卫生间

图 7-32　劳务人员宿舍区布置

（8）工具用房布置

1）工具用房。如图7-33所示，工具用房采用集装箱式工具用房，具体位置详见总平面布置图，分包及班组办公室做法参见工具用房。

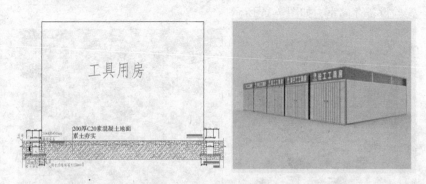

图7-33　工具用房布置

2）吸烟室、茶水间。如图7-34所示，施工现场设置吸烟室、茶水间（休息室），严禁在施工区域内吸烟。茶水间应设置加盖密闭式保温桶，并上锁，或设置带烧水功能的净水器或直饮机，吸烟室、茶水间（休息室）配专人清洁，保持卫生。

图7-34　吸烟室、茶水室

3）标准养护室。设置标准养护室一间，采用保温岩棉彩钢板搭设或采用定型化集装箱。标准养护室面积不小于15m²，标准养护室基础做法同工具用房。标准养护室设置蓄水沉淀池，室内周边设置环形水槽，并与蓄水沉淀池相同，标准养护室配备空调、加湿器或雾化器、温湿度自动控制仪、温湿度计及相关管线、开关等。标准养护室内配置一定数量的养护架，养护架采用角钢和钢筋焊制。标准养护室规格为 6m 长 ×3m 宽 ×2.8m 高。一间做标准养护室，另一间为实验材料及实验设备存储室，如图 7-35 所示。

图 7-35 标准养护室

(9) 生产设施布置

1）根据施工需要，现场共设置 5 个钢筋加工车间，加工车间尺寸均为 6m×9m，原材堆放区尺寸 6m×12m，成品堆放区 6m×9m。在钢筋区旁设置木工车间，木工车间尺寸为 3m×4.5m，车间旁设置木方模板堆放场。加工车间利用方钢搭设，顶棚做双层硬防护，采用标准化定型加工，材料堆放场地地面平整后做 120mm 厚 C15 混凝土垫层，然后在钢筋原材堆放区用 18 号槽钢，间隔 2m 固定于地面上，用于钢筋分类堆放，成型钢筋用方木加工堆放在成品堆放区，如图 7-36 所示。

加工棚 原材堆放

图 7-36 加工棚及堆放场

2）施工现场安全通道采用定型化安全通道，立柱、桁架主梁宜采用 150mm×150mm 方钢，桁架连杆宜采用 50mm×150mm 方钢，顶部采用双层防护，如图 7-37 所示。

3）施工现场配电箱均采用定型化防护措施，如图 7-38 所示。

4）现场西侧设置不锈钢消防水箱，沿施工道路间隔 60m 布置消火栓，消火

图 7-37　安全通道

栓采用砖砌方式。同时，在大门位置设置分列式消防箱，如图 7-39 所示。

图 7-38　配电箱

消防水箱　　　　　　消火栓　　　　　　分列式消防箱

图 7-39　消防水箱及消防箱

（10）其他临时设施布置

1）旗台。现场办公室前设三根旗杆（壁厚 2.5mm，管径 120mm，不锈钢钢管），中间为国旗，高度 11m；两侧为公司旗帜，高度 10m。混凝土浇筑旗杆底座，尺寸为 3000mm×1000mm×1000mm（h），表面

采用黑砂色大理石（2cm 厚）铺贴。司旗位于国旗两侧，水平方向距国旗为 1000mm，垂直方向司旗杆顶距国旗杆顶 1000mm。

2）洗漱台。生活区洗漱台设置围墙边，单侧进行洗漱，宽度 600mm，洗漱台墩子用砖砌筑，台面及挡水沿为混凝土浇筑，水龙头设置间距为 800mm。洗漱台外表面用砂浆抹灰并贴瓷器。洗漱台下设置排水沟，污水流入排水沟，经水箅子及沉砂池拦截沉淀处理后流入化粪池，如图 7-40 所示。

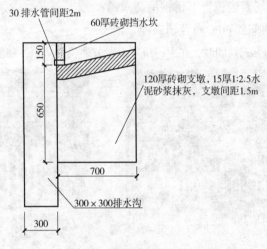

图 7-40 洗漱台

3）晾衣区。晾衣架采用钢管搭设，立杆出地面 1800mm，上端用钢管焊接成水平受力杆作为晾衣架使用，水平受力杆之上搭防雨棚，如图 7-41 所示。

图 7-41 晾衣架

4）花台。花台采用实心砖砌筑，花台边缘距地面高度为300mm，花台内填种植土，种植灌木、花草等植物，如图7-42所示。

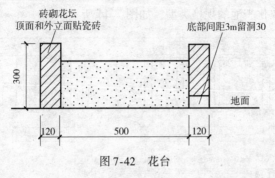

图 7-42　花台

5）隔油池。根据国家环境保护标准，含油污水处理工程技术规范要求，集体食堂生活污水排放时需达到相应的污水排放标准，因此餐饮污水的处理相当重要，根据政策要求，处理方法的确定与建设项目所在地理位置、排放的废水量及浓度有关。废水排放量越大、浓度越高，要求处理的级别越高。依据01S519图集，对隔油池的规格型号进行确认，办公区食堂选用1型隔油池。工人生活区食堂选用2型隔油池，如图7-43所示。

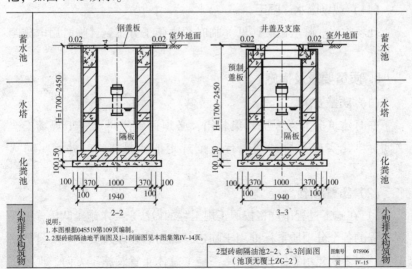

图 7-43　隔油池

6）化粪池。依据07S906图集，对化粪池的规格型号进行确认。确定各项参数后，拟选用砖砌化粪池。在07S906图集"化粪池选用表"中选取化粪池的规格类型，如图7-44所示。

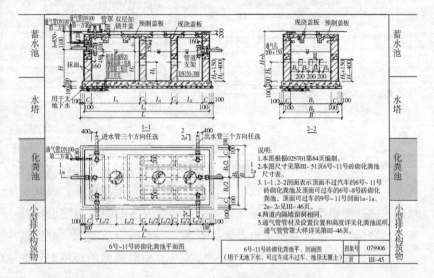

图7-44　化粪池

(11) 现场临水、临电

现场临水、临电做法详见《临时用水施工方案》《临时用电施工方案》。

5. 质量要求及措施

(1) 质量要求

临时建筑多为彩板房和集装箱，必须达到公司《施工现场安全文明标准化实施手册》和现行规范规定的质量要求，并满足防火要求。

(2) 质量措施

1）在施工过程中严格按照正规工程的做法来要求施工队伍，把正规工程的各个分项质量标准用于临建，现场的管理人员要对质量严格把关，由于临建示意图比较粗略，是个总体布置及施工方向，现场工作人员在施工时，发现不明确的地方要及时与技术部门联系，以进一步明确细部做法。

2）临建房屋质量检查验收应符合下列规定：

①临建房屋安装完成后由项目负责人或技术负责人组织监理单位、安装单位进行质量验收。

②安装偏差的检测应在结构形成空间刚度单元并连接固定后进行。

③钢柱柱脚与基础之间的连接必须符合规范和设计要求。

④受力连接部位的所有螺栓紧固必须牢固、可靠，外露螺纹不应少于2扣。

⑤墙板和屋面板的拼缝应平整、严密，板面应清理干净。

⑥临建房屋施工全部完工后应按相关要求进行验收并做好验收记录。

3）严格控制水泥、砂、电线电缆、给水管等材料的质量，做到不合格产品坚决不允许进入施工现场。

4）临建设施基础必须经过夯实后方准搭建，避免因基础不均匀沉降造成返工处理。

5）临时道路、场地硬化混凝土施工时应把握好面层压光的时间，避免地面"起砂"现象的发生。

6）地砖地面铺贴完后，应临时封闭出入口进行养护，养护时间不少于7天。

7）砖砌围墙每日砌筑高度不得超过1.5m，六级以上大风不得进行室外砌筑施工。

8）临时建筑的场地及基础应符合下列要求：

①场地应平整、坚实，平整偏差不应大于50mm，并应做好有组织排水。

②地基承载力及地基处理应满足设计要求，并应查清基础部位是否存在溶洞、坟墓等地下空洞。

③基础混凝土强度、预埋件的位置及标高应符合设计要求。基础施工完成后应经过相关负责人签字验收。

④基础定位轴线、截面尺寸、支承顶面和地脚螺栓位置允许偏差应符合相关要求，见表7-7。

表 7-7　基础定位轴线、截面尺寸、支承顶面和地脚螺栓位置允许偏差

项目		允许偏差/mm
基础梁定位轴线		5
基础上柱的定位轴线		3
基础截面尺寸		+20、-10
支承顶面	标高	±5
	水平度	3/1000
地脚螺栓	任意两螺栓中心线距离	±2
	伸出长度	+20，0
	螺纹长度	+20，0

⑤基础的混凝土强度应达到设计强度的 75% 时，方可进行上部建筑物的施工或安装。

9）活动房施工及质量要求：

①活动房原材料、构配件和设备进场时，应按下列规定进行验收：钢构件不应有明显变形、损坏和严重锈蚀，油漆应完好。构配件的焊接部位不得脱焊，焊缝表面不得有裂纹、焊瘤等缺陷。

②楼梯踏步板与外廊走道板应有防滑措施。疏散楼梯和走廊的净宽度不应小于 1.0m，楼梯扶手高度不应低于 0.9m，外廊栏杆高度不应低于 1.05m。

③彩钢夹芯板外观质量要求应符合表 7-8 规定。

表 7-8　彩钢夹芯板外观质量要求

项目	质量要求
板面	板面平整、色泽均匀，无明显凹凸、翘曲、变形、伤痕
表面	表面清洁、无胶痕与油污，表面烤漆附着量符合有关规定
切口	切口平直，板面向内弯包
芯板	切面整齐，无剥落，接缝处无明显间隙

10）主框架安装应符合下列规定：

①安装顺序宜从山墙一端向另一端推进；刚架在形成稳定的空间体系前，应采用临时支撑或拉索给予固定。

②梁、柱、屋架等构件之间采用螺栓连接时，接触面必须紧贴严密，螺栓孔应无损、干净，螺栓应紧固。

11）墙板安装应符合下列规定：

①嵌入式墙板安装，可在型钢柱安装时镶入槽内，也可在型钢柱就位后从上方滑入槽内。上、下板之间的搭接缝应采用企口缝，上板的外侧面向下搭接，搭接长度应为8～15mm。

②墙板不得现场裁割。

③墙板在安装过程中应轻拿轻放，不得拖拽、损坏表面及边角。

12）门窗安装应符合下列规定：

①门窗搬运时应选择合理的着力点，表面应用软质材料衬垫。

②门窗可与墙壁板同时就位安装，并应在校正其垂直度、平整度和固定后，在接缝处施打玻璃密封胶。安装完成后应对框和玻璃进行成品保护。

13）屋面板的安装应符合下列规定：

①屋面板安装应在屋架、檩条安装固定后进行。

②瓦楞形彩钢夹芯板与檩条间应采用对穿螺栓连接。屋面板的螺栓孔应在工厂内预留，不得现场打孔，孔内应设置带法兰的尼龙管，孔的位置应设置在瓦楞的顶部。螺栓应设有橡胶套圈和金属垫圈，螺栓间距不应大于500mm。

③屋面板应安装平稳、檐口平直，板的搭接方向应正确一致。屋面包角钢板、泛水钢板等构配件的搭接应顺主导风向或顺水流方向，搭接部位应符合设计要求，搭接长度不应小于100mm。屋脊引水板应用自钻钉固定在屋面板上。

④铺设屋面板时，不得集中堆荷，作业人员也不得在未固定的屋面板上行走。

⑤屋面板安装完毕后，应安装屋面垂直支撑。

14）楼板、地板安装应符合下列规定：

①楼板、地板安装应在楼、地面梁和水平拉杆安装完毕后进行。楼板、地板应搁置在楼、地面梁（或桁架）上，应安装牢固平稳，锁定装置应齐全有效。

②木地板安装质量应符合现行国家标准的有关规定。

③楼板、地板应安装平稳、拼缝紧密。楼板、地板与墙板之间的缝隙应采用 30mm×5mm 的压边条封边。

15）楼梯、栏杆安装应符合下列规定：

①结构构件安装完毕后，可立即安装楼梯。楼板铺设完毕后，应立即安装栏杆。

②楼梯的坡度应符合设计要求。楼梯与楼面梁之间应用螺栓可靠连接，栏杆与楼面、楼梯应连接牢靠。

6. 安全施工措施

临时设施施工期间，施工员负责临时设施的施工，测量员现场负责测量技术工作；专职安全员负责安全检查和监督。

施工前，应对工人进行方案和安全交底。

临时板房搭建选择有施工资质的专业队伍进行临时板房的搭建工作。

进入施工现场必须正确佩戴安全帽，高危作业必须采取可靠的防护措施，进入施工现场人员严禁吸烟。

现场道路、场地未硬化之前应派专人进行洒水降尘工作，必要时采取覆盖措施。

设置垃圾堆场或专用垃圾桶，所有建筑垃圾分类堆放，集中外运。

在食堂、厨房、办公室、宿舍外设置垃圾桶，每天至少清理一次。同时，安排清洁人员每天早、晚定期清理，清理小组人员统一由安环部管理。

现场配备门卫 3～5 名，24h 进行巡逻，严禁无关人员进入施工现场，确保项目和员工的财产安全。

挖土机、压路机等机械操作人员及电工、电焊工等特殊工种人员必须持证上岗。严禁非操作人员动用机械设备。

现场配备足够的灭火器材。明火作业按照要求开具动火证。

六级大风以上天气不得进行板房搭建及室外高处作业工作。

所有房屋搭建完成后，自行组织检查验收合格后，报监理单位进行验收，验收合格后方可投入使用。

临建安装和拆除过程中的安全措施：

1）禁止在雨天、风力大于 5 级时以及黑夜进行吊装。

2）严禁工人酒后作业。

3）搭设安全防护脚手架时候，工人必须配备安全防护用品。

第八章

图纸会审管理

| 第一节　图纸会审的阶段 |

1）图纸会审包括内部预审和正式会审两个阶段，对于有特殊工艺的工程或复杂工程，在图纸会审前还应有一次设计交底。

2）设计交底。设计交底在项目开工前以会议形式组织，一般由建设单位（或施工单位）组织，设计、监理、建设、施工四方参加的一次会议。在此次会议上，设计单位向施工单位就设计意图、图纸要求、技术性能、施工注意事项及关键部位的特殊要求等进行技术交底。在此次会议上，设计一般同时解答施工单位等各方图纸会审的问题。设计交底会后，形成会议纪要，作为设计交底书。会议纪要由施工单位（或建设单位）整理。设计交底记录经与会各方会签后应发放至有关人员，并填写《发文记录》。

3）图纸内部预审。内部预审就是项目部从建设单位接收到施工图纸后，由项目经理组织，项目总工牵头，施工技术人员和商务人员等在正式会审前认真阅读图纸，并根据项目的施工装备条件、是否需要采用非常规的施工技术措施、既有的施工手段能否保证施工安全、围绕怎样降低施工成本等提出问题或建议并汇总整理出图纸预审记录的过程。

4）正式会审。参加由监理（或业主）组织的四方图纸会审专题会，对内部预审汇总的问题由设计方进行答疑并形成正式会审纪要的过程。

5）现场踏勘。项目部应组织有关人员对施工现场地形、工程地质、水文地质、地上地下障碍物情况、交通情况、周围建筑物的坚固情况进行调查，为编制施工组织设计和施工方案及其他施工指导性文件提供依据。

第二节 图纸会审的流程

1) 施工图纸是组织施工的重要技术文件,项目部及时从建设单位处接收施工图纸后,应填写《收文记录》并注明是否包括竣工图,且应切实做好图纸会审工作。项目总工应及时组织有关工程技术人员熟悉施工图纸、领悟设计意图,组织钢筋工长翻样,组织预算人员进行施工图预算。通过项目总工、技术员、施工员、钢筋工长、专业工程师、预算员等岗位人员的分工协作发现问题。

2) 内部预审坚持先分别学习,后集中开会讨论的方式进行,最后形成正式的内部预审记录。

3) 图纸会审的流程:各相关部门人员读图,提出问题→召开图纸内审会→各专业之间进行问题分析,形成内审纪要→技术部门整理内审纪要→提出外审问题汇总表→各部门审阅→项目经理审核→参加外审会,设计答疑,形成会议纪要→技术部门整理会议纪要→形成正式图纸会审纪要→图纸会审纪要四方会签→项目部资料员对图纸会审纪进行登记,发放到有关人员并填写《发文记录》。

4) 图纸内部预审由项目经理组织,正式会审由建设单位(或施工单位)组织;图纸内部预审和正式会审时,项目经理、项目总工、项目生产经理、项目商务经理、项目安装经理、工程技术人员和预结算人员参加,当需要公司人员参加时,公司派员参加。

第三节 图纸会审的原则和内容

(1) 图纸会审的原则

图纸会审应坚持先大后小、先重点后一般的基本原则,即始终围绕着减少施工难度、降低生产成本、提高经济效益、提高生产效率、有利于工程质量、确保施工安全、加快施工进度的各项目标而展开，最后进行图纸纠错。

(2) 图纸会审的重点内容

1) 施工图纸是否经正规设计单位正式签章、是否通过有关部门评审。

2) 承包范围是否与图纸符合，承包范围内的图纸是否齐全。

3) 施工难度大，通过设计修改可以减少难度，容易保证质量。

4) 在可以满足设计功能的前提下，从经济角度可否对图纸进行修改。

5) 对一些复杂的节点或要花费大量人工的装饰线、角、弧等进行取消或改变，以降低生产成本和提高生产效率。

6) 建筑与结构构造是否存在不能施工，或施工难度大容易导致质量、安全或增加费用等方面的问题。

7) 关键工序是否可以通过设计进行优化，以加快工程进度，减少工程成本。

8) 建筑施工场地周围工艺管道、电气线路、运输道路与建筑物之间的位置或间距是否合理；拟建建筑物的定位是否合理。

9) 施工图纸是否有特殊要求，施工装备条件能否满足设计要求，如需要采用非常规的施工技术措施时，技术上有无困难，能否保证施工安全。

10) 是否采用了特殊材料或新型材料，其品种、规格、数量等材料的来源和供应能否满足要求。

11) 是否有违反强制性条文的情况。

(3) 图纸会审的一般内容

1) 是否有表达不规范，能造成理解偏差，须进一步澄清的问题。

2) 施工做法是否具体，与施工质量验收规范、规程等是否一致。

3) 地质勘探资料是否齐全。

4) 施工图纸与说明是否齐全。

5) 几个单位共同设计的，或同一设计单位的不同专业部门设计的，相互之间有无矛盾；各专业之间及平、立、剖面图之间是否有矛盾，标高是否一致。

6）总平面图与施工图的几何尺寸、平面位置、标高是否一致。

7）建筑节能、防火要求是否满足。

8）建筑结构与各专业图纸本身是否有差错及矛盾，建筑图与结构图的表示方法是否清楚且符合制图标准，设计钢筋锚固长度是否符合其抗震等级的规范要求等。

9）地基处理方法是否合理。

10）公司是否持有施工图中所列各种图集、标准；如没有，如何取得。

第四节　图纸会审的管理

1）图纸会审中提出的问题及解决方法，应详细记录，会审后，项目总工应负责及时整理好图纸会审记录，经建设、设计、监理、施工等图纸会审参加单位代表签字并加盖公章后，由项目资料员及时分发给有关文件规定的图纸持有人。图纸会审记录的内容包括参加会审的单位和人员、时间和地点、会审的主要内容。

2）对于分阶段提供图纸的情况，应根据要求分阶段进行图纸会审。

3）各部门责任人在收到图纸会审资料、设计变更通知单、技术核定单后，应将变更的内容标注在蓝图上，避免错误施工造成返工。

4）监理、业主、施工单位在图纸会审专题会上提出的问题，均视为图纸会审内容的一部分。

第九章

工程洽商与设计变更管理

第一节　工程洽商管理

　　工程洽商主要是指施工企业就施工图纸、设计变更所确定的工程内容以外，施工图预算或预算定额取费中未包含的，而施工中又实际发生费用的施工内容所办理的书面说明。在施工过程中，因为主观或者客观因素，导致合同内工作内容发生变化，出现设计方案的修改、实物量变动、位置变化等技术方面的更改，实质影响到原合同的执行时，建设与施工方往往就该问题进行洽谈、协商，形成对原合同/方案的补充或提出新的合同/方案。

（1）工程洽商的范围

　　广义上的工程洽商指代范围比较宽泛，洽商内容包括技术变更、工程量、清单调整等各类内容，只要经施工单位与建设单位签字书面确认，均可认定为工程洽商文件。工程洽商文件包括双方认可、形成共同意见的各类会议记录、工作联系单、备忘录、约谈纪要、工程洽商记录（技术核定单）等，如图 9-1 所示。

注：以上文件必须经双方共同书面确认，方可作为工程洽商书面文件。

图 9-1　工程洽商的范围

狭义上的工程洽商一般特指工程洽商记录（技术核定单）。

工程洽商记录（技术核定单）顾名思义是指技术方面，比如方案修改，实物量变动，位置变化等技术方面的更改。技术核定单是记录施工图设计责任之外，对完成施工承包义务，采取合理的施工措施等技术事宜，提出的具体方案、方法、工艺、措施等，经发包方和有关单位共同核定的重要凭证。

(2) 工程洽商记录（技术核定单）的办理流程

工程洽商记录（技术核定单）一般情况下由施工单位提出、建设单位认可。工程洽商记录（技术核定单）的内容必须由多方（甲方、设计、监理、施工方）开会商议并共同签字确认后方能生效，如图9-2所示。

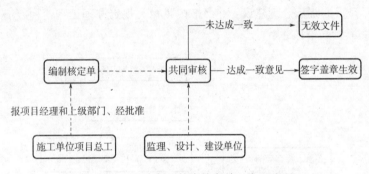

图 9-2　工程洽商（技术核定单）办理流程

施工单位的工程洽商（技术核定）由项目总工程师办理，安装专业的工程洽商（技术核定）由相应专业工程师配合项目总工程师办理。工程分包方的有关工程洽商（技术核定），应由工程分包方技术负责人配合工程总承包单位项目总工程师办理。

对于工期、经济效益、工程质量、安全或其他影响较大的工程洽商单（技术核定单），项目总工程师应报项目经理和上级部门，经批准后，方可开具工程洽商单（技术核定单）。

工程洽商（技术核定）由项目总工程师提出后交监理单位、建设单位和设计单位，经监理单位、设计单位和建设单位共同签字审核同意后才能生效。

设计单位如委托建设单位或监理单位办理签认，应有设计单位的书面委托书，才能由被委托方的被委托人代为签字核定签证后生效。

严禁不办理工程洽商单（技术核定单）或未收到正式书面变更的情况下擅自改变原有设计进行施工。

（3）工程洽商记录（技术核定单）的管理要求

工程洽商记录（技术核定单）是工程竣工及工程结算的重要凭证之一，其单据中描述的内容应具体、准确，可追溯。

工程洽商记录（技术核定单）中对于原设计的变更处，必须详细标明相关图纸的页号，轴线位置和修改内容，明确洽商前后的具体做法、工程量等关键信息，便于设计院出具设计变更单或图纸，同时便于双方商务部门就该洽商进行工程量计价。

如图9-3所示，在施工过程中，如发现下列情况，施工方应向建设单位及时提出合理建议，并严格按照相关规定办理工程洽商（技术核定单）和设计变更：

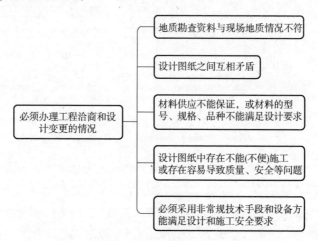

图9-3　必须办理工程洽商和设计变更的情况

1）地质勘测资料与现场地质情况不符。

2）设计图纸之间互相矛盾。

3）材料供应不能保证，或材料的型号、规格、品种不能满足设计要求。

4）设计图纸中存在不能（不便）施工或存在容易导致质量、安全等问题。

5) 必须采用非常规技术手段和设备方能满足设计和施工安全要求。

工程洽商记录（技术核定单）虽然不是正式的设计变更，但应纳入设计变更档案管理。所有的工程洽商记录（技术核定单）应在竣工图中相应位置进行标注、标识。

（4）工程洽商记录（技术核定单）样表（表9-1）

表9-1 洽谈记录（技术核定单）

核定问题		所属工程	
图纸名称		施工单位	
内容：			

| 设计单位：
审核人员：

章

年 月 日 | 建设单位：
审核人员：

章

年 月 日 | 监理单位：
审核人员：

章

年 月 日 | 施工单位：
审核人员：

章

年 月 日 |

第二节 设计变更管理

设计变更是指项目自初步设计批准之日起至通过竣工验收正式交付使用之日止，对已批准的初步设计文件、技术设计文件或施工图设计文件所进行的修改、完善、优化等活动。

设计变更实质是对原图纸的修订、更改与补充。设计变更出现的原因比较多，归纳下来主要有以下几个方面：纠正原设计图纸中错漏项；为满足现场施工条件变化或建设单位要求而对图纸进行的设计修改；就签订的工程洽商（技术核定单）出具体的设计变更等。

(1) 设计变更的范围

设计变更的最主要特点，是由工程图纸设计单位出具。设计变更主要包括设计变更单（设计变更通知书）与设计变更图纸两大类。施工单位提出的工程洽商（技术核定单）原则上不属于设计变更的范畴，但可纳入设计变更资料管理，如图9-4所示。

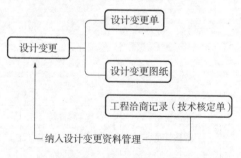

图9-4 设计变更的范围

(2) 设计变更的实施流程

设计变更可由业主、设计、施工、监理单位等任何一方提出，提出单位应填写"设计变更申请单"。

如图 9-5 所示，为保证设计变更程序的严谨，提出设计变更的单位或部门，在向设计单位申请设计变更时，必须提交下列资料：

1）变更的工程项目及主要内容。

2）变更的原因、依据及有关的文件、图纸和资料。

3）变更工程技术方案。

4）变更的估算金额。

5）其他必要的说明等。

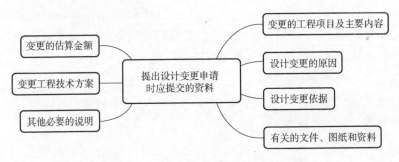

图 9-5　提出设计变更申请时应提交的资料

部分建设单位禁止施工单位直接向设计单位提出变更申请。此时施工单位应先向建设单位发起"图纸设计变更意向书"（内容要求同设计变更申请单)，经建设单位同意后转交设计单位。

设计单位根据设计变更申请，出具具体的设计变更通知书或设计变更图纸。设计变更经设计单位和建设单位办理正规的签发手续后生效。

设计单位签发的设计变更通知书或设计变更图纸应由建设单位总工程师签名并加盖建设单位公章。

施工单位接到正式的书面设计变更文件后，项目总工应对设计变更文件进行评估。如设计单位签发的设计变更通知书或设计变更图纸对施工进度、施工费用和施工准备情况产生影响，施工单位在签收时应及时向建设单位说明情况，并及时办理经济洽商单（费用变更）。申请资料必须附变更批复文件和完整的相关资料。

施工单位在保证上述资料、流程合规的情况下，可按照设计变更的内容进行现场实施。严禁施工单位根据设计单位或建设单位的口头变更或白条变更进行施工。

(3) 设计变更资料管理

工程洽商单（技术核定单）、设计变更通知书或设计变更图纸应由工程总承包单位资料室统一管理。

施工过程中增发、续发、更换施工图（设计变更图纸）时应同时签办洽商纪录，确定新发图纸的启用日期、应用范围及与原图的关系；如有已按原图施工的情况，要说明处置意见。

设计图纸交底后，应一次性办理工程洽商纪录。工程洽商纪录需进行更改时应在新洽商记录中写清原洽商纪录的日期、编号和更改内容，并在原洽商被修改的条款上注明"作废"标记。

工程洽商单（技术核定单）、设计变更通知书或设计变更图纸文件的收文、发文、变更、作废等程序应建立单独的档案。所有工程洽商及设计变更文件应及时下发给各分包单位，并做好发文记录。

施工单位技术人员在收到工程洽商（技术核定）、设计变更后，应及时在施工图纸、竣工图纸上对应部位标注洽商（核定）或变更日期、编号和更改内容。标注方法按照标注资料档案管理办法执行。

| 第三节 案 例 |

1. 某工程洽商记录案例

某工程图纸设计中，建筑地面地暖保护层做法 50mm 厚 C15 细石混凝土，不满足规范中地面面层混凝土强度不低于 C20 的要求，且 C15 细石混凝土在当地各搅拌站已不再生产，材料供应存在困难。施工单位项目总工就该问题持续与建设单位进行沟通，最终说服建设单位，以洽谈记录（技术核定单）的形式进行了会签，减少了项目的质量与经济风险，如图 9-6 所示。

洽谈记录(技术核定单)

编号：JS-05

工程名称	xxxx项目		有关图号	建施-01
内容：	混凝土强度等级由 C15 变更为 C20 事宜			

关于混凝土强度等级由 C15 变更为 C20 事宜：

  xxxx工程高层建筑图纸设计中，住宅地暖 50mm 厚 C15 细石混凝土、大堂、前室、合用前室（首层）20mm 厚 C15 细石混凝土保护层、公共走道 50mm 厚 C15 细石混凝土。

  xxxx 工程多层建筑（洋房）图纸设计中，卧室、书房、客厅、餐厅、玄关、厨房、阳台、露台等采用 30 mm 厚 C15 细石混凝土，候梯厅（2 层及以上）采用 50mm 厚 C15 细石混凝土。在图纸中以上地面做法中，混凝土强度等级均小于 C20。

  现因本市混凝土市场供应等原因，xxxx项目各混凝土供应单位搅拌站均已停止生产 C15 细石混凝土，搅拌站均无法提供 C15 细石混凝土的检验报告及相关资料，影响工程进度及竣工验收。

  针对以上问题，我单位建议对图纸中原设计 C15 细石混凝土进行变更，采用 C20 细石混凝土进行代换，设计厚度不变。

  请监理、建设、设计单位进行审核、确认。

设计单位： 审核人员： 章 年 月 日	建设单位： 审核人员： 章 年 月 日	监理单位： 审核人员： 章 年 月 日	施工单位： 审核人员： 章 年 月 日

图 9-6　某工程洽商记录（技术核定单）

2. 某工程设计变更单案例

  在某工程主体结构施工过程中，施工单位发现，图纸中人防设计与民用设计存在冲突，需要对部分人防结构、建造进行调整。施工单位项目总工立即将该问题告知建设单位，协调解决办法。建设单位联系设计院，设计单位对图纸设计进行了修改，就该问题出具图纸变更通知单，如图 9-7 所示。建设单位在收到设计院的图纸变更通知单后，在企业内部发起线上审批流程，建设单位审核通过后，将企业内部审批通过的技术变更通知单、设计单位的图纸变更通知单发放给施工单位。施工单位在收到变更后，对现场已实施完成、需要拆改的工程量进行了确认，并办理签证手续，后续未完成部分按照新的图纸变更内容进行施工、办理结算。

××××设计院有限责任公司图纸变更通知单

编号：02

工程名称	某项目人防地下室	工程编号	XXXX	专 业	建 筑
建设单位	某有限公司	修改图纸			
变更原因	暖通留洞和人防门冲突				

变更内容：人防第五防护单元5-2#口部，扩散室检修门GFM0716(6)取消，在右上角风井内加设人防防护密闭门HFM0820(6)左开和人防密闭门HM0820。

附图1：

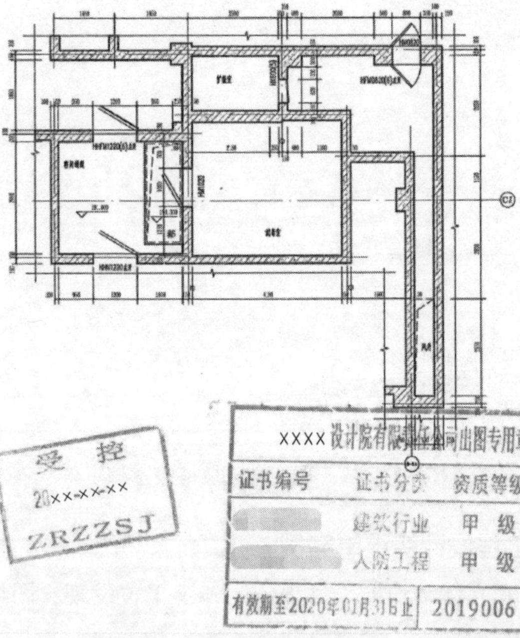

受 控
20××-××-××
ZRZZSJ

XXXX设计院有限责任公司出图专用章
证书编号　证书分类　资质等级
建筑行业　甲 级
人防工程　甲 级
有效期至2020年01月31日止　2019006

会签及备注	设计		专业负责人		项目负责人	
	校对		审核		第1页	共1页
	编号	01			日期	2019年12月

图9-7　某人防工程图纸变更通知单

第十章

施工技术交底管理

第一节 施工技术交底的分类

施工技术交底分为施工组织设计交底、施工方案交底、分项工程施工技术交底三类（图 10-1）。

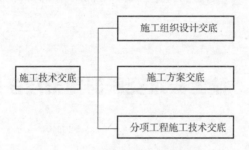

图 10-1　施工技术交底的分类

（1）施工组织设计交底

重点和大型工程施工组织设计交底，一般是由施工企业的技术负责人（公司总工）把主要设计要求、施工措施以及重要事项对项目主要管理人员进行交底。其他工程施工组织设计交底应由项目总工（技术负责人）进行。

施工组织设计交底，目的是使项目主要管理人员对建筑概况、工程重难点、施工目标、施工部署、施工方法与措施等方面有一个全面的了解，以便于在施工过程的管理及工作安排中做到目标明确、有的放矢。参加施工组织设计交底的人员包括：项目经理部全体管理人员，参与项目的分包单位的负责人、技术负责人、质量负责人以及劳务施工队伍的施工、技术负责人。

（2）施工方案交底

施工方案交底应由项目专业技术负责人负责，根据施工方案对专业工程师进行交底。施工方案交底，主要向专业工程师交代分部分项工程流水组织、施工顺序、施工方法与措施，是承上启下的一种指导性交底。参加施工方案交底的人员包括：项目经理部全体管理人员，参与该方案施工的劳务施工队伍的施工、技术负责人。

（3）分项工程施工技术交底

分项工程施工技术交底应由专业工程师对专业施工班组（或专业分包）进行交底，是将图纸与方案转变为实物的操作性交底，是上述各项交底的细化。分项工程施工技术交底应使班组明确自己所要完成的分项工程的具体工作内容、操作方法、施工工艺、质量标准和安全注意事项，使操作人员任务明确，各工种之间配合协调和工序交接有序。

第二节　施工技术交底的要求及注意事项

（1）施工技术交底的特性

1）针对性：施工技术交底是使被交底人获取知识及方法的一种管理手段，是变"不明白"为"明白"、变"图纸"为"实物"的桥梁。针对性是施工技术交底的"灵魂"，若不结合工程特点，照抄照搬规范，则工艺的技术交底是毫无价值可言的。

2）可操作性：质量出自操作者之手，只有教会操作者才能保障建筑产品可操作性的实现及质量。因此，交底的可操作性就变得尤为重要，它是施工技术交底的"生命"。

3）全面性：施工技术交底的内容应是施工图及技术标准的全面反映，性质方面应包括组织和技术，过程方面应包括从施工准备到检查验收的全过程，内容方面应包括质量、安全、工期等，内容重点应是解决施工难题，因此施工技术交底必须覆盖施工及管理的各方面交底，必须全面才能使工人的每一步操作都在受控中，全面性是交底的"保障"。

（2）施工技术交底的要求

施工技术交底必须以批准的施工组织设计、施工方案为依据，内容需满足设计图、现行规范、规程、工艺标准和顾客的合理要求。特别是当图纸中的技术要求高于国家相关施工质量验收规范的要求时，应做详细的交底。

施工技术交底必须自始至终结合工程部位和工程量进行，必要时需说明这样做的原因。应防止交底的通用性，保证交底的适用性和可操作性，必要时应结合样板进行交底。

施工技术交底内容应表达具体、准确，并突出要点；交底的形式应规范，如术语、符号、计量单位、章、条、段、表、图等应规范。

责任工程师（施工员或技术员）对班组的技术交底是各级技术交底的关键，必须向班组全体人员反复细致地交代清楚施工任务、关键部位、质量要求、操作要点、分工及配合、安全等事项。

施工技术交底以书面形式或视频、语音、PPT 文件等方式进行。交底后，交底人应组织被交底人认真讨论并及时回答被交底人提出的疑问。交底人负责将记录移交给项目资料员存档。

施工技术交底必须在工作内容开始前进行，并在办理签字手续后方可开始施工操作，严禁实体施工与交底记录出现"两张皮"的现象。

分项工程施工技术交底原则上应按部位、按楼层并结合当时的环境情况进行，但至少保证同名的分项工程在不同的分部工程中有一次交底。以混凝土分项工程施工技术交底为例，同一个单位工程的混凝土施工技术交底应至少保证地基与基础分部有一份交底，主体结构工程有一份交底，当屋面有混凝土分项工程时，屋面也应有一份交底。同时，分项工程施工技术交底还应结合环境进行，当施工条件发生变化时，也应进行交底，如混凝土施工时冬季和夏季是明显不同的，应分别交底。

（3）施工技术交底的注意事项

1）做到规范性、符合性。施工技术交底应严格执行相关施工质量验收规范、规程，对施工质量验收规范、规程中的要求、质量标准，不得任意修改及删减。施工技术交底作为施工组织设计及施工方案实现的保证，必须遵守它们所提出的技术要求。

2）做到有记录、有备案。召开的会议交底应做详细的会议记录，包括与会人员的姓名、单位、职务、日期、会议内容及会议做出的技术决定；会议记录应完整，不得任意遗失和撕毁，并按照当地工程资料管理规程的要求归档保存。所有书面技术交底，均应审核并留有底稿。书面交底的审核人、交底人、被交底人均应签字或盖章（图 10-2）。

图 10-2　施工技术交底会议

3）交底不得厚此薄彼。建筑工程的项目是由许多分部分项工程组成的，每一个分项工程对整个建筑功能来说都同等重要，各个部位、各个分项工程的技术交底都应全面、细心、周密。对于面积大、数量多、效益好的分项工程必须进行详细的技术交底。对于比较零星、容易忽略的部位、隐蔽工程或经济效益不高的分项工程也应同样认真地进行技术交底。除此之外，也不应忽视次要结构、构造简单的部位的技术交底；对于重要结构、复杂部位更应进行详细的交底，如女儿墙等，因为这些部位容易出现质量问题。有些施工单位，在技术交底时重结构、轻装修，重室内、轻室外，厚此薄彼、差别对待，导致不重视的分项工程质量较差，影响到整个工程的质量及使用。

4）交底应全面、及早进行。在施工技术交底中，应特别重视本单位当前的施工质量通病、安全隐患或事故，做到防患于未然，把工程质量事故和安全事故消灭在萌芽状态。在技术交底中应预防可能发生的质量事故和安全事故，施工技术交底应做到全面、周到、完整。并且应及早进行交底，使管理人员及施工工人有时间消化和理解交底中的技术问题，以便及早做好准备，使施工人员心中有数，有利于完成施工工作。

5）做好督促与检查。各级管理人员不要认为已进行过口头或书面交底就是完成了施工技术交底，这种做法只是流于形式，效果收获甚微。对交底的效果进行监督与检查也是施工技术交底工作的重要工作部分。在施工过程中要结合具体施工部位加强检查，加强自检、互检、交接检，强化过程控制，严格验收，发现问题及时解决，避免返工浪费或发生质量事故。

6）采取多种形式的交底手段。施工技术交底的形式与手段可以多种多样，可根据不同的对象，采用不同的方式方法。如对操作班组的交底，当分项工程施工难度大时，可以将交底的地点放在作业现场，将交底的文字说明改成节点图、构造图、工序图；对新技术、新工艺，可请专业技术人员进行技术示范操作，或做样板间示范技术交底，使工人了解具体的操作步骤，做到心中有数，避免不必要的质量事故和安全事故的发生。

第三节 施工技术交底的内容

（1）施工组织设计交底的内容及重点

1）施工组织设计交底的内容：

①工程概况和各项技术经济指标及要求。

②主要施工方法，关键性的施工技术及实施中存在的问题。

③特殊工程部位的技术处理细节及注意事项。

④新技术、新工艺、新材料、新结构施工技术的实施要求与注意事项。

⑤主要施工组织、施工部署、施工机械、劳动力安排。

⑥总包与分包单位之间互相协作配合关系及其有关问题的处理。

⑦施工质量标准、环境管理控制措施和安全技术要点。

2）施工组织设计交底的重点有：施工部署、重难点施工方法与措施、进度计划实施及控制、资源组织与安排。

(2) 施工方案交底的内容及重点

1) 施工方案交底的内容：

①工程概况和要求。

②主要施工方法，关键性的施工技术及实施中存在的问题。

③特殊工程部位的技术处理细节及注意事项。

④新技术、新工艺、新材料、新结构施工技术的实施要求与注意事项。

⑤主要施工组织、施工部署、施工机械、劳动力安排。

⑥各参与单位或部门协作、配合关系及其有关问题的处理。

⑦施工质量标准、环境管理控制措施和安全技术要点。

2) 施工方案交底的重点是施工安排、施工方法。

(3) 分项工程施工技术交底的内容及重点

1) 分项工程施工技术交底的内容有：施工准备、工艺流程、操作工艺、质量要求及控制措施、安全措施及注意事项、其他措施（如成品保护、环保、绿色施工等）及注意事项。重点强调操作工艺、质量控制措施、安全措施。

2) 建筑分项工程施工技术交底的重点：

①土方工程：

a. 地基土的性质与特点。

b. 各种标桩的位置与保护办法。

c. 挖填土的范围和深度，放边坡的要求。

d. 回填土与灰土等的夯实方法及容重等指标要求。

e. 地下水或地表水排除与处理的方法。

②砌体工程：

a. 砌体部位。

b. 轴线位置。

c. 各层水平标高。

d. 门窗洞口位置。

e. 墙身厚度及墙厚变化情况。

f. 砂浆强度等级，砂浆配合比及砂浆试块组数与养护。

g. 各预留洞口和各专业预埋件位置与数量、规格、尺寸。

③模板工程：

a. 各种钢筋混凝土构件的轴线和水平位置、标高、截面形式和几何尺寸。

b. 支模方案和技术要求。

c. 支撑系统强度、稳定性的具体技术要求。

d. 拆模时间。

e. 预埋件、预留洞的位置、标高、尺寸、数量及预防其移位的方法。

f. 特殊部位的技术要求及处理方法。

④钢筋工程：

a. 所有构件中钢筋的种类、型号、直径、根数、接头方法和技术要求。

b. 预防钢筋位移和保证钢筋保护层厚度的技术措施。

c. 钢筋代换的方法与手续办理。

d. 特殊部位的技术处理。

⑤混凝土工程：

a. 水泥、砂、石、外加剂、水等原材料的品种、技术规程和质量标准。

b. 不同部位、不同强度等级的混凝土种类和强度等级。

c. 配合比、水灰比、坍落度的控制及相应技术措施。

d. 搅拌、运输、振捣的有关技术规定和要求。

e. 混凝土浇灌方法和顺序，混凝土养护方法。

f. 施工缝的留设部位、数量及其相应采取技术措施、规范的具体要求。

g. 大体积混凝土施工温度控制的技术措施。

h. 防渗混凝土施工具体技术细节和技术措施实施办法。

i. 混凝土试块留置部位和数量与养护。

j. 预防各种预埋件、预留洞位移的具体技术措施，特别是机械设备地脚螺栓移位，在施工时提出的具体要求。

⑥脚手架工程：

a. 所用的材料种类、型号、数量、规格及其质量标准。

b. 架子搭设方法、强度和稳定性技术要求（必须达到牢固可靠的要求）。

c. 架子逐层升高技术措施和要求。

d. 架子立杆垂直度和沉降变形要求。

e. 架子工程搭设工人自检和逐层安全检查部门专门检查。重要部位架子，如下撑式挑梁钢架组装与安装技术要求和检查方法。

f. 架子与建筑物连接方式及要求。

g. 架子拆除方法和顺序及其注意事项。

⑦结构吊装工程：

a. 建筑物各部位需要吊装构件的型号、重量、数量、吊点位置。

b. 吊装设备的技术能力。

c. 有关绳索规格、吊装设备运行路线、吊装顺序和吊装方法。

d. 吊装联络信号、劳动组织、指挥与协作配合。

e. 吊装节点连接方式。

f. 吊装构件支撑系统连接顺序与连接方法。

g. 吊装构件吊装期间的整体稳定性技术措施。

h. 吊装操作注意事项。

⑧钢结构工程：

a. 钢结构的型号、重量、数量、几何尺寸、平面位置和标高，各种钢材的品种、类型、规格、连接方法与技术措施、焊缝形式、位置及质量标准。

b. 焊接设备规格与操作注意事项，焊接工艺及其技术标准、技术措施、焊缝形式、位置及质量标准。

c. 构件下料直至拼装整套工艺流水作业顺序。

⑨楼地面工程：

a. 各部位的楼地面种类、工程做法与技术要求、施工顺序。

b. 新型楼地面或特殊行业特定要求的施工工艺。

⑩屋面与防水工程：

a. 屋面与防水工程的构造、形式、种类，防水材料型号、种类、技术性能、特点、质量标准及注意事项。

b. 保温层与防水材料的种类和配合比、表观密度、厚度、操作工艺，基层做法和基本技术要求，铺贴或涂刷的方法和操作要求。

c. 各种节点处理方法。

d. 防渗混凝土工程止水技术处理与要求。

⑪装修工程：

a. 各部位装修的种类、等级、做法和要求、质量标准、成品保护技术措施。

b. 新型装修材料和特殊工艺装修要求的施工工艺及操作步骤，与有关工序联系交叉作业互相配合协作。

3）安装分项工程施工技术交底的重点：

①管道安装工程：

a. 配合土建确定预埋位置和尺寸。

b. 管道及其支吊架、紧固件等预制加工和要求。

c. 管道安装顺序、方法及其注意事项。

d. 管道连接方法、措施等。

e. 焊接工艺及其技术标准、措施、焊缝形式、位置等。

f. 管道试压压力、介质、温度及步骤。

g. 管道吹扫方法、步骤。

h. 管道防腐要求及操作程序。

②电气安装工程：

a. 密切配合土建施工，确定预埋类型、位置和方法。

b. 电气母线、电缆、电线、桥架、配管、盘柜、开关、器具等安装方法、程序、措施、要求及操作要点等。

③通风安装工程：

a. 风管加工制作尺寸的核定。

b. 风管咬口形式及加工程序、质量要求、风管支吊架制作和安装要求。

c. 风管安装方法、操作要点等。

d. 洁净风管制作安装措施，风管防腐涂刷要求。

e. 保温材料的选择、厚度、保温方法及操作要点。

④电梯安装工程：

a. 电梯导轨支架的位置和测量确定方法。

b. 导轨吊装和调整的方法与质量要求。

c. 钢丝绳的绳头做法。

d. 轿厢的安装步骤。

e. 层门安装的位置控制。

f. 承重梁的安装要求。

g. 曳引机的吊装过程。

h. 控制柜和电气系统的质量标准。

i. 扶梯运输的安全保护措施，安装位置的放线测量。

⑤通用机械设备安装工程：

a. 基础的外观及尺寸检查、验收。

b. 施工现场条件尤其是安装工序中有恒温、恒湿、防振、防尘或防辐射等要求应具备的条件。

c. 从放线、运输就位、设备安装至单机试车整个作业程序，安装过程中涉及的尺寸标准、精度规定及试车需达到的要求等。

⑥工业炉砌筑工程：

a. 筑炉材料验收、检查、选择及储存和施工中的防潮措施。

b. 砌筑方法和操作要点。

c. 各部位砌筑注意事项。

d. 耐火浇筑料浇筑工艺或耐火混凝土配合比等的控制及相应技术措施。

e. 耐火混凝土搅拌、运输、振捣的有关规定和要求。

f. 耐火混凝土浇灌方法和顺序及养护方法。

g. 膨胀缝数量、宽度及其分布和构造。

⑦自动化仪表安装工程：

a. 仪表设备、阀门器材等按要求保管、选用、安装。

b. 仪表安装与其他专业施工配合工序、要求。

c. 仪表管路和设备的安装方法、措施、质量要求以及操作要点。

d. 仪表单体调试和联校程序及要求。

e. 原材料、设备及成品的周密防护措施。

⑧容器工程：

a. 半成品构件预制加工、基础验收检查。

b. 施工机械设备选择、现场平面布置、操作注意事项。

c. 全套安装工艺方法、作业程序等。

d. 产品材质、规格及焊接方法、焊接材料、焊接顺序选择。

e. 焊接工艺及其技术标准、技术措施、焊缝形式、位置及质量标准。

f. 强度、密封性试验参数、环境要求、步骤、产品防腐、保温及其要求。

图 10-3 所示为施工技术交底记录样式。

施工技术交底记录		编号	
工程名称		分项工程名称	
施工单位		交底日期	
交底内容：			
技术负责人		交底人		接受交底人	

图 10-3 施工技术交底记录样式

第四节 施工技术交底实施及管理

(1) 施工技术交底管理流程（图 10-4）

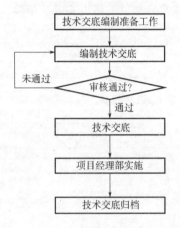

图 10-4 施工技术交底管理流程图

表 10-1 为各流程负责人统计表。

表 10-1 各流程负责人统计表

交底类别	编制人	审核人	交底人	接受交底人
大型工程施工组织设计交底	企业技术负责人	—	企业技术负责人	项目管理层
一般工程施工组织设计交底	项目总工	项目经理	项目总工	项目管理层
专项方案技术交底	各专业技术负责人	项目总工	各专业技术负责人	专业工长
分项工程施工技术交底	工长	专业技术负责人	工长	施工班组

(2) 施工技术交底编制管理

1）编制人应具有相关专业知识和专业技能。

2）大型工程施工组织设计交底编制人为企业技术负责人，一般工程施工组织设计交底人为项目总工（技术负责人），专项方案技术交底编制人为专业技术负责人。

3）由专业分包商独立完成的分部分项工程，交底编制人为专业分包商技术负责人。

4）交底要在正式施工前编制完成。

5）编制内容要针对不同类别的交底有不同的内容及重点，内容要正确、全面。

6）编制形式上要求图文并茂。

7）编制内容符合图纸、技术标准、政策法规等规定，内容全面、重点突出并具有针对性。

8）突出可操作性特点，尽量将内容"图示化""步骤化""通俗化""数字化""明确化"。

9）有合理可行的保证质量及安全的措施。

(3) 施工技术交底审核管理规定

1）技术交底应及时审核，并按审核意见及时修改完善。

2）项目总工（技术负责人）实施的技术交底，应由项目经理审核；专业技术负责人编制的技术交底，由总工（技术负责人）审核；责任工程师（工长）编制的技术交底，由专业技术负责人审核；专业分包的技术交底，由专业分包的技术负责人审核。

3）审核流程按各个企业的技术管理规定执行。

(4) 施工技术交底审核管理规定

1）实行三级交底制，即公司向项目交底，项目总工（技术负责人）向项目管理层交底，责任工程师（工长）向操作班组交底。

2）大型工程施工组织设计交底、重大方案或超过一定规模的分部分项工程专项安全方案技术交底，应邀请建设单位、监理单位的负责人及相关人员参加。

3）交底的形式可采用多种方式，宜根据不同的对象采取合适的方式，如书面式、口头式、会议式、示范式、样板式等。

4）项目总工（项目施工技术负责人）督促检查技术交底工作的

进行情况。

5）交底应有交底记录，有交底人和接受交底人签字，交底记录原件应交资料员存档。

(5) 施工技术交底实施管理规定

1）分部分项工程未经技术交底不得施工。

2）分部分项工程施工时，交底人应检查工人是否按交底的内容及要求实施，发现不正确的地方应及时指出并责令改正。

3）在监督、检查过程中发现错误的操作、易犯的质量通病时，应及时组织操作班组做相关针对性的交底，使之改正错误，避免不必要的返工或质量事故的发生。

4）交底人在监督、检查过程中发现交底的内容有不易实现或操作性不强的地方，如果属于方案内容的原因，则应由程序报方案编制人修改并根据方案修改的内容重新调整交底内容；如果属于交底人自己的原因，应及时修正。修改、修正后，应重新进行交底并履行签字手续。

5）操作班组在按交底内容操作时，交底人应合理安排分工，保证经验丰富、技术水平高的人在技术或质量要求高的部位操作。

6）项目部应根据企业管理规定及工程特点制订技术交底实施管理办法，明确责权利，实行奖惩制，保证交底实施的效果。

(6) 归档

施工技术交底完成后及时将技术交底记录的原件交项目资料员归档保存。

第五节 案 例

某公司某住宅项目，建筑面积 21.59 万 m^2，由 7 栋高层、10 栋洋房、3 栋配套用房和地下车库组成，高层地上 34 层，地下 2 层，洋房地上 8 层，地下 2 层（图 10-5）。

图 10-5 某公司某住宅项目

1）项目在开工后，项目总工组织项目技术管理人员根据施工方案编制总计划制订施工方案交底总计划（表 10-2）。

表 10-2 施工方案交底计划表

施工方案交底总计划								
项目名称：××项目								
序号	方案种类	方案名称	编制人	审批人	交底人	被交底人	交底时间	备注
1	施工组织策划类	施工组织设计	××	××	××	××	2020 年 7 月 23 日	
2		科技创效策划书	××	××	××	××	2020 年 8 月 21 日	
3		科技创效实施计划书	××	××	××	××	2021 年 3 月 15 日	
4		安全策划书	××	××	××	××	2020 年 8 月 25 日	
5		质量策划书	××	××	××	××	2020 年 8 月 25 日	
6		质量创优策划书	××	××	××	××	2020 年 8 月 25 日	

序号	方案种类	方案名称	编制人	审批人	交底人	被交底人	交底时间	备注
7	临建类	施工临建布置方案	××	××	××	××	2020 年 6 月 2 日	
8		施工临时用电方案	××	××	××	××	2020 年 6 月 15 日	
9		施工临时用水方案	××	××	××	××	2020 年 5 月 28 日	
10		施工消防安全方案	××	××	××	××	2020 年 10 月 9 日	
11	土方	土方开挖安全专项施工方案	××	××	××	××	2020 年 7 月 23 日	
12		基坑支护安全专项施工方案	××	××	××	××	2020 年 6 月 28 日	
13		垫层及褥垫层施工方案	××	××	××	××	2020 年 6 月 12 日	
14		回填土施工方案	××	××	××	××	2020 年 10 月 11 日	
15	塔式起重机类	塔式起重机定位及基础施工方案	××	××	××	××	2020 年 6 月 1 日	
16		塔式起重机安装施工方案	××	××	××	××	2020 年 6 月 5 日	
17		塔式起重机安装应急预案	××	××	××	××	2020 年 6 月 5 日	
18		塔式起重机顶升及附墙施工方案	××	××	××	××	2021 年 5 月 27 日	
19		塔式起重机基础围护墙施工方案	××	××	××	××	2020 年 8 月 17 日	
20		群塔作业防碰撞方案	××	××	××	××	2020 年 6 月 24 日	
21		塔式起重机拆除及应急预案	××	××	××	××	2021 年 12 月 30 日	

序号	方案种类	方案名称	编制人	审批人	交底人	被交底人	交底时间	备注
22	垂直运输	施工电梯基础施工方案	××	××	××	××	2021 年 4 月 14 日	
23		施工电梯安装及应急预案	××	××	××	××	2021 年 7 月 30 日	
24		施工电梯拆除方案	××	××	××	××	2021 年 8 月 30 日	
25		施工电梯定位及基础施工方案	××	××	××	××	2021 年 4 月 12 日	
26	检测类	测量施工方案	××	××	××	××	2020 年 5 月 28 日	
27		沉降观测方案	××	××	××	××	2021 年 6 月 25 日	
28		基坑边坡监测方案	××	××	××	××	2020 年 8 月 4 日	
29		实测实量方案	××	××	××	××	2021 年 6 月 25 日	
30		检验试验计划方案	××	××	××	××	2020 年 11 月 30 日	
31	混凝土	大体积混凝土施工方案	××	××	××	××	2020 年 6 月 15 日	
32		混凝土工程施工方案	××	××	××	××	2020 年 7 月 20 日	
33		不同强度等级混凝土施工方案	××	××	××	××	2020 年 7 月 17 日	
34		混凝土质量缺陷治理方案	××	××	××	××	2020 年 8 月 19 日	
35		外墙孔洞封堵施工方案	××	××	××	××	2020 年 11 月 8 日	
36		布料机浇筑混凝土施工方案	××	××	××	××	2020 年 10 月 3 日	
37		机电预留预埋配合施工方案	××	××	××	××	2020 年 6 月 20 日	

第十章 施工技术交底管理

序号	方案种类	方案名称	编制人	审批人	交底人	被交底人	交底时间	备注
38	钢筋	钢筋工程施工方案	××	××	××	××	2020 年 7 月 12 日	
39		直螺纹连接作业指导书	××	××	××	××	2020 年 7 月 20 日	
40	模板	模板施工方案（含后浇带）	××	××	××	××	2020 年 7 月 31 日	
41		模板专项施工方案	××	××	××	××	2020 年 8 月 19 日	
42		铝合金模板施工方案	××	××	××	××	2020 年 10 月 20 日	
43	脚手架	落地式脚手架专项施工方案	××	××	××	××	2020 年 7 月 23 日	
44		附着式脚手架专项施工方案	××	××	××	××	2020 年 9 月 21 日	
45		卸料平台安全专项施工方案	××	××	××	××	2020 年 9 月 2 日	
46		落地式卸料平台施工方案	××	××	××	××	2020 年 11 月 8 日	
47		附着式爬升卸料平台安全专项施工方案	××	××	××	××	2020 年 10 月 9 日	
48		悬挑架安全专项施工方案	××	××	××	××	2020 年 9 月 2 日	
49		外架拆除方案	××	××	××	××	2021 年 4 月 1 日	
50	防水	地下室底板防水施工方案	××	××	××	××	2020 年 7 月 23 日	
51		屋面防水施工方案	××	××	××	××	2021 年 6 月 10 日	
52	隔墙	砌筑施工方案	××	××	××	××	2020 年 11 月 8 日	

（续）

序号	方案种类	方案名称	编制人	审批人	交底人	被交底人	交底时间	备注
53	装修	抹灰施工方案	××	××	××	××	2021 年 6 月 20 日	
54		室内防水施工方案	××	××	××	××	2021 年 6 月 15 日	
55		屋面施工方案	××	××	××	××	2021 年 6 月 30 日	
56	季节	风雨期高温施工方案	××	××	××	××	2020 年 6 月 2 日	
57		冬期施工方案	××	××	××	××	2020 年 11 月 16 日	
58	其他	装配式专项施工方案	××	××	××	××	2020 年 7 月 16 日	
59		应急准备和响应预案	××	××	××	××	2020 年 8 月 4 日	
60		环境管理应急预案	××	××	××	××	2021 年 6 月 10 日	
61		职业健康安全方案	××	××	××	××	2021 年 6 月 10 日	
62		绿色施工专项方案	××	××	××	××	2020 年 8 月 7 日	
63		项目 CI 管理方案	××	××	××	××	2020 年 6 月 25 日	
64		建筑节能方案	××	××	××	××	2020 年 6 月 30 日	
65		环境管理方案	××	××	××	××	2021 年 6 月 15 日	
66		质量通病防治措施	××	××	××	××	2020 年 7 月 29 日	
67		样板引路方案	××	××	××	××	2020 年 8 月 17 日	
68		安全防护专项方案	××	××	××	××	2021 年 6 月 30 日	
69		成品保护方案	××	××	××	××	2021 年 7 月 3 日	
70		扬尘治理专项方案	××	××	××	××	2020 年 8 月 7 日	

第十章 施工技术交底管理

（续）

序号	方案种类	方案名称	编制人	审批人	交底人	被交底人	交底时间	备注
71	其他	新技术应用施工方案	××	××	××	××	2021年7月05日	
72		电梯井作业平台施工方案	××	××	××	××	2021年4月22日	
73		地下室顶板回顶方案	××	××	××	××	2020年11月10日	
74		混凝土浇筑应急预案	××	××	××	××	2021年7月10日	
75	验收	工程验收方案	××	××	××	××	2021年10月30日	
编制人		××			编制时间			

2）根据现场施工进度，编制月度施工方案交底计划表，提前对下个月需要施工的工序进行交底预判，提前准备方案交底资料（表10-3）。

表10-3　月度施工方案交底计划表

2021年6月施工方案交底计划表								
项目名称：××项目								
序号	方案种类	方案名称	编制人	审批人	交底人	被交底人	审批时间	备注
1	装修	抹灰施工方案	××	××	××	××	2021年6月20日	
2		室内防水施工方案	××	××	××	××	2021年6月15日	
3		屋面施工方案	××	××	××	××	2021年6月30日	
4	检测类	沉降观测方案	××	××	××	××	2021年6月25日	
5		实测实量方案	××	××	××	××	2021年6月25日	
6	防水	屋面防水施工方案	××	××	××	××	2021年6月10日	
7	其他	安全防护专项方案	××	××	××	××	2021年6月30日	
编制人		××			编制时间		2021年5月	

3）各分部分项工程施工前，结合现场施工进度和施工方案交底计划，进行施工方案交底和分项工程施工技术交底（表10-4）。

表10-4　分项工程施工技术交底记录

分项工程施工技术交底记录		编号	
工程名称	××项目	名称	抹灰工程施工方案
施工单位	××工程有限公司	交底日期	2021 年 6 月 20 日

1. 施工准备

（1）材料准备

1）本工程采用预拌砂浆（含干拌砂浆和湿拌砂浆），禁止使用施工现场搅拌砂浆

2）一般抹灰所用材料的品种和性能应符合设计要求，水泥的凝结时间和安定性复验应合格。砂浆的配合比应符合设计要求。检验方法：检查产品合格证书、进场验收记录、复验报告和施工记录。预拌砂浆进场时应进行外观检验，湿拌砂浆应外观均匀，无离析、泌水现象

①预拌砂浆：采用成品的干混抹灰砂浆，规格型号 DPM15 和 DPM20，材料进场后按要求送检和留置抗压试块，检测 28d 抗压强度，合格后方可使用

②其他材料：建筑胶（108 胶）、钢丝网（丝径 0.7mm，间距 10mm×10mm）、专用胶粘钉、耐碱玻纤网格布（以下简称"网络布"）等

3）配合比

①水泥抹灰砂浆

a. 水泥抹灰砂浆应符合：

ⅰ. 强度等级应为 M15、M20、M25、M30

ⅱ. 拌合物的表观密度不宜小于 1900kg/m³

ⅲ. 保水率不宜小于 82%，拉伸黏结强度不应小于 0.2MPa

b. 水泥抹灰砂浆配合比材料用量可参见下表：

水泥抹灰砂浆配合比的材料用量 （单位：kg/m³）

强度等级	水泥	砂	水
M15	330~380		
M20	380~450	1m³ 砂的堆积密度值	250~300
M25	400~450		
M30	460~530		

②石膏抹灰砂浆

a. 石膏抹灰砂浆应符合：

ⅰ. 抗压强度不应小于 4.0MPa

ⅱ. 宜为专业工厂生产的干混砂浆

ⅲ. 应搅拌均匀，拌合物不应有生粉团，且应随拌随用

ⅳ. 初凝时间不应小于 1.0h，终凝时间不应大于 8.0h

ⅴ. 拉伸黏结强度不应小于 0.40MPa

ⅵ. 宜掺加缓凝剂

b. 抗压强度为 4.0MPa 石膏抹灰砂浆配合比材料可参见下表：

抗压强度为 4.0MPa 的石膏抹灰砂浆配合比的材料用量

（单位：kg/m³）

石膏	砂	水
450～650	1m³ 砂的堆积密度值	260～400

根据设计、业主、监理的要求，按规定进行原材料的订货、采购、报验，并按控制程序组织原材进场，经检验合格后，按要求做好标识妥善存放，确保原材及时供应

（2）现场准备

1）前置相关工程及粉刷前期（基层处理、挂网、灰饼）工作完成并经验收达到合格标准

2）复核管线、配电箱、插座、开关盒等外露设备出墙尺寸、标高、平直度，如不合格则整改至符合要求

3）施工前搭好抹灰用脚手架，距离墙 200～250mm，以便于施工操作

4）已砌筑好的墙体表面的灰尘、污垢和油渍等，应清理干净并洒水湿润

5）抹灰前检查需埋设的接线盒、电箱、管线、管道套管是否固定牢固，连接处用 DPM15 水泥砂浆分层嵌塞密实

6）抹灰前应检查基体表面平整度，对局部平整度较差的部位提前进行封堵、找平；抹灰前应在大角的两面、窗台两侧弹出抹灰的控制线，以作为打底依据

（3）劳动力准备

由于本工程工期紧张，抹灰施工选择高素质成建制的施工作业队伍及有经验的专业工种人员，施工前进行入场教育。特殊工种必须进行专业培训，持证上岗，熟练掌握相关施工工艺和操作方法。劳动力配备见下表：

抹灰工程施工人员数量及工种列表

序号	工种	人数	施工内容
1	抹灰工	80	抹灰施工
2	零工	20	配合技术工种施工，保持施工现场清洁
3	测量	2	墙体轴线及标高放测、复核
4	安全员	2	监督、纠正现场不安全状态的行为，下达规范指令
5	电工	2	负责整个现场施工中的用电行为，确保用电规范、安全
6	抹灰管理人员	2	责任片区现场抹灰施工的组织、进度、安全管理等

注：人数根据现场实际情况进行调整

（4）主要施工机具设备准备

1）主要施工机械设备见下表：

主要施工机械设备

序号	名称	单位	数量	备注
1	物料提升机	台	5	每相邻两栋之间
2	施工电梯	台	7	每栋高层
3	手推车	辆	50	具体数量根据实际情况调整

2）主要工具

根据现场实际施工情况进行配备：

主要施工工具

序号	名称	单位	数量	备注
1	抹子、刷子	把	50	包括木、铁抹子、阴阳角抹子
2	灰桶	个	30	
3	托灰板	副	30	
4	托线板、线坠、卷尺	套	30	
5	铝合金杠	根	30	2~3.5m
6	方尺、靠尺及钢筋卡子	套	30	

2. 质量要求及控制措施

（1）质量要求

1）抹灰基体表面应彻底清理干净，对于表面光滑的基体应进行毛化处理

2）抹灰前应将基体充分浇水，使其均匀湿透，防止基体浇水不透造成抹灰砂浆中的水分很快被基体吸收，造成质量问题

3）严格控制各层抹灰厚度，防止一次抹灰过厚，造成干缩率增大，造成空鼓、干裂等质量问题

4）抹灰砂浆中使用材料应充分水化，防止影响黏结力

5）样板先行，工程部组织验收合格后，大面积推行施工

6）在高温风雨季期间进行施工时，注意及时覆盖材料，高温天气抹灰施工时严格按照抹灰施工方案进行施工。对施工完成的墙面进行养护避免开裂。抹灰砂浆要在3h内使用完

（2）抹灰工程质量通病控制措施

1）裂纹原因分析

内墙抹灰裂纹的主要原因是施工人员未按有关规定、规程进行操作造成的，其主要包括：

①抹灰前的基层处理不彻底

②基层未提前洒水润透

③混凝土表面未做毛化处理或毛化不规范

④砌块表面处理不规范

⑤砂浆配合比控制不严

⑥脚手架眼、接线盒、电线管处砂浆不饱满

⑦使用隔夜灰等

2）裂纹防治措施

严格按施工规范及操作规程进行施工是防止内墙抹灰裂纹的根本措施。针对以上分析，应严格按以下各方面的要求进行施工：

①基层处理：抹灰前应认真清除基层上的油污、灰渣、浮尘，油污可用10%的烧碱溶液清洗，清除后用清水冲刷干净

②基层砖墙应提前润透：准备抹灰的墙面，应提前2d洒水湿润，湿润深度宜为10～20mm，杜绝随湿润抹灰或完全不湿润就抹灰的现象

③基层甩毛：水泥细砂浆内掺水泥用量15%～20%的108胶拌和成糊糊状，用扫帚胶浆均匀地甩在基层表面上，厚度控制在2～4mm，表面成麻点、密实、无气孔，待收水后即可进行洒水养护，保持潮湿4～5d后方可进行抹灰

3）砂浆质量保证措施

所用水泥以普通硅酸盐水泥或矿渣水泥为宜，水泥安定性必须合格；石灰膏必须淋化熟透，淋化时用筛孔3mm以下的筛子过滤，并储存在沉淀池中，熟化时间不少于15d。石灰膏应细腻洁白，不得含有未熟化颗粒，已冻结、干裂风化的石灰膏不能使用；砂子必须用洁净的中砂，砂在使用时应过筛，泥土粉末含量不得超过3%

4）裂纹修补措施

①当抹灰层出现空鼓或裂缝需要修补时，应沿超出空鼓、裂缝边缘50mm左右的位置锯开抹灰层，人工凿除空鼓裂缝部位的砂浆块，清除残留的渣粉，且对抹灰层砂浆的切割面进行毛化处理并清理干净

②修补找平用砂浆宜与大面积抹灰所用砂浆配比相当，其强度等级不得比大面积抹灰砂浆过高或过低。抹底灰前，先将墙体基层浇水湿润，然后刷一层掺有环保胶水的素水泥浆再抹底子灰，底子灰以1:3水泥砂浆为宜，每遍抹灰厚度控制在7mm左右，不宜过厚，抹完后将表面搓毛；第二天再抹面层，面层配比以1:2.5水泥砂浆为宜，表面原浆压实，禁止用洒干水泥收面或涂刷水泥浆。抹完灰后对修补部位应设专人洒水养护，养护时不得污染或损坏四周已刮完腻子的部位。养护一周后再进行复查，确认没有空鼓裂缝才能进行下道工序施工。刮腻子前在抹灰基层涂刷一遍环保胶水，不得涂刷清漆。修补后的抹灰层与原抹灰层交接部位贴纸带，以防止裂隙发生和扩展，影响到面层。修补后的抹灰层部位粘贴耐碱玻纤网格布，与原未空裂的部位搭接，搭接宽度不小于150mm

5）抹灰前基层验收措施

严格按照公司抹灰相关要求，每1~5层基础处理完成且具备施工条件后进行抹灰前验收，各方签字齐全后方可进行抹灰施工

3. 工艺流程

1）水泥砂浆的工艺流程：墙面清理→浇水润湿墙面→挂网→甩浆→吊垂直、套方、抹灰饼→抹底灰→抹罩面灰→养护

2）石膏砂浆的工艺流程：基层清理→弹线→搅拌→挂网→打饼→冲筋→复筋、修筋→抹或机械喷涂轻质抹灰石膏→扁靠尺收平→修补→清理

4. 操作工艺

（1）水泥砂浆抹灰工艺

1）墙面清理：

①加气混凝土块墙和混凝土墙面：除应清除表面杂物和残留灰浆、尘土外，还应对胀模、偏位等有缺陷墙体进行剔凿修补

②剪力墙上的穿墙螺栓孔用发泡剂或膨胀细石混凝土填堵密实

③检查填充墙与梁或板底是否填堵密实，如不密实应重新填堵密实，以内部密实，外表面无裂缝为标准；检查填充墙灰缝是否填充密实，对其表面杂物、残留灰浆、尘土等清除干净

2）浇水湿润：一般在抹灰前一天，用胶皮管顺墙自上而下浇水湿润，每天浇两次。由于加气混凝土块吸水速度先快后慢，吸水慢且持续时间长，故应增加浇水的次数，使抹灰层有良好的凝结硬化条件，不致在砂浆的硬化过程中水分被加气混凝土吸走，浇水量以水分渗入砌块深度10~20mm为宜，且墙面不得有明水

3）挂网技术要求：

①不同材料的交接处，应在找平层中附加玻纤网或热镀锌钢丝网。内墙水泥砂浆抹灰部位宜挂设钢丝网，石膏砂浆抹灰部位钢丝网可改为挂玻纤网

②钢丝网规格：热镀锌钢丝网网宽300mm，丝径0.7mm，间距10mm×10mm用射钉或胶粘钉与基层锚固

注：满足当地规范、验收要求及经济原则前提下，钢丝网规格可进行调整，具体规格型号以材料封样为准

不同材料交接处的钢丝网实拍图.

③挂网部位：

a. 填充墙与钢筋混凝土墙、柱交接处以及填充墙埋线管处加铺热镀锌钢丝网

b. 找平层每层抹灰厚度不大于10mm，抹灰厚度大于35mm时，挂热镀锌钢丝网固定以防裂、防空鼓

c. 墙体留洞及封堵：凡墙上预留有设备箱、柜等与墙体等宽时，在粉刷前加铺一层热镀锌钢丝网

d. 放置配电箱、弱电箱的墙体厚度不应小于150mm，小于180mm时其箱体后应挂热镀锌钢丝网加强

e. 外墙门窗洞口阳角处应加耐碱玻纤网格布增强

4）甩浆：

①抹灰前对墙面进行毛化处理，便于砂浆与墙面的结合

②甩浆（抹灰）前提前1d对墙体浇水湿润，喷水面要均匀全面，不得漏喷，墙面渣末应冲洗干净，浇水量以水分渗入加气混凝土砌块墙深度10～20mm为宜

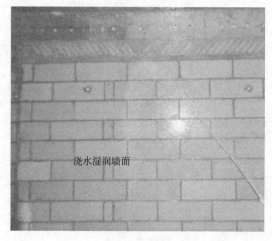

浇水湿润墙面

墙体浇水润湿

③采用建筑胶加水泥进行甩浆，甩浆后要求墙面布点均匀，毛刺不小于3mm，甩浆面积不得小于墙面面积的85%，并适时洒水养护，待强度达到70%以上后再进行基层抹灰，强度应达到手指轻掰不动的状态

④墙体抹灰甩浆全部用钢丝网拍替代以前的喷浆机器或者小扫帚甩浆。网眼10mm×10mm的钢丝网重叠五层制作成300mm×400mm大小，用细钢丝网绑在1.5m长的竹竿上。然后，按照工程设计要求将建筑胶水与水泥按照1:4的比例，利用电动搅拌机具充分搅拌均匀，再将浆料均匀地抹在拍子的背面，正面朝提前湿润过并挂网完成的墙体表面上拍，水泥浆透过拍子的孔形成毛刺状

⑤养护：甩浆前2h对墙面养护，甩浆后喷水养护7d以上（至抹灰前）

钢丝网拍实拍图

钢丝网拍操作实例

甩浆用工具

5）吊垂直、抹灰饼：

①抹灰饼时，应根据抹灰构造要求，确定灰饼的正确位置，并应先抹上部灰饼，再抹下部灰饼，然后用靠尺板检查垂直度与平整度。灰饼宜用 M15 水泥砂浆抹成边长为50mm 的方形

②在每面墙的两端部各做一标准灰饼（1:3 水泥砂浆、边长为 50mm），根据弹在地面上的抹灰厚度外边 100mm 控制线，利用铅锤向上引测控制灰饼外表面，灰饼尺寸50mm×50mm，并在门、垛角处加做灰饼

③以做好的灰饼面为标准，用线锤吊线做墙下角的灰饼，最后再补做中间灰饼，沿墙长度方向以 1500mm 为间距补做灰饼

④上下灰饼距顶板、底板间距不大于 500mm

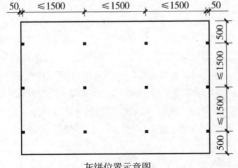

灰饼位置示意图

⑤所有灰饼做好后，水平方向用拉通线方法校核，竖向用靠尺检查。应保证抹灰面平整、垂直，阴、阳角成90°

6）墙面冲筋：当灰饼砂浆硬化后，即可用与抹灰层相同砂浆冲筋，冲筋根数应根据房间的宽度和高度确定，当墙面高度小于3.5m时，宜做立筋，两筋间距不宜大于1.5m；大于3.5m时宜做横筋，做横向冲筋时做灰饼的间距不宜大于2m

7）做护角及隐蔽验收：室内墙面和门窗洞口所有阳角，根据灰饼厚度找平，采用DPM20水泥砂浆做护角，护角高2000mm，每侧宽度50mm，再用捋角器捋出小圆角

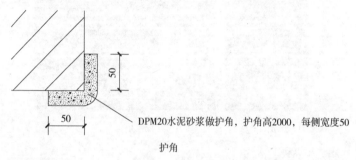

DPM20水泥砂浆做护角，护角高2000，每侧宽度50

护角

8）抹底层灰：

①抹底层灰之前，应对钢丝网挂设、基层处理情况、水电管线敷设等在自检合格的基础上，报监理单位进行验收，验收合格后，方可开始抹灰施工

②冲筋2h后可进行底层抹灰，底灰厚度9mm，抹灰时先薄薄地刮一层，要求用力挤压，填满墙体缝隙。接着装档、找平，再用大杠垂直、水平刮找一遍，用木抹子搓毛。然后全面检查底子灰是否平整，阴阳角是否方正，墙与顶交接是否光滑平整，抹灰墙面与混凝土墙面分割是否清晰。并用托线板检找面的垂直与平整情况。抹灰后及时清理散落在地上的砂浆

9）抹罩面灰：

①抹面层砂浆。底层砂浆完成，约七成干后（约4h）可进行抹面层砂浆施工。先用水湿润，使其与底灰粘牢，紧跟着抹罩面灰。面层抹灰要求三遍以上成活，控制灰厚度6mm，首先薄刮一遍，压入耐碱玻纤网格布（无要求处不需要），随即抹平、压实，要求网格布不得外露。面层施工按照先上后下顺序进行，用刮杠横竖刮平，木抹子搓毛、铁抹子溜光、压实。待其表面无明水时，用软毛刷蘸水在垂直于地面的同一方向，轻刷一遍，以保证面层灰的颜色一致，减少收缩裂缝

②面层抹灰施工时原则上一面墙不允许出现接槎，面层必须密实、平整、颜色一致

③外墙应根据图纸和构造要求，先弹线分格、粘分格条，待底层七八成干时再进行面层抹灰

④用于外墙的抹灰砂浆宜掺加纤维等抗裂材料

底层砂浆施工实例图　　　　　　面层砂浆施工实例图

10）养护：面层砂浆抹灰层抹完24h后应用喷雾器喷水养护，每天不少于3次，养护时间不少于7d

抹灰层养护实例图

（2）水泥砂浆抹灰工艺

1）基层清理：同水泥砂浆抹灰做法。

清扫墙面灰尘　　　　　用适量轻质抹灰石膏回填线槽

2）弹线：先弹出房间十字定位线，将房间十字定位线的四边延伸到墙边，然后根据十字线，结合卷尺拉线，距墙内边200mm处弹线。弹对角线检查房间是否方正，对角线是否等长，以及房间净尺寸是否满足要求

根据楼层控制线，在每间房间地面及顶棚弹抹灰控制线

3）搅拌石膏砂浆：

①桶内残留的料浆硬化物有促凝作用，会影响下次搅拌料浆的凝结时间。搅拌前，必须将桶内的残留料浆硬化物清理干净

（续）

②将轻质抹灰石膏干粉加入干净的清水中（水粉体积比为1:2，重量比为7:10），用电动搅拌器连续搅拌不少于3min，混合均匀，搅拌好的料应在20~30min内使用完毕

打点拉通线,做灰饼　　　　　　　　　灰饼之间做冲筋

③一次拌料必须在规定的时间内用完，已初凝的料浆严禁再次加水搅拌后使用

4）粘贴耐碱玻纤网格布：

①耐碱玻纤网格布粘贴前须先检查基层，保证基层处理完成并符合要求

②挂网部位同水泥砂浆抹灰墙面。耐碱玻纤网格布要求平整、固定牢固，加强网在基体接缝处向混凝土结构侧延伸150mm。耐碱玻纤网格布规格尺寸以实际封样为准

③耐碱玻纤网格布与混凝土及砌体结构用射钉、胶粘钉固定，双向间距500mm。网格布搭接长度150mm，网格布应包裹门窗洞口

5）套方、打灰饼：根据基层表面平整垂直情况，用一面墙作基准，吊垂直、套方、找规矩，确定抹灰厚度，灰饼宜用砂浆抹成边长为50mm的方形

①垂直：分别在门窗口角、垛、墙面等处吊垂直，横向则以楼层为水平基线或增加50cm标高线控制，然后套方抹灰饼，并以灰饼为基准冲筋

②套方：每套房同层内必须设置一条方正控制基准线，尽量通长设置，以降低引测误差，且同一套房同层内的各房间，必须采用此方正控制基准线，然后以此为基准，引测至各房间；距墙体30~60cm范围内弹出方正度控制线，并做明显标识和保护

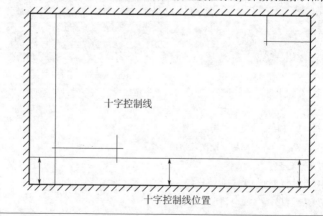

十字控制线

十字控制线位置

192

③房间面积较大时应先在地上弹出十字中心线，然后按基层面平整度弹出墙角线，随后在距墙阴角100mm处吊垂线并弹出铅垂线，再按地上弹出的墙角线往墙上翻引弹出阴角两面墙上的墙面抹灰层厚度控制线，以此做5cm见方灰饼

④两灰饼水平距离不大于1500mm，距离墙距离不大于200mm，水平向第一道距离地面800mm，第二道2000mm。必须保证抹灰时，刮尺能同时刮到两个以上灰饼。操作时应先抹上灰饼，再抹下灰饼

6）冲筋：

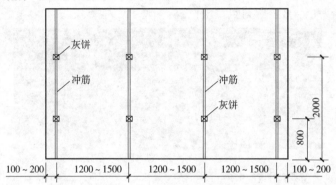

灰饼、冲筋布置图

①根据同一垂直面内上下两个灰饼的高度，在上下两个灰饼的空档部位连续涂抹轻质抹灰石膏，涂抹厚度要高出灰饼面3~5mm。冲筋用的轻质抹灰石膏不能一次搅拌一整桶，最多搅拌半桶，可以多次搅拌，随拌随用

②用2m铝合金方形刮尺（表面刷干净、水湿润）紧贴上下两个灰饼表面，将涂抹到灰饼空档部位冲筋用的轻质抹灰石膏压平，并用批刀将铝合金方形刮尺一侧的多余石膏刮掉，沿水平方向向另一侧轻推铝合金方形刮尺，使铝合金方形刮尺离开湿的冲筋表面，并且不能破坏冲筋表面

③上下两端冲筋可以一次完成，也可以等下部冲筋硬化后再进行上部的冲筋，以降低冲筋难度

④冲筋硬化后、抹灰前必须先检查冲筋完成面的平整度和垂直度，用靠尺、线锤拉通线的方法检查。有问题的冲筋必须及时修整到位

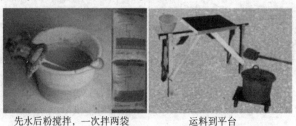

| 先水后粉搅拌，一次拌两袋 | 运料到平台 |

7）复筋、修筋：

①将未冲到顶的灰筋进行复筋，每条灰筋必须"顶天立地"

②冲筋、接筋完成后由现场工长和质检员进行垂直度、平整度、光洁度检查，发现问题及时修补，确保灰筋质量

③筋两侧有毛刺的要用平刨刀刮平

8）石膏砂浆抹灰施工：

①抹灰时，用灰板和抹子将料浆抹在墙面上（机器喷涂时，掌握好喷枪，直接均匀地喷在墙面），用靠尺或刮板（刮杠）紧贴标筋上下刮平压实，使墙面平整垂直

手工上墙　　　　　　　　　　混凝土墙分层施工

②待基层清理干净后，开始进行石膏砂浆抹灰施工，刮板先竖向满刮后横向满刮，同一面墙分上下两次施工时，先施工上半部分，后施工下半部分。并应进行分层抹灰，每层控制在7～9mm，并待前一层达到六七成干后，再进行下一层抹灰。同一墙面墙长方向先完成中间部分，最后做阴阳角，抹灰层干燥后用砂纸打磨平整，砂浆应在1h内用完，随拌随抹

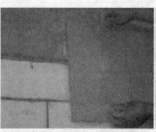

网格布靠近抹灰表面效果好　　　垂直方向从上往下涂抹按压

水平方向从左向右涂抹按压　　　用大刮板沿标筋由下往上抹平

阴角两侧分开施工

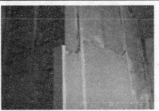

阳角加靠尺施工

门窗洞口阳角用夹具施工

施工洞口用两层网格布

9）修补：

①待抹灰石膏施工完成后，由现场施工人员及时对抹灰的平整度、垂直度进行测量，发现有问题的，及时安排人员进行修补，用专用工具将表面毛糙、凸出部位和误差点挫平

②室内墙面、柱面的阳角和门窗洞口的阳角，要求线角顺直清晰，并防止受到破坏。用铝合金靠尺进行阳角收口

③当阳角需要修复时，须待其两侧的抹灰石膏干燥硬化后进行

④入户门洞尺寸如果偏差过大，须砌砖或厚抹灰处理

10）清理：修补完成后对施工区域进行清理，将遗留的材料、施工用具等清理出施工区域并清扫干净

仅在采用瓷砖或石材踢脚线时预留

抹灰完成

5. 安全措施及注意事项

1）抹灰工程施工中，应按施工方案对施工作业人员进行安全交底，并应形成书面交底记录

2）室内抹灰的脚手架每步高度小于2m，架子上堆放材料不得过于集中。高度为2m

（续）

及以上的架子要采取防护措施

3）脚手架上不得有探头板，架板严禁支搭在门窗、水暖管道上

4）在室内推车运输时，注意不要碰撞架子，过道转弯时注意不要碰撞抹灰完成的门洞口

5）室内抹灰施工时要求有足够的光线，在黑暗潮湿环境作业应采用安全电压照明

6）在预留洞口作业时，应设安全防护设施，操作人员不得随意拆动防护设施，或从空中向下、向外抛掷杂物，以免伤人

7）作业过程中遇有脚手架与建筑物之间拉接，未经安全主管同意，严禁拆除。必要时由架子工负责采取加固措施后，方可拆除

8）夜间加班临时用电电线严禁在水中浸泡，禁止使用不带安全罩的碘钨灯

9）对于砌筑和抹灰施工完后，楼层内的预留洞口、电梯口、楼梯口等安全防护措施，必须进行恢复

10）临边洞口作业，必须佩戴安全带并可靠挂设于主体结构上

6. 成品保护措施

1）要及时清扫干净残留在门窗框上的砂浆。铝合金门窗框必须有保护膜，保护膜不得撕裂并保持至快要竣工，需清擦玻璃时为止；门窗框内外两面打胶密封时，要防止对铝合金门窗的污染和损坏

2）推小车或搬运东西时，要注意不要损坏口角和墙面。抹灰用的大杠和铁锹把不要靠在墙上。严禁蹬踩窗台，防止损坏其棱角

3）抹灰前，在距门框根部 500～600mm 范围内，钉铁皮或木板加以保护，防止施工中被碰坏

4）要保护好墙上的预埋件，墙上的电线槽、盒、水暖设备预留洞等不要随意抹死

5）抹灰层凝结前，应防止快干、水冲、撞击、振动和挤压，以保证抹灰层有足够的强度

6）要注意保护好楼地面面层，抹灰必须使用灰槽，不得直接在楼地面上拌灰

7）搬运物料及拆除脚手架时要轻抬、轻放，及时清除杂物，工具、材料码放整齐，不要撞坏和污染门窗、墙面和护角

7. 疫情防控措施

进入办公区、工地现场一律按照疫情防控要求，测量体温，凡是发现异常，一律不准进场。人员避免聚集，戴好口罩，做好防疫工作

编制人	（专业工长）	审核人	（土建技术负责人）	交底人	（专业工长）
被交底人	（各抹灰班组）				

第十一章

施工技术难点及应急问题
的处理与预案

为什么总工对一个工程项目至关重要，这主要是由项目总工程师的工作内容决定的，其工作成效对项目的安全、质量、工期、成本等管理目标有重大影响，其中施工技术难点分析就显得尤为重要了，因为重难点分析涉及分部分项工程的安全性、措施费的投入量、工期的长短、质量好坏和成本的高低等。能否把施工技术难点分析透彻并制订出一套合理的处置方案、应急问题的处理和预案也是考验一个总工水平专业技术水平高低的核心要素。

第一节　施工技术难点分析

建筑工程施工技术难点的分析以分部分项工程为基本单元，从建筑的体量、劳动力及物资设备的组织、环境要素、基坑的深度和复杂程度、作业的安全性、措施的投入与实施的条件、技术经济成本、质量控制的难度、作业的可操作性等方面入手，对工程施工过程中将会遇到的难点及可能影响安全、质量、工期、成本的不利因素进行预判，并针对性地制订预防措施和相应的对策（表11-1）。

表 11-1 某工程施工技术难点分析与对策表

类别	施工技术难点内容	应对措施
技术难点	工程体量大，施工工期紧张	1）编制详尽的工期节点控制计划和各分部分项工程的完成时间及控制措施，充分利用有效工作时间和工作面顺利实现工期目标 2）地下主体结构及1~4层主体结构采用承插型钢管支撑体系，施工操作简单快捷，可以立即施工 3）增加模板、木方、方钢管等周转材料的投入 4）混凝土浇筑均采用汽车泵进行浇筑 5）设置大型塔式起重机，保证能够满足现场各施工段同时施工 6）合理编制劳动力计划，特殊时期采取两班倒施工
	施工场地周边环境复杂	1）进场前详细踏勘现场周边环境、既有建筑物、道路、河流、地下管线等情况 2）根据周边环境情况分析工程施工重点和难点，以及确保"四通一平"所需工作，及时同甲方确认，明确责任划分，提前做好应对准备工作
	施工场地狭小	1）合理进行各阶段的平面布置 2）合理安排施工流水，相互影响的工序错开施工 3）各个施工阶段均需做好材料进场计划与控制，随进随用，并及时吊运至工作面 4）在施工中除合理设置施工临时道路外，还应安排专人进行协调，避免混凝土罐车占用场内道路，合理安排混凝土运送车数量，保证现场道路通畅
	垂直运输组织难度大	1）根据建筑布局，合理地进行堆场布置，规避二次搬运现象的发生 2）建立完善的施工机械使用制度，合理安排施工流水，错开各班组材料吊运高峰，避免出现窝工现象
	分包协调管理任务繁重	1）成立项目总承包管理部，负责项目的总承包管理。全盘考虑，分清主次，提前部署，做好施工组织，做到忙而不乱、井然有序地开展工作 2）提前对专业分包的准备工作进行协调，尽早提供作业面。提前做好各项收尾工作，为工程如期投入使用提供条件

类别	施工技术难点内容	应对措施
技术难点	劳动力组织保障	1）充分配备项目管理人员，做到岗位设置齐全以形成严格完整的管理层次 2）开工前提前组织好劳动力，挑选技术过硬、操作熟练的施工队伍，按照施工进度计划的安排，分批进场。分析施工过程中的用人高峰和详细的劳动力需求计划，拟订日程表，劳动力的进场应相应比计划提前，预留进场培训，技术交底时间 3）做好后勤保障工作，安排好工人生活休息环境和伙食质量，尤其安排好夜班工人的休息环境，休息好才能工作好，保证工人有充沛的体力更好地完成施工任务 4）在确保现场劳动力充足的前提下，储备一定数量的劳动力，劳动力投入数量按照"足够且略有盈余"的原则，以应对施工中的诸多不确定因素 5）不因节假日及季节性影响导致人员流失，确保现场作业人员长期固定 6）根据总体、分阶段进度计划、劳动力供应计划等，编制各工种劳动力平衡计划，细化各阶段的劳动力投入
	装饰装修分类多、施工难度大	1）充分理解施工图，提前编制专项施工方案，针对不同类别的工程分类划分，明确标识 2）做好现场方案及技术交底，针对同类型、同材料、同工艺的施工区域，统一划分、统一施工，避免施工错误、遗漏及返工 3）合理安排施工工序，有节奏进行流水施工
	施工场地内的交通组织	1）合理规划场地平面布置。根据现场施工部署，车辆进入和驶出的大门分开设置，大门口设置安保系统及自动化洗车台、监控系统等，车辆进出实名登记 2）设置人车分流设施。为保证场地内行人安全，必须设置人车分流设施。场地内部设置钢板拼装道路 3）建立运输保障体系。设立专门机构负责材料、设备的进出场运输管理，由相关人员统一安排材料的具体进出场时间，防止道路堵塞

建筑工程项目总工程师工作手册

类别	施工技术难点内容	应对措施
质量难点	装配式结构施工	1）提前与设计院沟通，了解相关设计参数，编制专项施工方案；明确各构件形式及节点做法、明确 PC 构件的定位、支撑措施 2）准备阶段与构件厂协同工作，制订明确的生产与供应计划；安排相关人员监督构件生产工作，确保 PC 构件的生产产能能够满足现场实际施工需要 3）设置时考虑各施工阶段 PC 构件存放位置，保证基坑施工阶段施工道路的畅通，避免运输车辆对施工道路造成破坏 4）根据构件重量及距道路距离选择塔式起重机型号，确定垂直运输方案
	外立面异形构件施工难度大	1）施工前编制切实可行的施工方案 2）针对异形构件绘制详细的支模节点图，组织项目人员开展技术攻关，形成一种定型化的支模工具，保证该处施工质量
	场地标高复杂，建筑物垂直度控制难度大	1）采用先进的测量放线仪器，对甲方给定的基准点及时交接核准；确定标高与设计标高关系。结合原始地形，绘制现状高程网格图，依据设计要求，随坡就势，按照少挖少填的思路进行平面布置及土方平衡 2）派专业测量人员加强施工过程中的控制，建立适合本工程的测量控制网，包括控制基线、轴线和水平基准点，做好定位轴线的控制测量和校核。其中重要的控制坐标要做成相对永久性的坐标点 3）加强施工过程中模板安装质量的检查
	大体积混凝土施工	1）组织项目部全体管理人员参与大体积混凝土施工专项方案的执行，各司其职，责任到人 2）从混凝土原材料的选择着手，优化配合比对抗裂性能影响因素，减少混凝土自收缩，提前做好配合比 3）大体积混凝土浇筑前对浇筑路线、劳动力、机械设备等提前做好安排 4）混凝土浇筑完成后采用电子测温，监控大体积混凝土温度变化 5）大体积混凝土的养护采用薄膜及岩棉保温被覆盖养护

类别	施工技术难点内容	应对措施
质量难点	地下车库后浇带设置多	1）项目技术部与建设单位、设计单位沟通，建议设计院在规范允许的前提下，优化地下车库后浇带的设置 2）地下车库底板施工过程中，严格控制后浇带止水钢板、止水带的施工质量，并采用模板将后浇带进行覆盖保护 3）车库顶板后浇带施工时，后浇带两侧架体单独搭设，不得拆除 4）浇筑后浇带混凝土时，将后浇带内杂物清理干净，采用高一强度等级的微膨胀混凝土浇筑
	屋面工程防渗漏	1）为有效减少屋面混凝土结构有害裂缝，将在混凝土施工中应用混凝土的多掺技术，掺加超细粉煤灰和高效防水剂 2）屋面防水施工中控制好原材料的质量和细部节点的施工质量，同时提供给设计院合理的建议供其参考，包括结构找坡。严格控制各道工序的施工，确保无渗漏 3）选用合适的防水材料、正确的施工工艺、处理好细部节点的防水也是很关键的，坚持有防水要求的地面进行蓄水试验，确保做到无渗漏后再进行下一道工序
	冬期施工混凝土质量保证	1）在浇筑混凝土前，必须将模板、成品钢筋上的积雪及冰清除干净，尤其是水平施工缝上的积雪及冰和泥垢，必须彻底清理干净后，方可进行混凝土施工 2）采用拖式泵浇筑时，混凝土入模温度每车测一次。用小桶在泵管端部接混凝土测温，测定数据填入冬期混凝土入模温度统计表，要与混凝土罐车车号一一对应 3）混凝土分层浇筑时，已浇筑层的混凝土温度在上一层混凝土覆盖前不应低于2℃ 4）混凝土浇筑尽量安排在一天中温度较高时施工 5）采用综合蓄热法养护：掺少量防冻剂与蓄热保温相结合。对于楼板混凝土养护，应根据气候条件采取控温措施。混凝土浇筑及二次抹面压实后应立即覆盖保温，即先在混凝土表面覆盖一层塑料薄膜，然后再覆盖两层阻燃保温帘（棉毡/棉被），并根据内外温差及时调整保温层厚度 6）对于楼板、梁板、墙柱上口等薄弱部位，应加盖阻燃保温帘

类别	施工技术难点内容	应对措施
安全难点	消防安全管理难度大	1）成立项目经理为第一责任人的消防领导小组 2）编制消防安全控制专项措施方案和应急救援预案，对消防水布置、消防器材配置、消防组织机构进行统筹规划管理 3）施工过程成立消防控制小组及义务消防队，对项目分阶段进行消防控制，定期组织消防安全专项检查，排查消防安全隐患 4）合理布置消防设施和疏散通道，张贴逃生路线指示牌 5）加强消防安全培训教育，定期进行消防演练
	基坑阶段雨季施工	1）制订针对性专项施工方案和应急预案，并对项目管理人员和班组作业人员进行详细的交底 2）准备充足的防汛物资、设备；采取抽水、排水相结合的方式，减小暴雨对基坑的影响 3）雨季施工时，加强基坑及周边环境监测，在确保生产的情况下防止安全事故的发生 4）施工安排时将土方开挖、防水施工采取赶工措施，尽可能地避开雨天时段作业 5）雨季施工组织充足的劳动力，在有工作面、施工条件时加快进度，推进基础工程施工进度，减少基坑施工受暴雨的影响次数
	雨季防汛	1）成立防汛领导小组，制订防汛计划和紧急措施。雨期施工主要以预防为主，采取防雨措施及加强排水手段，确保雨期施工生产不受季节性条件影响 2）夜间设专职的值班人员，保证昼夜有人值班并做好值班记录，同时要设置天气预报员，负责收听和发布天气情况，防止暴雨突然袭击，合理安排每日的工作 3）做好施工人员雨期培训工作，组织相关人员定期全面检查施工现场的准备工作，包括临时设施、临电、机械设备防护等工作 4）检查施工现场及生产生活基地的排水设施，疏通各种排水渠道，保证雨天排水通畅 5）每层楼板特别是屋面板上的预留洞口或施工洞口，要在雨季来临之前封闭，避免雨水通过洞口流入下层

类别	施工技术难点内容	应对措施
安全难点	夜间施工	1）夜间施工人员在施工前必须进行夜间施工安全教育和危险告知，所有参加施工的人员必须熟知保证夜间施工安全的措施 2）做好施工前的准备工作、安全确认、隐患排查、施工工序安全控制、收尾工作，清点所有参加施工的人员，并对现场安全进行全过程控制。每天对施工中容易出现的安全问题反复强调 3）做好相关夜间施工技术交底资料，配合安全员指出每天当晚施工中容易出现结构安全的问题，对夜间的不规范操作技术应及时制止 4）各岗位人员按职责进行设备、工具、线路、环境的安全检查，确保夜间施工安全 5）施工驻地、栈桥平台均安排警卫夜间值班，防止夜间偷盗及行人闲逛，制止一切不安全违章行为
	高温季节施工	1）做好临时设施的完善工作，尽快完成施工现场的工棚、周转材料存放场地和库房等临时设施的围挡封闭工作 2）高温季节施工操作大家穿戴较少，高空操作时更应该强调安全带佩戴 3）高空施工时可在适当的区域设置简易遮阳设备，以供高空人员的施工休息 4）生活区配备充足饮用水、降温饮料和设置遮阳降温凉棚 5）合理安排作业时间，错开日照强烈时段 6）施工作业面设置防暑降温茶水、药品 7）现场设医务室，做好应急储备，及时救治中暑职工
经济难点	确保工期的经济措施	1）执行严格的预算管理：施工准备期间，编制项目全过程现金流量表，预测项目的现金流，对资金做到平衡使用，以丰补缺，避免资金的无计划管理 2）执行专款专用制度：建立专门的工程资金账户，随着工程各阶段控制日期的完成，及时支付各分包单位工程款，防止施工中因为资金问题影响工程的进展，充分保障劳动力、机械、材料的及时进场 3）在选择分包单位、材料供应商时，提出部分支付的条件，向同意部分支付又相对资金雄厚的合格分包商、供应商进行倾斜

第十一章　施工技术难点及应急问题的处理与预案

（续）

类别	施工技术难点内容	应对措施
经济难点	确保工期的经济措施	4）制订资金使用制度，每月底物资部、工程部、合约部、财务资金部会同项目经理及项目主要负责人制订下月资金需用计划，并报公司领导审批，财务资金部严格按照资金需用计划监督资金的使用情况 5）在本工程施工过程中组织劳动竞赛，设置为工期竞赛奖励基金，引入经济奖励机制，结合质量管理情况，奖优罚劣，充分调动全体施工人员的积极性，力保各项工期目标顺利实现
环境难点	环境保护、扬尘治理要求高	1）项目部成立扬尘管控指挥部，落实各项扬尘防治措施，并由专人对接地方办事处，及时了解扬尘管控政策变化，合理安排现场施工 2）严格按照扬尘管控精细化标准内容，严格执行"8个100%、两个禁止"相关要求 3）编制《扬尘污染防治实施专项方案》，对工程扬尘治理工作进行整体规划，采场地绿化、覆盖、道路喷淋等有效措施，确保工程全过程扬尘治理达标 4）收集政府部门下发的扬尘管控文件，与政府各部门积极沟通协调，第一时间反馈信息 5）在保证现场扬尘治理管控措施到位的前提下，联合甲方积极与政府主管部门沟通解决，避免政策性停工

针对需要进行综合研判的部分难点，可以通过项目集体会商研讨，也可以邀请相关专家进行技术咨询，根据会商或技术咨询的结果形成可行性的施工方案，最终指导施工。

第二节 危险源辨识与风险评价

项目总工程师需要组织工程技术人员对现场的危险源进行辨识与风险评价，这是总工必备管理技能之一。项目部辨识危险源应基于"全面、系统、动态"的原则，定期对各类危险源进行排查和识别，掌握整个周期危险源的种类、数量和分布状况，对其安全风险进行评估，形成危险源辨识与风险评估清单，并动态更新。

(1) 流程图（图 11-1）

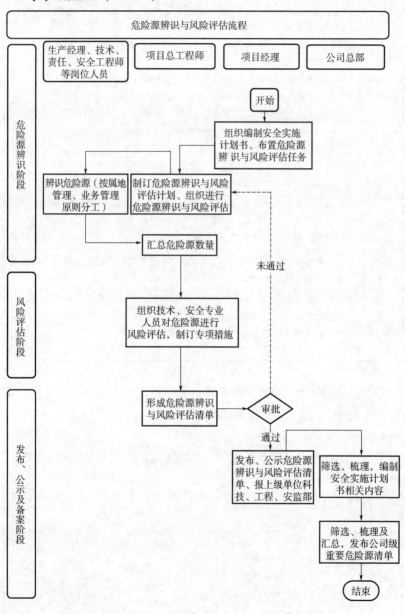

图 11-1　危险源辨识与风险评估流程

（2）危险源辨识的范围及要素（表 11-2）

表 11-2　危险源辨识的范围及要求

管理要素	内容
危险源辨识范围	危险源辨识范围包括但不限于以下方面： 1）房屋建筑和市政基础设施、公路、水利等工程涉及的施工基础、主体、装饰装修等全过程 2）所有进入作业场所的人员的活动及人员的生理、心理、行为等 3）作业场所的设备、设施、车辆及安全防护用品 4）建筑工程的所在地历年自然灾害、气象等作业环境条件以及治安管理情况 5）施工工艺、管理制度及资源等方面的变更或不足 6）事故及潜在的紧急情况
危险源辨识要素	按引发事故的基本要素辨识，应包含管理缺陷、人的不安全行为、物的不安全状态、环境的不安全条件
	按事故类型辨识，应包含高处坠落、物体打击、车辆伤害、机械伤害、起重伤害、触电、淹溺、灼烫、火灾、爆炸、中毒、窒息以及其他伤害等
	按现行国家规范《生产过程危险和有害因素分类与代码》GB/T 13861 辨识
危险源评估方法	一般采用定性、定量或定性与定量相结合的方式进行，常用的方法有直接判断法、直观经验法、风险矩阵法

注：编制危险源清单时，以施工阶段为第一级目录，以分部分项工程为第二级目录，包括土石方工程、模板工程、混凝土工程、脚手架工程、临时用电工程、消防工程、钢结构工程、安装工程、抹灰工程、幕墙工程、预应力工程、道路工程、桥梁工程、隧道工程等

（3）危险源辨识的工作要求（表 11-3）

表 11-3　危险源辨识的工作要求

序号	关键活动	管理要求	时间要求	主责部门/人员	相关部门	文件记录
1	制订危险源辨识计划	按照安全生产实施计划书要求制订危险源辨识计划	项目开工 10 天内	项目总工程师		
2	项目初期危险源辨识与风险评估	按职责分工，以单位工程为风险管理单元，分部分项工程为时间节点进行辨识与风险评估	项目开工 1 个月内	项目总工程师	工程、技术、安全、机械设备等专业工程师	

序号	关键活动	管理要求	时间要求	主责部门/人员	相关部门	文件记录
3	制订控制措施	控制措施具体、可操作	危险源辨识后	项目总工程师	工程、技术、安全、机械设备等专业工程师	
4	发布危险源辨识与风险评估清单	发布危险源辨识与风险评估清单，对清单内重要危险源进行公示	清单生效时	项目经理	项目总工程师	危险源辨识与风险评估清单
5	月度危险源辨识、评估与清单更新	每月根据施工进度，结合现场实际情况对危险源辨识与评估清单进行复核，对于存在风险变化和新增的危险源，及时更新危险源辨识与评估清单，并逐级上报	每月	项目总工程师	工程、技术、安全、机械设备等专业工程师	
6	每日危险源辨识、评估与公示	每日根据第二天的工作安排，识别出各类施工活动中的危险源及风险控制要点，并在显著位置进行公示	每日	生产经理	工程、技术、安全、机械设备等专业工程师	

注：当发生以下条件时，应重新组织危险源辨识与评估，进行风险复核，确认控制措施是否有效，并更新清单：①使用新工艺、新材料、新技术、新设备时；②国家重要法律法规、行业标准、重大外部环境特征发生变化时；③重大管理组织、工程（设计/施工）发生变更时；④发生生产安全事故或者发生严重的生产安全未遂事故时

(4) 风险评估方法

1) 风险矩阵法，指通过危险源引发事故的后果的严重性的指标值与危险源引发事故的可能性的指标值的乘积评估危险源的风险大小，即 $R = F \cdot C$。

①F：危险源引发事故发生的可能性等级，取值范围从 1 至 5；C：危险源引发事故的后果的严重性等级，取值范围从 1 至 5；R：危险源的风险等级，取值范围从 1 至 25。

②风险矩阵法将风险分为①Ⅳ低风险，风险值 [1，3]；②Ⅲ一般风险，风险值 [4，9]；③Ⅱ较大风险，风险值 [10，16]；④Ⅰ重大风险，风险值 [17，25]。

2）直接判断法（表11-4）

表11-4　直接判断法

风险等级	判断依据
重大风险	1）违反法律、法规及国家标准、行业标准中强制性条款的 2）发生过死亡、重伤、重大财产损失事故，且现在事故发生条件仍存在的 3）《危险性较大的分部分项工程安全管理规定》中超危大工程范围 4）《基础设施项目生产安全重要危险源分级表》划分为企业级重要危险源的 5）地方规定的重大生产安全事故隐患
较大风险	1）《危险性较大的分部分项工程安全管理规定》中危大工程范围 2）《基础设施项目生产安全重要危险源分级表》划分为企业级重要危险源的

第三节　现场应急问题的处置与预案

现场应急问题的处置与预案是针对具体的施工问题、装置、场所或设施、岗位所制订的应急处置措施。现场应急问题的处置与预案应具体、简单、针对性强，其包括危险性分析、可能发生的问题或事故特征、应急处置程序、应急处置要点和注意事项等内容。现场应急问题的处置与预案应根据问题或事故隐患风险评估及危险性控制措施逐一编制，做到相关人员应知应会，熟练掌握，并通过应急演练，做到迅速反应、正确处置。

以安全问题或安全事故为例，应急预案指的是针对可能发生的事故，为迅速、有序地开展应急行动而预先制订的行动方案，包括：

（1）应急预案总指挥的职能及职责

1）分析紧急状态，确定相应报警级别，根据相关危险类型、潜在后果、现有资源控制紧急情况的行动类型。

2）指挥、协调应急反应行动。

3）与企业外应急反应人员、部门、组织和机构进行联络。

4）直接监察应急操作人员行动。

5）最大限度地保证现场人员和外援人员及相关人员的安全。

6）协调后勤方面以支援应急反应组织。

7）应急反应组织的启动。

8）应急评估、确定升高或降低应急警报级别。

9）通报外部机构，决定请求外部援助。

10）决定应急撤离，决定事故现场外影响区域的安全性。

（2）抢险救援组的职能及职责

1）抢救现场伤员。

2）抢救现场物资。

3）组建现场消防队。

4）保证现场救援通道的畅通。

（3）危险源风险评估组的职能和职责

1）对施工现场特点以及生产安全过程的危险源进行科学的风险评估。

2）指导生产安全部门的安全措施落实和监控工作，减少和避免危险源的事故发生。

3）完善危险源的风险评估资料信息，为应急反应的评估提供科学的、合理的以及准确的依据。

4）落实周边协议应急反应共享资源及应急反应最快捷有效的社会公共资源的报警联络方式，为应急反应提供及时的应急反应支援措施。

5）确定各种可能发生事故的应急反应现场指挥中心位置以使应急反应及时启用。

6）科学合理地制订应急反应物资器材、人力计划。

第四节 案 例

××专项应急预案

1. 总则

(1) 目的

简述应急预案编制的目的。

(2) 编制依据

简述应急预案编制所依据的法律、法规、规章、标准和规范性文件以及相关应急预案等。

(3) 适用范围

说明应急预案适用的工作范围和事故类型、级别。

2. 事故风险分析

在危险源评估的基础上，针对某一具体的重要危险源、重大活动可能发生的事故类型以及事故发生的可能性、严重程度和影响范围进行分析。可通过下表 11-5 的形式表示：

表 11-5　事故风险分析

序号	事故类型	可能性	严重程度	影响范围

注：可能性可参考风险矩阵法里的描述，严重程度可以从人员伤亡、企业生产经营、财产损失、信誉方面的影响描述。

3. 应急组织机构及职责

(1) 应急组织机构

根据事故类型和应急工作内容需要明确本单位应急指挥中心、各应急工作组及其组成单位或人员，可用组织结构图的形式表示。

（2）应急组织机构职责

明确应急指挥中心、各应急工作组的成员在应急救援工作中的工作任务及职责。

4. 应急处置程序

（1）响应分级

针对事故危害程度、影响范围和事发单位控制事态的能力，对事故应急响应进行分级，明确分级响应的基本原则。

（2）信息报告

明确事故及事故险情信息报告程序和内容、报告方式及责任等内容。

（3）响应程序

根据事故响应级别，具体描述事故接警报告和记录、应急指挥机构启动、应急指挥、资源调配、应急救援、扩大应急等应急响应程序。

（4）应急处置措施

针对可能发生的事故风险、事故危害程度和影响范围，制订相应的应急处置措施，明确应急处置基本原则和具体要求，如机械伤害事故、高处坠落事故等事故的应急处置基本原则、措施和具体要求。

（5）应急结束

明确现场应急响应结束的基本条件和要求。

5. 后期处置

主要明确污染物处理、生产秩序恢复、医疗救治、人员安置、善后赔偿、应急救援评估等内容。

6. 保障措施

（1）通信与信息保障

明确可为本单位提供应急保障（应急救援和处置）的相关单位及人员通信联系方式和方法，并提供备用方案。同时，建立备用的信息通信系统、方式及维护方案，确保应急期间信息通畅（如首选电话通信，备选对讲机等）。

（2）应急救援队伍保障

明确应急响应的人力资源，包括应急专家、专业应急队伍、兼职应急队伍等。

（3）应急救援物资保障

明确本单位的应急物资和装备的类型、数量、性能、存放位置、运输与使用条件、管理责任人及其联系方式等内容以及应急车辆、司机的信息。

（4）其他保障

根据应急工作需求而确定的其他相关保障措施，如经费保障、交通运输保障、治安保障、技术保障、医疗保障、后勤保障等。

7. 应急预案管理

（1）应急预案培训

明确对本单位员工开展的应急预案培训计划、方式和要求，使其了解相关应急预案内容，熟悉应急职责、应急程序和现场处置方案。如果应急预案涉及社区和居民，要做好宣传教育、公示或告知等工作。

（2）应急预案演练

明确本单位不同类型应急预案演练的形式、范围、频次、内容以及演练评估、总结等要求。

（3）应急预案修订

明确应急预案修订的基本要求，并定期进行评审，实现可持续改进。

（4）应急预案备案

明确应急预案的报备部门，并进行备案。

（5）应急预案实施

明确应急预案生效实施的具体时间以及负责制订与解释的部门。

8. 附件

（1）应急组织机构人员名单及联系方式

应当明确各成员的单位、姓名、联系方式，有变化的应及时更新替换。

（2）应急物资清单

应明确各类应急物资的名称、型号、数量、存放位置、保管责任人及联系方式。应急物资应定期检查，有变化应第一时间更新清单。

（3）应急逃生路线图

（4）其他的附件

第十二章

技术复核管理

　　技术复核管理是工程在施工过程中，对重要的、关键性的技术工作在下道工序正式施工前，进行例行检查。防止和杜绝施工中出现差错，确保工程质量、施工安全、生产进度和提高经济效益的一项重要的技术管理内容。

　　技术复核管理是一项重要的技术管理基础工作，应在项目总工程师的领导下，由各专业技术人员具体负责实施，在施工过程中，列入技术复核项目表内规定的所有项必须认真进行技术复核，不得遗漏，特殊建筑、特殊要求可另行补充技术复核项目。

　　技术复核应结合工程特点及具体要求，按现行规范、规程、标准、规定和技术复核项目表内规定的复核内容认真复核。

　　施工过程中，应每完成一项复核项后，由提请复核者（填表人）进行自我复核，然后通知复核人进行复核，复核人根据标准复核，并办理签证手续。

　　经复核检查，发现不符合要求时，应责令限期整改，复核人负责督促检查，直至符合要求为止。

　　复核结束后，应及时在技术复核单上填写技术复核意见。

　　未经技术复核的项或经复核不符合要求的项目，不允许进行下道工序施工，未经复核的加工单、加工图不得开始加工。

　　规定的技术复核项，不得作为隐蔽工程项验收，同样隐蔽工程验收项不得作为技术复核项。

　　技术复核记录应随施工部位及时办理，严禁后补，凡一次验收不符合要求的必须经改正后重新办理复查验收。技术复核记录列入技术复核档案，作为单位工程施工质量的一项内容。

第一节 组织程序

技术复核管理由项目总工程师组织，专职质检员、施工员、技术员参加，并做好记录。监理单位对预检工作进行监督、审核。

工程开工时，项目总工程师应根据工程特点编制项目技术复核计划，明确工程施工过程中要进行技术复核的主要内容、时间以及负责人。

技术复核计划应包括工程所必须复核的全部内容，确保工程结构安全和使用功能的完好。

第二节 技术复核主要内容

(1) 常见施工的测量复核

1) 民用建筑的测量复核：建筑物定位测量、基础施工测量、楼层轴线检测、楼层间高程传递检测等。

2) 工业建筑的测量复核：厂房控制网测量、桩基施工测量、柱模轴线与高程检测、常规结构安装定位检测、动力设备基础与预埋螺栓检测。

3) 高层建筑的测量复核：建筑场地控制测量、基础以上的平面与高程控制、建筑物中垂准检测、建筑物施工过程中沉降变形观测、大角垂直度、电梯井筒垂直度等。

4) 管线工程的测量复核：管网或输配电线路定位测量、地下管线施工检测、架空管线施工检测、多管线交汇点高程检测等。

(2) 其他技术复核

1) 基础及设备基础：土质、质量、标高、尺寸。

2）模板：标高、位置、尺寸、预留孔、强度和刚度。

3）钢筋：规格型号、形状、尺寸、接头位置、性能指标。

4）混凝土：现浇混凝土的施工配合比、坍落度，现场材料的质量和水泥强度等级；预制构件的型号、性能指标、吊装强度、位置、标高等。

5）砖砌体：墙身轴线、皮数杆、砖的性能指标、砂浆配合比、拉墙筋。

6）大样图：钢筋混凝土柱、屋架、天窗架、起重机梁以及特殊屋面大样图的形状、尺寸、预制和安装位置。

7）主要的管道：暖气、热力、上下水、煤气及化粪池、检查井的标高、尺寸和坡度。

8）电气：变电、配电位置、高低压出口方向，电缆沟位置、标高、送电方向。

9）工业设备：仪器仪表的完好程度、数量规格以及根据工程需要指定的复核项目。

10）变形：挠度、伸缩等。

第三节 案 例

表 12-1 为××项目技术复核（工程预检）计划。

表 12-1 ××项目技术复核（工程预检）计划

施工阶段	分项工程	技术复核内容	责任人	复核时间
施工准备	定位测量	建筑物定位测量	技术负责人测量员	收到甲方原始坐标图后
		建筑场地控制网测量	技术负责人测量员	打桩前

建筑工程项目总工程师工作手册

施工阶段	分项工程	技术复核内容	责任人	复核时间
基础工程	定位测量	桩基施工测量（桩位）	技术负责人 测量员	打桩前
	桩基础	桩基钢筋（规格型号、形状、尺寸、接头位置、性能指标）	质检员	施工过程中
		桩基混凝土（现浇混凝土的施工配合比、坍落度，现场材料的质量和水泥强度等级；预制构件的型号、性能指标、吊装强度、位置、标高等）	技术负责人 技术员 质检员	施工过程中
	定位测量	正负零以上平面与高程控制测量	技术负责人 测量员	垫层施工前施工过程中
	砖胎模	砖胎模（砌筑方法、砂浆厚度、平整度、垂直度、抹灰厚度）	质检员	施工过程中
	基础结构	基础钢筋（规格型号、形状、尺寸、接头位置、性能指标）	质检员	基础结构施工过程中
		基础模板（标高、位置、尺寸、预留孔、材料强度和刚度）	技术员 质检员	基础结构施工过程中
	变形监测	危大工程模板、脚手架变形观测	技术负责人 测量员	按专项方案进行
	基础结构	基础混凝土（现浇混凝土的施工配合比、坍落度，现场材料的质量和水泥强度等级；性能指标）	技术员 质检员	基础结构施工过程中
	塔式起重机基础	基础承载力复核（基层土质、质量、标高、尺寸）	技术负责人 技术员	提供地勘报告后进行
	变形监测	基坑沉降观测	技术负责人 测量员	按专项方案进行

施工阶段	分项工程	技术复核内容	责任人	复核时间
主体结构工程	定位测量	基础以上的平面与高程控制	技术负责人 测量员	基础结构完成后
		建筑物中垂准检测	测量员	每施工一层
	变形监测	建筑物施工过程中沉降变形观测	测量员	按方案频次观测
	定位测量	大角垂直度观测	测量员	每施工一层
	变形监测	电梯井筒垂直度观测	测量员	每施工一层
		塔式起重机、施工电梯垂直度观测	测量员	每月/升降后
	主体结构	主体结构钢筋（规格型号、形状、尺寸、接头位置、性能指标）	质检员	主体结构施工过程中
		主体结构模板（标高、位置、尺寸、预留孔、材料强度和刚度）	技术员 质检员	主体结构施工过程中
	变形监测	危大工程模板、脚手架变形观测	技术负责人 测量员	按专项方案进行
	主体结构	主体结构混凝土（现浇混凝土的施工配合比、坍落度、现场材料的质量和水泥强度等级；性能指标）	技术员 质检员	主体结构施工过程中
	砌体结构	墙身轴线、皮数杆、砖的性能指标、砂浆配合比、拉墙筋	技术员 质检员	施工过程中
屋面工程	屋面结构	钢筋混凝土柱、屋架、天窗架、起重机梁的位置、构造	技术员	施工过程中
		屋面各层构造做法、排水坡度	技术员	施工过程中
	大样图	特殊屋面大样图的形状、尺寸、预制和安装位置	技术员	施工过程中
机电安装工程	暖通	暖气、热力、上下水、煤气及化粪池管道的位置、材质，检查井的标高、尺寸和坡度	技术员 质检员	施工过程中
	电气	变电、配电位置、高低压出口方向、电缆沟位置、标高、送电方向	技术员 质检员	施工过程中
	设备安装	各类工程合同内的机械设备、仪器仪表的品牌、材质、完好程度、数量规格以及根据工程需要指定的复核项目	技术员 质检员	施工过程中

第十二章 技术复核管理

217

第十三章

检验与试验

| 第一节 概 述 |

工程质量事关人民生命财产安全，不容忽视。国家出台了《建筑工程施工质量评价标准》GB/T 50375 以统一建筑工程施工质量评价的内容和方法。评价一个工程是否满足相关标准规定或合同约定的要求，可以通过工程在施工中所做的检查、量测、试验等活动结果进行判断，因为这些活动集中反映了工程施工过程中的质量控制、原材料、操作工艺、功能效果、工程实体质量等内容是否满足要求。这其中，与安全、使用功能和耐久性等重要指标密切相关的活动就是检验与试验。

检验是指对工程项目中需要检验的性能进行量测、检查，并将其结果与标准规定的要求进行比较，以确定每项性能是否合格所进行的活动。

试验是指为了了解工程构配件的性能或者结果而进行的试用操作，与实验不同，除此之外，为了察看工程构配件的性能参数是否符合规定而从事的活动，也属于试验的范畴。

工程施工中常见的检验与试验活动一般有物资进场检验、物资试验、过程成品检验等。

工程项目开工前，项目部应编制检验与试验计划，规定物资质量标准，确定各项物资检验与试验内容、现场检验与试验内容和委托检测机构等。

物资取样送检由项目试验员负责进行，取样批次应以相应国家标准、规范要求为依据，结合实际进场情况确定。下列物资取样实行见证取样制度，取样人员应在试样或其包装上做出标识、封样标志。标识和封样标志应标明工程名称、取样部位、取样日期、样品名称和样品数量，并由见证人员和取样人员签字。

1）用于承重结构的混凝土试块。

2）用于承重墙体的砌筑砂浆试块。

3）用于承重结构的钢筋及连接接头试件。

4）用于承重墙的砖和混凝土小型砌块。

5）用于拌制混凝土和砌筑砂浆的水泥。

6）用于承重结构的混凝土中使用的掺加剂。

7）地下、屋面、厕浴间使用的防水材料。

8）国家规定必须实行见证取样和送检的其他试块、试件和材料。见证取样比例应按工程所在地的政府主管部门的有关规定执行。

报告出具后，由项目试验员领取报告，填写项目检验和试验台账，并将结果反馈至项目相关人员，报告交项目资料员保存。

项目总工程师每月应对项目的检验和试验工作进行检查。掌握项目检验和试验情况，发现问题及时处理。

工程建设过程中参与的单位和人员众多，各层级人员的素质也参差不齐，需要认真仔细的检查，如钢材出厂合格证中出厂的批量与试验委托单和报告的批量是否存在矛盾，实际的工作中有一些取样员不仔细，出现了出厂合格证批量是 5t，而委托批量是 30t 的问题。另外，一些实验室出报告时使用了错误的单位，如桩基检测报告中复合地基承载力本应为"500kPa"，而出具报告时却成了"500Pa"，这样出现了 1000 倍的偏差。还比如对于一些要创优的工程商品混凝土搅拌站给予提供的报告中没有给氯离子含量计算书，重要材料没有放射性检验等；检验项目中对于有悬挑构件的项目，悬挑构件的抽检比例被遗漏或比例低于标准要求也是常见问题。作为项目的总工程师对于控制资料的核查非常重要，需要经常进行检验与试验的复核和检查，拿到报告时第一时间核对报告的正确性，签字时核对数据的闭合性等。检验与试验工作是一项极其重要的工作，需要耐心、认真地对待，容不得有丝毫的马虎，因为这直接决定了承建的工程是否合格。

第二节 案 例

××工程检验试验计划

1. 工程概况

（1）建筑设计简介（表13-1）

表13-1　建筑设计简介

工程名称	××工程			
建筑功能	民用住宅	单体数量		×个
1号楼	总建筑面积	19273.88m²	基底面积		×m²
	建筑高度	99.6m	层数	地上	34层
				地下	3层
	层高	标准层2.9m	地下室层高		负二层3.15m 负一层2.9m 夹层2.7m
……	……	……	……		……
地下车库	总建筑面积	83970.93m²	基底面积		—
	建筑高度	负二层3.7m；负一层3.6m；局部3.7m、3.9m、4.3m			
	层高	标准层2.9m	地下室层高		负一层2.7m 负二层2.8m
填充墙墙体材料	位于土中墙体	MU20蒸压粉煤灰砖，容重18kN/m³，Ms10水泥砂浆			
	其他墙体	采用100mm、180mm、250mm、300mm厚蒸压加气混凝土块，抗压强度不小于A3.5，容重≤6.25kN/m³，Ma5混合砂浆，卫生间Ma5水泥砂浆			

防水工程	地下室	底板	结构自防水 P8 级，一层 1.5mm 厚湿铺法交叉层压聚乙烯膜双面自粘沥青防水卷材
		外墙	结构自防水 P6 级，一层 1.5mm 厚湿铺法交叉层压聚乙烯膜双面自粘沥青防水卷材
		变电站	结构自防水 P8 级 1.5mm 厚交叉层压膜自粘防水卷材（I 级）二道
		顶板	4.0mm 厚 SBS 改性沥青耐根穿刺防水卷材 + 2.0mm 厚非固化橡胶沥青防水涂料
	屋面		高层屋面 I 级防水：3.0mm 厚 SBS 聚合物改性沥青防水卷材（II 型）+ 2.0mm 厚非固化橡胶沥青防水涂料 多层屋面 II 级防水：4mm 厚 SBS 聚合物改性沥青防水卷材（II 型）
	卫生间		总厚度为 1.5mm 的 JS 防水涂料涂三遍，四周沿墙上翻高出楼层建筑面 300mm，浴缸、淋浴靠墙部位涂总厚度为 0.6mm 的 JS 防水涂料，高度距建筑完成面 1800mm，延伸淋浴区外 100mm
主要建筑装修做法	内墙		水泥砂浆墙面、乳胶漆墙面
	外墙		真石漆外墙、涂料外墙、石材外墙
	踢脚线		水泥砂浆踢脚线、面砖踢脚线
	楼地面		陶瓷地砖楼面、陶瓷地砖保温楼面、陶瓷地砖防水楼面、水泥砂浆楼面
节能工程	屋面保温为 100mm 厚挤塑聚苯板（B2 级） 外墙保温为 80mm 厚岩棉板（A 级） 外窗断桥隔热铝合金中空玻璃窗（5 + 12A + 5） 分隔采暖与非采暖空间的隔墙保温材料为 20mm 无机轻集料保温砂浆 架空楼板保温材料为 20mm 厚聚苯乙烯泡沫板，楼梯下方设 40mm 厚岩棉板 地下室外墙设 30mm 厚膨胀聚苯板 挑板、空调板、混凝土线脚、屋顶女儿墙顶面及内侧墙 1m 以下等位置的热桥部位 20mm 厚无机玻化微珠保温砂浆		

（2）结构设计简介（表 13-2）

表 13-2　结构设计简介

序号	项目		内容
1	结构形式	基础结构形式	主楼：CFG 桩复合地基 + 筏板基础；车库及人防：柱下独基或墙下条基
		主体结构形式	框架-剪力墙结构
2	土质水位	土质情况	粉质黏土
		地下水质	未见地下水
3	地下防水	混凝土自防水	筏板抗渗等级 P8，外墙抗渗等级 P6
		外防水	自粘型防水卷材
4	混凝土强度等级	1 号楼	主楼基础 C35、抗渗等级 P8 剪力墙：从基础顶到标高 11.49m 为 C55；11.49 ～ 23.09m 为 C50；23.09 ～ 31.79m 为 C45；31.79 ～ 37.59m 为 C40；37.59 ～ 46.29m 为 C35；46.29m 以上为 C30 梁板楼梯：基础顶至屋面 C30
		地下车库	框架柱、挡土墙 C30，构造柱 C25，其余 C30，基础、防水板、地下室外墙、车库顶板抗渗等级 P6
		东区人防	基础垫层 C15，基础底板 C30，车库墙、柱 C35，人防外墙 C35
		西区人防	基础垫层 C15，基础底板 C30，车库墙、柱 C35，人防外墙 C35
		其他	基础垫层 C15；构造柱、过梁、圈梁 C25；雨篷、空调板、挑檐、女儿墙等外露构件 C30
5	抗震等级	工程设防烈度	7 度
		抗震等级	地下车库及人防为三级，其余为二级
6	钢筋类别	HPB300	直径为 6mm
		HRB400	直径为 12mm、14mm、16mm、18mm、20mm、22mm、25mm、28mm
		CRB600H	直径为 6mm 和 8mm
7	钢筋接头形式		竖向：$d \geqslant 25mm$，采用直螺纹套筒连接，接头等级为一级；$22mm \geqslant d \geqslant 12mm$，采用电渣压力焊；$d \leqslant 10mm$，采用绑扎搭接 水平向：$d \geqslant 20mm$，采用直螺纹套筒连接，接头等级为一级；$18mm \geqslant d \geqslant 16mm$，主要采用绑扎搭接与直螺纹套筒连接配合使用；$d \leqslant 14mm$，采用绑扎搭接

(3) 专业设计简介（表13-3）

表13-3 专业设计简介

序号	专业		内容
1	建筑给水排水	生活给水系统	本小区供水分四个区，低区为1~2F，由市政直接供水，中1区为3~13F，中2区为14~24F，四区为25~34F，分别由地下车库中1区、中2区、高区变频调速泵组供水，加压部分最高日用水量1623.04m³/d，最小日用水量169.07m³/d
		消防水系统	本工程消火栓给水系统分两个区，低区地下三层至地上九层，由消火栓供水泵经加压减压后供水；高区十层至三十四层，由消火栓供水泵直接供水。高地区系统分别设两组消防水泵接合器，水泵接合器距室外消防栓15m至40m
		雨污水系统	所有废水均收集排至集水坑，由潜污泵排升至室外雨水检查井
2	建筑电气	照明	本工程为一类高层公共建筑，最高负荷等级为一级。工程整体为一级负荷用电单位，采用两路10kV双重电源进线，以满足一级供电负荷要求
		动力	本工程设置开闭所一处，设置居民中心配电房三处，居民区域配电房八处，公共配电房两处，开闭所两路10kV电源引自两座以上市政35kV以上变电站或引自同一变电站的不同板位。车库低压电源由车库变电房通过电缆桥架进入各用电设备，具体用电负荷：公共消防安装负荷（一回路）1392.4kW；公共消防安装负荷（二回路）1412.4kW；公共用电非消防负荷1627kW
		防雷接地	本建筑属三类防雷建筑物
3	智能建筑	智能化弱电系统	有线电视、电话、综合布线等音视频服务系统为一类弱电系统，闭路监控等安防系统为二类弱电系统。弱电机房安装电话、网络、有线电视等系统的交接箱（柜）、交换机、光端机、配线架、UPS电源等设备。智能化系统采用的技术先进、实用、可靠，达到安全防范子系统、管理与设备监控子系统与信息网络子系统的基本配置要求
		火灾自动报警系统	本工程为一类高层建筑群，采用控制中心报警系统，消防控制室未与8号楼西侧地下车库内，消防与安防控制室合用

序号	专业		内容
4	暖通空调工程	通风空调	地下变电室、消防控制室设置气体灭火装置的房间应设置事故后通风系统。通过该房间隔墙的通风管设电动防火阀，在气体灭火时自动关闭，以保持该类房间的密闭灭火状态。待灭火完成后手动或电动打开该阀门及排风机，以排除室内废气。机械通风量按消除房间内设备散热量计算，并保持室内温度不高于40℃，事故后通风按换气次数12次/h计算，补风量取排风量的80%计算
		防排烟	地下车库单独疏散封闭楼梯间处地面为开敞式，满足自然通风要求，车库借用主楼梯防烟系统；地下车库每个防烟分区分别设置一套机械排风兼排烟系统，排风量按换气次数4次/h计算；消防泵房设排风兼排烟系统，排烟量按$60\,m^3/(h \cdot m^2)$乘以建筑面积计算，且最小排烟量不小于$15000\,m^3/h$；防排烟系统应与火灾自动报警系统联动

2. 施工检验计划

（1）项目部检验与试验岗位职责及检验设备

1）项目部检验与试验质量职责分解（表13-4）。

表13-4　项目部检验与试验质量职责分解

序号	岗位	职责
1	项目经理	组织试验管理工作
2	技术负责人	参与试验计划评审，组织质量工程师参与试验管理
3	生产经理	参与试验计划评审，配合开展试验工作
4	技术负责人	组织制订试验计划，组织实施物资、设备及施工试验
5	责任工程师	配合开展施工试验工作
6	质量工程师	见证物资及施工试验取样
7	内业技术工程师	按计划参与试验管理
8	资料员	收集、整理、归档有关试验报告
9	试验工程师	参与检验计划评审，负责物资、设备及施工试验
10	材料工程师	参与试验计划评审，参与物资设备进场复试

（续）

序号	岗位	职责
11	采购工程师	发起物资、设备进场试验工作
12	分包（供）单位	参加涉及范围内的试验管控工作

2）检验器具计划（表 13-5）。

表 13-5　检验器具计划

序号	器具用途	器具名称	型号	单位	数量
1	基本尺寸测量	钢卷尺	GB 9056—88	把	10
2	测缝隙大小	塞尺	JZC-D	把	5
3	测平整度、垂直度	靠尺	JZC-2	把	3
4	测洞口对角尺寸	对角尺	JZC-D	把	5
5	测垂直度	线坠		个	5
6	测标高	水准仪	NA724	台	1
7	检查直螺纹连接	力矩扳手	ZFB-02	把	1
8	测距离	激光测距仪	SW-60	台	1
9	检验轴线、测建筑物全高等	全站仪	GTS-332N	台	1
10	测沉降	精密水准仪	DS1	台	1
11	检验混凝土强度	回弹仪	ZC3-1	台	1
12	制作混凝土抗压试块	混凝土试模	150mm × 150mm × 150mm	组	30
13	制作混凝土抗渗试块	混凝土试模	ϕ175mm × ϕ185mm × 150mm	组	10
14	制作砂浆抗压试块	砂浆试模	70.7mm × 70.7mm × 70.7mm	组	10
15	测混凝土坍落度	混凝土坍落度筒		套	3
16	回填土取样	环刀	200cm^3	套	2
17	测混凝土温度	测温仪		套	2
18	检测电阻、电压、电路	数字万用表		台	1
19	检测接地阻值	接地电阻测试		台	1
20	检测电线、电缆绝缘阻值	绝缘电阻表		台	1

第十三章　检验与试验

(2) 施工过程检验、验收计划

本工程共划分为 2 个单位工程：地下车库和 1 号楼。

1) 单位工程分部分项检验批划分（表 13-6）。

表 13-6　单位工程分部分项检验批划分

序号	分部工程	子分部工程	分项工程
1	地基与基础工程	地基	水泥粉煤灰碎石桩复合地基
		基础	筏形与箱形基础
		基坑支护	土钉墙
		土方	土方开挖、土方回填
		地下防水	主体结构防水、细部构造
2	主体结构工程	混凝土结构	模板、钢筋、混凝土、现浇结构、装配式结构
		砌体结构	填充墙砌体
3	装饰装修工程	建筑地面	基层铺设、整体面层铺设、板块面层铺设
		抹灰	一般抹灰、保温层薄抹灰
		外墙防水	外墙砂浆防水
		门窗	金属门窗安装
		涂饰	水性涂料涂饰、溶剂型涂料涂饰
		细部	护栏和扶手制作与安装
4	屋面	基层与保护	找平层、找坡层、隔气层、隔离层、保护层
		保温与隔热	板状材料保温层
		防水与密封	卷材防水层、接缝密封防水
		细部构造	檐口、檐沟和天沟、女儿墙、水落口、伸出屋面管道、屋面出入口
5	建筑给水排水及采暖	室内给水系统	给水管道及配件安装、室内消火栓系统安装、给水设备安装、管道防腐、绝热
		室内排水系统	排水管道及配件安装、雨水管道及配件安装
		室内热水供应系统	管道及配件安装、辅助设备安装、防腐、绝热
		卫生器具安装	卫生器具安装、卫生器具给水配件安装、卫生器具排水管道安装
		室外供热管网	管道及配件安装、系统水压试验及调试、防腐、绝热

序号	分部工程	子分部工程	分项工程
6	建筑电气	电气动力	动力、照明配电箱（盘）及安装，低压电动机、接线，低压电气动力设备检测、试验
		电气照明安装	配电柜（箱）、照明配电箱（盘）安装，电线、电缆导管和线槽敷设，电线、电缆穿管和线槽敷线，槽板配线，电缆头制作、导线连接和线路电气试验，普通灯具安装，专用灯具安装，插座、开关、风扇安装，建筑照明通电试运行
		防雷及接地安装	接地装置安装，避雷引下线和变配电室接地干线敷设，建筑物等电位连接，接闪器安装
7	通风与空调	送排风系统	风管与配件制作；部件制作；风管系统安装；空气处理设备安装；消声设备制作与安装，风管与设备防腐；风机安装；系统调试
		防排烟系统	风管与配件制作；部件制作；风管系统安装；防排烟风口、常闭正压风口与设备安装；风管与设备防腐；风机安装；系统调试
		除尘系统	风管与配件制作；部件制作；风管系统安装；除尘器及排污设备安装；风管与设备防腐；风机安装；系统调试
		空调风系统	风管与配件制作；部件制作；风管系统安装；空气处理设备安装；消声设备制作与安装，风管与设备防腐；风机安装；风管与设备绝热；系统调试
		净化空调系统	风管与配件制作；部件制作；风管系统安装；空气处理设备安装；消声设备制作与安装；风管与设备防腐；风机安装；风管与设备绝热；高效过滤器安装；系统调试
		制冷设备系统	制冷机组安装；制冷剂管道及配件安装；制冷附属设备安装；管道及设备的防腐与绝热；系统调试
		空调水系统	管道冷热（媒）水系统安装；冷却水系统安装；冷凝水系统安装；阀门及部件安装；冷却塔安装；水泵及附属设备安装；管道与设备的防腐与绝热；系统调试

序号	分部工程	子分部工程	分项工程
8	智能建筑	智能化集成系统	设备安装、软件安装、接口及系统调试、试运行
		综合布线系统	梯架、托盘、槽盒和导管安装、线缆敷设、机柜机架配线架安装、信息插座安装
		移动通信室内信号覆盖系统	安装场地检查
		火灾自动报警系统	梯架、托盘、槽盒和导管安装、线缆敷设、探测类设备安装、控制类设备安装、其他设备、软件安装、系统调试、试运行
		机房	供配电系统、防雷接地系统、空气调节系统、给水排水系统、综合布线系统、监控与安全防范系统、消防系统
9	建筑节能	围闭与系统节能	墙体节能、屋面节能、门窗节能
			供暖节能、通风与空调设备节能、空调与供暖系统冷热源节能、空调与供暖系统管网节能
			配电节能、照明节能
10	电梯	动力驱动的曳引式或强制式电梯	设备进场验收、土建交接检验、驱动主机、导轨、门系统、轿厢、对重、安全部件、悬挂装置、随行电缆、电气装置、整机安装验收

①1 号楼检验批划分（表 13-7）。

表 13-7　1 号楼检验批划分

序号	子分部工程	分项工程	检验批名称	检验批数量
地基与基础				
1	地基	水泥粉煤灰碎石桩复合地基	水泥粉煤灰碎石桩复合地基检验批质量验收记录	1

（续）

序号	子分部工程	分项工程	检验批名称	检验批数量
2	基础	筏形与箱形基础	模板安装检验批质量验收记录	1
3			模板拆除检验批质量验收记录	1
4			钢筋原材料检验批质量验收记录	1
5			钢筋加工检验批质量验收记录	1
6			钢筋连接检验批质量验收记录	1
7			钢筋安装检验批质量验收记录	1
8			混凝土原材料检验批质量验收记录	1
9			混凝土配合比检验批质量验收记录	1
10			混凝土施工检验批质量验收记录	1
11			现浇结构外观及尺寸检验批质量验收记录	1
12	基坑支护	土钉墙	土钉墙检验批质量验收记录	1
13	土方	土方开挖	土方开挖检验批质量验收记录	1
14		土方回填	土方回填检验批质量验收记录	1
15	地下防水	主体结构防水	防水混凝土检验批质量验收记录	1
16			卷材防水层检验批质量验收记录	1
17		细部构造防水	后浇带检验批质量验收记录	1
18			施工缝检验批质量验收记录	1
主体结构				
19	混凝土结构	模板	模板安装检验批质量验收记录	78
20			模板拆除检验批质量验收记录	78
21		钢筋	钢筋原材料检验批质量验收记录	78
22			钢筋加工检验批质量验收记录	78
23			钢筋连接检验批质量验收记录	78
24			钢筋安装检验批质量验收记录	78
25		混凝土	混凝土原材料检验批质量验收记录	78
26			混凝土配合比检验批质量验收记录	78
27			混凝土施工检验批质量验收记录	78
28		现浇结构	现浇结构外观及尺寸检验批质量验收记录	39
29	砌体结构	填充墙砌体	填充墙砌体检验批质量验收记录	39

序号	子分部工程	分项工程	检验批名称	检验批数量
建筑装饰装修				
30	建筑地面	基层铺设	找平层检验批质量验收记录	39
31		整体面层铺设	水泥混凝土面层检验批质量验收记录	3
32			水泥砂浆面层检验批质量验收记录	39
33		板块面层铺设	砖面层检验批质量验收记录	39
34	抹灰	一般抹灰	一般抹灰检验批质量验收记录	39
35		保温层薄抹灰	保温层薄抹灰检验批质量验收记录	8
36	外墙防水	外墙砂浆防水	外墙砂浆防水检验批质量验收记录	8
37	门窗	金属门窗安装	铝合金门窗安装检验批质量验收记录	34
38	涂饰	水性涂料涂饰	水性涂料涂饰检验批质量验收记录	34
39	细部	护栏和扶手制作与安装	护栏与扶手制作和安装检验批质量验收记录	4
屋面				
40	基层与保护	找坡层	找坡层检验批质量验收记录	1
41		找平层	找平层检验批质量验收记录	1
42		隔气层	隔气层检验批质量验收记录	1
43		隔离层	隔离层检验批质量验收记录	1
44		保护层	保护层检验批质量验收记录	1
45	保温与隔热	板状材料保温层	板状材料保温层检验批质量验收记录	1
46	防水与密封	复合防水层	复合防水层检验批质量验收记录	1
47	细部构造	檐沟和天沟	檐沟和天沟检验批质量验收记录	1
48		女儿墙和山墙	女儿墙和山墙检验批质量验收记录	1
49		水落口	水落口检验批质量验收记录	1
50		变形缝	变形缝检验批质量验收记录	1
51		伸出屋面管道	伸出屋面管道检验批质量验收记录	1
52		设施基座	设施基座检验批质量验收记录	1
53		屋面出入口	屋面出入口检验批质量验收记录	1
54		屋脊	屋脊检验批质量验收记录	1

（续）

序号	子分部工程	分项工程	检验批名称	检验批数量
节能工程				
55	围护系统节能	墙体节能	墙体节能检验批质量验收记录	6
56		门窗节能	门窗节能检验批质量验收记录	4
57		屋面节能	屋面节能检验批质量验收记录	1
58		地面节能	地面节能检验批质量验收记录	2
机电安装				
59	防雷及接地	接地装置	接地装置安装检验批质量验收记录	39
60		防雷引下线	防雷引下线检验批质量验收记录	39
61		等电位连接	等电位连接检验批质量验收记录	39
62	综合布线	电线、电缆导管	电线、电缆导管检验批质量验收记录	39
63	备用和不间断电源	电气动力	电气动力检验批质量验收记录	39
64	电气照明	电气照明	电气照明检验批质量验收记录	39
65	通风与空调系统中涵盖的子分部均涉及	风管配件制作	风管配件制作检验批质量验收记录	5
66		设备安装	设备安装检验批质量验收记录	5
67		管道系统安装	管道系统安装检验批质量验收记录	5

②地下车库工程分部分项工程划分（表13-8）。

表13-8 地下车库工程分部分项工程划分

序号	分部工程	子分部工程	分项工程
1	地基与基础工程	土方工程	土方开挖
			土方回填
		地下防水	卷材防水层
			细部构造
		混凝土基础	模板
			钢筋
			防水混凝土
2	主体结构工程	主体混凝土结构	模板
			钢筋
			混凝土
			现浇结构
		砌体结构	砖砌体
			填充墙砌体

建筑工程项目总工程师工作手册

序号	分部工程	子分部工程	分项工程
3	装饰装修工程	建筑楼地面	防水层
			基层（细石混凝土垫层）
			基层（找平层）工程
			地板砖面层
		抹灰	一般抹灰工程
		门窗	铝合金门窗安装
			特种门安装
			门窗玻璃安装
		涂饰	水性涂料涂饰
		细部	门窗套制作与安装
			护栏和扶手制作与安装
4	建筑给水排水及采暖	室内给水系统	给水管道及配件安装、室内消火栓系统安装、给水设备安装、管道防腐、绝热
		室内排水系统	排水管道及配件安装、雨水管道及配件安装
		室内热水供应系统	管道及配件安装、辅助设备安装、防腐、绝热
		卫生器具安装	卫生器具安装、卫生器具给水配件安装、卫生器具排水管道安装
		室外供热管网	管道及配件安装、系统水压试验及调试、防腐、绝热
5	建筑电气	电气动力	动力、照明配电箱（盘）及安装，低压电动机、接线，低压电气动力设备检测、试验
		电气照明安装	配电柜（箱）、照明配电箱（盘）安装，电线、电缆导管和线槽敷设，电线、电缆穿管和线槽敷线，槽板配线、电缆头制作、导线连接和线路电气试验，普通灯具安装，专用灯具安装，插座、开关、风扇安装，建筑照明通电试运行
		防雷及接地安装	接地装置安装，避雷引下线和变配电室接地干线敷设，建筑物等电位连接，接闪器安装

232

序号	分部工程	子分部工程	分项工程
6	通风与空调	送排风系统	风管与配件制作；部件制作；风管系统安装；空气处理设备安装；消声设备制作与安装，风管与设备防腐；风机安装；系统调试
		防排烟系统	风管与配件制作；部件制作；风管系统安装；防排烟风口、常闭正压风口与设备安装；风管与设备防腐；风机安装；系统调试
		除尘系统	风管与配件制作；部件制作；风管系统安装；除尘器与排污设备安装；风管与设备防腐；风机安装；系统调试
		空调风系统	风管与配件制作；部件制作；风管系统安装；空气处理设备安装；消声设备制作与安装，风管与设备防腐；风机安装；风管与设备绝热；系统调试
		净化空调系统	风管与配件制作；部件制作；风管系统安装；空气处理设备安装；消声设备制作与安装；风管与设备防腐；风机安装；风管与设备绝热；高效过滤器安装；系统调试
		制冷设备系统	制冷机组安装；制冷剂管道及配件安装；制冷附属设备安装；管道及设备的防腐与绝热；系统调试
		空调水系统	管道冷热（媒）水系统安装；冷却水系统安装；冷凝水系统安装；阀门及部件安装；冷却塔安装；水泵及附属设备安装；管道与设备的防腐与绝热；系统调试

③地下车库工程检验批划分（土建）见表 13-9。

表 13-9 地下车库工程检验批划分（土建）

序号	分项工程	检验批数量	检验批名称
1	土方开挖	18	土方开挖工程检验批
2	土方回填	18	土方回填工程检验批

（续）

序号	分项工程	检验批数量	检验批名称
3	卷材防水	2	1-10/DI-DE 卷材防水工程检验批
		2	14-33/DI-DE 卷材防水工程检验批
		2	1-5/DE-CP 卷材防水工程检验批
		2	5-12/DF-CG 卷材防水工程检验批
		2	12-19/DF-CF 卷材防水工程检验批
		2	19-25/DF-CF 卷材防水工程检验批
		2	25-33/DF-CP 卷材防水工程检验批
		2	15-23/CF-BJ 卷材防水工程检验批
		2	23-33/CF-BS 卷材防水工程检验批
		2	33-36/DF-CL 卷材防水工程检验批
		2	36-38/DF-CY 卷材防水工程检验批
		2	42-51/HD-HA 卷材防水工程检验批
		2	43-49/HA-GT 卷材防水工程检验批
		2	49-60/HB-GS 卷材防水工程检验批
		2	53-69/HD-HA 卷材防水工程检验批
		2	60-71/HA-GS 卷材防水工程检验批
		2	58-71/GS-GL 卷材防水工程检验批
		2	56-71/GM-GC 止水带防水工程检验批
4	止水带防水工程	1	1-10/DI-DE 止水带防水工程检验批
		1	14-33/DI-DE 止水带防水工程检验批
		1	1-5/DE-CP 止水带防水工程检验批
		1	5-12/DF-CG 止水带防水工程检验批
		1	12-19/DF-CF 止水带防水工程检验批
		1	19-25/DF-CF 止水带防水工程检验批
		1	25-33/DF-CP 止水带防水工程检验批
		1	15-23/CF-BJ 止水带防水工程检验批
		1	23-33/CF-BS 止水带防水工程检验批
		1	33-36/DF-CL 止水带防水工程检验批
		1	36-38/DF-CY 止水带防水工程检验批
		1	42-51/HD-HA 止水带防水工程检验批
		1	43-49/HA-GT 止水带防水工程检验批
		1	49-60/HB-GS 止水带防水工程检验批
		1	53-69/HD-HA 止水带防水工程检验批
		1	60-71/HA-GS 止水带防水工程检验批
		1	58-71/GS-GL 止水带防水工程检验批
		1	56-71/GM-GC 止水带防水工程检验批

序号	分项工程	检验批数量	检验批名称
5	钢筋工程	2	1-10/DI-DE 钢筋工程检验批
		2	14-33/DI-DE 钢筋工程检验批
		2	1-5/DE-CP 钢筋工程检验批
		2	5-12/DF-CG 钢筋工程检验批
		2	12-19/DF-CF 钢筋工程检验批
		2	19-25/DF-CF 钢筋工程检验批
		2	25-33/DF-CP 钢筋工程检验批
		2	15-23/CF-BJ 钢筋工程检验批
		2	23-33/CF-BS 钢筋工程检验批
		2	33-36/DF-CL 钢筋工程检验批
		2	36-38/DF-CY 钢筋工程检验批
		2	42-51/HD-HA 钢筋工程检验批
		2	43-49/HA-GT 钢筋工程检验批
		2	49-60/HB-GS 钢筋工程检验批
		2	53-69/HD-HA 钢筋工程检验批
		2	60-71/HA-GS 钢筋工程检验批
		2	58-71/GS-GL 钢筋工程检验批
		2	56-71/GM-GC 钢筋工程检验批
6	模板工程	2	1-10/DI-DE 模板工程检验批
		2	14-33/DI-DE 模板工程检验批
		2	1-5/DE-CP 模板工程检验批
		2	5-12/DF-CG 模板工程检验批
		2	12-19/DF-CF 模板工程检验批
		2	19-25/DF-CF 模板工程检验批
		2	25-33/DF-CP 模板工程检验批
		2	15-23/CF-BJ 模板工程检验批
		2	23-33/CF-BS 模板工程检验批
		2	33-36/DF-CL 模板工程检验批
		2	36-38/DF-CY 模板工程检验批
		2	42-51/HD-HA 模板工程检验批
		2	43-49/HA-GT 模板工程检验批
		2	49-60/HB-GS 模板工程检验批
		2	53-69/HD-HA 模板工程检验批
		2	60-71/HA-GS 模板工程检验批
		2	58-71/GS-GL 模板工程检验批
		2	56-71/GM-GC 模板工程检验批

第十三章 检验与试验

序号	分项工程	检验批数量	检验批名称
7	钢筋工程	2	1-10/DI-DE 钢筋工程检验批
		2	14-33/DI-DE 钢筋工程检验批
		2	1-5/DE-CP 钢筋工程检验批
		2	5-12/DF-CG 钢筋工程检验批
		2	12-19/DF-CF 钢筋工程检验批
		2	19-25/DF-CF 钢筋工程检验批
		2	25-33/DF-CP 钢筋工程检验批
		2	15-23/CF-BJ 钢筋工程检验批
		2	23-33/CF-BS 钢筋工程检验批
		2	33-36/DF-CL 钢筋工程检验批
		2	36-38/DF-CY 钢筋工程检验批
		2	42-51/HD-HA 钢筋工程检验批
		2	43-49/HA-GT 钢筋工程检验批
		2	49-60/HB-GS 钢筋工程检验批
		2	53-69/HD-HA 钢筋工程检验批
		2	60-71/HA-GS 钢筋工程检验批
		2	58-71/GS-GL 钢筋工程检验批
		2	56-71/GM-GC 钢筋工程检验批
8	混凝土工程	2	1-10/DI-DE 混凝土工程检验批
		2	14-33/DI-DE 混凝土工程检验批
		2	1-5/DE-CP 混凝土工程检验批
		2	5-12/DF-CG 混凝土工程检验批
		2	12-19/DF-CF 混凝土工程检验批
		2	19-25/DF-CF 混凝土工程检验批
		2	25-33/DF-CP 混凝土工程检验批
		2	15-23/CF-BJ 混凝土工程检验批
		2	23-33/CF-BS 混凝土工程检验批
		2	33-36/DF-CL 混凝土工程检验批
		2	36-38/DF-CY 混凝土工程检验批
		2	42-51/HD-HA 混凝土工程检验批
		2	43-49/HA-GT 混凝土工程检验批
		2	49-60/HB-GS 混凝土工程检验批
		2	53-69/HD-HA 混凝土工程检验批
		2	60-71/HA-GS 混凝土工程检验批
		2	58-71/GS-GL 混凝土工程检验批
		2	56-71/GM-GC 混凝土工程检验批

序号	分项工程	检验批数量	检验批名称
9	砌体工程	1	1-10/DI-DE 砌体工程检验批
		1	14-33/DI-DE 砌体工程检验批
		1	1-5/DE-CP 砌体工程检验批
		1	5-12/DF-CG 砌体工程检验批
		1	12-19/DF-CF 砌体工程检验批
		1	19-25/DF-CF 砌体工程检验批
		1	25-33/DF-CP 砌体工程检验批
		1	15-23/CF-BJ 砌体工程检验批
		1	23-33/CF-BS 砌体工程检验批
		1	33-36/DF-CL 砌体工程检验批
		1	36-38/DF-CY 砌体工程检验批
		1	42-51/HD-HA 砌体工程检验批
		1	43-49/HA-GT 砌体工程检验批
		1	49-60/HB-GS 砌体工程检验批
		1	53-69/HD-HA 砌体工程检验批
		1	60-71/HA-GS 砌体工程检验批
		1	58-71/GS-GL 砌体工程检验批
		1	56-71/GM-GC 砌体工程检验批
10	一般抹灰	1	1-10/DI-DE 一般抹灰工程检验批
		1	14-33/DI-DE 一般抹灰工程检验批
		1	1-5/DE-CP 一般抹灰工程检验批
		1	5-12/DF-CG 一般抹灰工程检验批
		1	12-19/DF-CF 一般抹灰工程检验批
		1	19-25/DF-CF 一般抹灰工程检验批
		1	25-33/DF-CP 一般抹灰工程检验批
		1	15-23/CF-BJ 一般抹灰工程检验批
		1	23-33/CF-BS 一般抹灰工程检验批
		1	33-36/DF-CL 一般抹灰工程检验批
		1	36-38/DF-CY 一般抹灰工程检验批
		1	42-51/HD-HA 一般抹灰工程检验批
		1	43-49/HA-GT 一般抹灰工程检验批
		1	49-60/HB-GS 一般抹灰工程检验批
		1	53-69/HD-HA 一般抹灰工程检验批
		1	60-71/HA-GS 一般抹灰工程检验批
		1	58-71/GS-GL 一般抹灰工程检验批
		1	56-71/GM-GC 一般抹灰工程检验批
11	防护门、防护密闭门、密闭门安装	2	防护门、防护密闭门、密闭门安装检验批

④地下人防检验批划分（安装）见表 13-10。

表 13-10　地下人防检验批划分（安装）

序号	分项工程	检验批数量	检验批名称
1	给水管道安装	2	给水管道安装检验批
2	给水管道附件及卫生器具给水配件安装	2	给水管道附件及卫生器具给水配件安装检验批
3	排水管道安装	2	排水管道安装检验批
4	污水泵安装	1	污水泵安装检验批
5	金属风管制作	2	金属风管制作检验批
6	通风部件制作	2	通风部件制作检验批
7	通风机、空调机安装	2	通风机、空调机安装检验批
8	防烟排烟部件制作与安装	2	防烟排烟部件制作与安装检验批
9	电缆线路工程	2	电缆线路工程检验批
10	导管及线槽敷设工程	2	导管及线槽敷设工程检验批
11	套配电柜及动力照明配电箱（盘）安装	2	套配电柜及动力照明配电箱（盘）安装检验批
12	开关、插座安装	2	开关、插座安装检验批
13	电气照明灯具安装	2	电气照明灯具安装检验批
14	接地装置安装	2	接地装置安装检验批
15	火灾自动报警装置安装	2	火灾自动报警装置安装检验批

2) 检验、验收计划。

检验、验收计划表见表 13-11 和表 13-12。

表 13-11　检验、验收计划表（土建）

| 施工阶段 | 部位 | 工序/检验批 | 检验方式、类别 | | | | | | | | 验收 | 验收人 | 检验验收资料 |
			自检交接检	检验人	专检	检验人	预检	检验人	隐检	检验人			
地基基础	土方	定位测量									√	监理工程师/施工技术负责人	定位测量记录
		基槽验线			√	质检员					√	监理工程师/施工技术负责人/质检员	基槽验线记录
		地基验槽	√	工长/班组长					√	勘察/甲方/设计/监理/施工			地基验槽记录/隐蔽验收记录
		土方开挖检验批验收			√	质检员					√	工长/质检员/监理工程师	自检交接记录/土方开挖检验批验收记录
	垫层	垫层混凝土原材料及配合比设计检验批验收									√	工长/质检员/技术负责人/监理工程师	混凝土开盘鉴定/混凝土浇筑申请/混凝土原材料及配合比设计检验批验收记录

施工阶段	部位	工序/检验批	自检交接检	检验人	专检	检验人	预检	检验人	隐检	检验人	验收	验收人	检验验收资料
地基基础	垫层	垫层混凝土施工过程检验批验收									√	工长/质检员/监理工程师	混凝土施工检验批验收记录
		垫层混凝土外观及尺寸偏差检验批验收									√	工长/质检员/监理工程师	垫层混凝土外观及尺寸偏差检验批验收记录
	基础底板防水	防水基层检验	√	工长/班组长	√	质检员			√	工长/质检员/技术负责人/监理工程师			自检交接记录/防水基层隐蔽验收记录
		防水层检验批验收	√	工长/班组长	√	质检员			√	工长/质检员/技术负责人/监理工程师	√	工长/质检员/技术负责人/监理工程师	自检交接记录/防水层隐蔽验收记录/防水检验批验收记录
	基础测量	楼层放线			√	质检员					√	质检员/监理工程师	楼层放线记录

地基基础		检验项目	工长/班组长		质检员				工长/质检员/技术负责人/监理工程师		工长/质检员/技术负责人/监理工程师	记录
地基基础	基础钢筋	钢筋加工检验批验收	✓	工长/班组长	✓	质检员			✓	工长/质检员/技术负责人/监理工程师	工长/质检员/监理工程师	钢筋加工检验批验收记录
		钢筋接头验验	✓	工长/班组长	✓	质检员			✓	工长/质检员/技术负责人/监理工程师		自检交接头隐蔽验收记录/钢筋接头验验收记录
		钢筋安装工程检验批验收	✓	工长/班组长	✓	质检员			✓	工长/质检员/技术负责人/监理工程师	工长/质检员/监理工程师 技术负责人 ✓	自检交接安装隐蔽验收记录/钢筋安装工程验收记录
	基础模板	穿墙套管、预埋件预留孔检验	✓	工长/班组长	✓	质检员			✓	工长/质检员/技术负责人/监理工程师	工长/质检员/技术负责人/监理工程师	自检交接检记录/隐蔽验收记录
		模板安装检验批验收	✓	工长/班组长	✓	质检员	✓ 工长/质检员				工长/质检员/监理工程师 ✓	自检交接检记录/模板安装预检记录/模板安装检验批验收记录

（续）

施工阶段	部位	工序/检验批	自检交接检	检验人	专检	检验人	预检	隐检	检验人	验收	验收人	检验验收资料
地基基础	基础混凝土	混凝土原材料及配合比设计检验批验收								√	工长/质检员/技术负责人/监理工程师	混凝土开盘鉴定混凝土浇筑申请混凝土原材料及配合比设计检验批验收记录
		混凝土施工过程检验批验收								√	工长/质检员/监理工程师	混凝土施工检验批验收记录
		模板拆除检验批验收								√	工长/质检员/监理工程师	模板拆除工程检验批验收记录
		混凝土外观及尺寸偏差检验批验收								√	工长/质检员/监理工程师	混凝土外观及尺寸偏差检验批验收记录
		防水混凝土检验批验收								√	工长/质检员/监理工程师	防水混凝土检验批验收记录
	基础外墙防水	变形缝、施工缝处理	√	工长/班组长	√	质检员		√	工长/质检员/技术负责人/监理工程师			自检交接检记录/隐蔽验收记录
		防水基层检验	√	工长/班组长	√	质检员		√	工长/质检员/技术负责人/监理工程师			自检交接检记录/防水基层隐蔽验收记录

分部	子分部	检验项目	自检	自检人	互检	互检人	专检	专检人	验收	验收人	资料记录
地基基础	基础外墙防水	防水层检验批验收	√	工长/班组长	√	质检员	√	工长/质检员/技术负责人/监理工程师	√	工长/质检员/技术负责人/监理工程师	自检交接检验记录/防水层隐蔽验收批验/防水检验批验收记录
	基础	细部构造检验批验收	√	工长/班组长	√	质检员	√	工长/质检员/技术负责人/监理工程师	√	工长/质检员/技术负责人/监理工程师	自检交接检验记录/隐蔽收记录/检验批验收记录
	基础土方回填	土方回填基槽检验	√	工长/班组长	√	质检员	√	工长/质检员/监理工程师			自检交接检验记录/隐蔽收记录
	土方回填	土方回填检验	√	工长/班组长	√	质检员			√	工长/质检员/监理工程师	自检交接检验记录/土方回填检验批验收记录
主体结构	楼层测量	楼层放线	√	工长/班组长	√	质检员			√	质检员/监理工程师	楼层放线记录
	主体	钢筋加工检验批验收	√	工长/班组长	√	质检员			√	工长/质检员/监理工程师	钢筋加工检验批验收记录
	钢筋	钢筋接头检验	√	工长/班组长	√	质检员	√	工长/质检员/技术负责人/监理工程师			自检交接检验记录/钢筋接头隐蔽验收收记录

（续）

施工阶段	部位	工序/检验批	检验方式、类别										检验验收资料
			自检交接检	检验人	专检	检验人	预检	检验人	隐检	检验人	验收	验收人	
主体结构	主体钢筋	钢筋安装工程检验批验收	√	工长/班组长	√	质检员			√	工长/质检员/技术负责人/监理工程师	√	工长/质检员/技术负责人/监理工程师	自检交接检记录/钢筋安装隐蔽验收记录/钢筋安装工程检验批验收记录
	主体模板结构	预埋件、预留孔洞检验	√	工长/班组长	√	质检员	√	工长/质检员					自检交接检记录/预检记录
		模板安装检验批验收	√	工长/班组长	√	质检员	√	工长/质检员			√	工长/质检员/监理工程师	模板安装自检交接记录/模板安装预检记录/模板安装检验批验收记录
	主体混凝土	混凝土原材料及配合比设计检验批验收									√	工长/质检员/技术负责人/监理工程师	混凝土开盘鉴定/混凝土浇筑申请/混凝土原材料及配合比设计检验批验收记录
		混凝土施工过程检验批验收									√	工长/质检员/监理工程师	混凝土施工检验批验收记录

检验项目		工长/班长	质检员	工长/质检员/技术负责人		工长/质检员/监理工程师	记录
主体混凝土结构	模板拆除检验批验收				√	工长/质检员/监理工程师	模板拆除工程检验批验收记录
	混凝土外观尺寸偏差检验批验收				√	工长/质检员/监理工程师	混凝土外观及尺寸偏差检验批验收记录
主体混凝土	变形缝、施工缝处理	√	√	√			自检交接检记录/预检记录

注：
1. 具体检验内容按照各专业验收规范和检验批验收记录表中的要求执行。
2. 自检、交接检的内容由专业工长指导班组对其实际操作完成的项目进行检验，记录在填写时必须将自检交接检的内容、自检的结果（包括实测实量的数据）填写齐全，对于自检内容比较多的工序，可在自检交接检记录上只填写自交接检自检的内容、具体的检验结果可填写在检验批验收表上（只填写能够由班组完成的内容），并以此作为自检记录的支撑性记录。

表 13-12　检验、验收计划表（安装）

施工阶段	工序/检验批	自检交接检	检验人	专检	检验人	预检	隐检	检验人	验收	验收人	检验验收资料
建筑给水排水及采暖工程	主要进场材料	√	工长/班组长	√	试验员				√	监理工程师/施工技术负责人	各种材料的检验批质量验收记录表
	管道焊接	√	工长/班组长	√	质检员		√	监理工程师/施工技术负责人/质检员	√	监理工程师/施工技术负责人/质检员	管道焊接安装检验批验收记录
	室内给水管道安装	√	工长/班组长	√	质检员		√	监理工程师/施工技术负责人/质检员	√	监理工程师/施工技术负责人/质检员	室内给水管道安装检验批验收记录
	室内消火栓安装	√	工长/班组长	√	质检员		√	监理工程师/施工技术负责人/质检员	√	工长/质检员/监理工程师	室内消火栓安装验收批验收记录
	给水设备安装	√	工长/班组长	√	质检员		√	监理工程师/施工技术负责人/质检员	√	工长/质检员/技术负责人/监理工程师	给水设备安装检验批验收记录
	管道压力强度及严密性试验	√	工长/班组长	√					√	工长/质检员/监理工程师	管道压力强度及严密性试验检验批验收记录

工程类别	检验项目	工长/班组长	质检员	监理工程师/施工技术负责人/质检员	工长/质检员/监理工程师	记录名称
建筑给水排水及采暖工程	排水管道灌水通球试验	√	√	√	工长/质检员/监理工程师	排水管道灌水通球试验验收记录
	室内排水管道安装	√	√	√ 监理工程师/施工技术负责人/质检员	工长/质检员/监理工程师	室内排水管道安装检验批验收记录
电气工程	防雷接地安装	√	√	√	工长/质检员/监理工程师	防雷接地安装检验批验收记录
	管内电线敷设	√	√	√ 监理工程师/施工技术负责人/质检员	工长/质检员/技术负责人/监理工程师	管内电线敷设检验批验收记录
	配电箱安装	√	√	√	工长/质检员/监理工程师	配电箱安装检验批验收记录
	线管预埋	√	√	√ 监理工程师/施工技术负责人/质检员	工长/质检员/监理工程师	线管预埋检验批验收记录
	照明电器安装	√	√	√ 监理工程师/施工技术负责人/质检员	工长/质检员/监理工程师	照明电气安装检验批验收记录

(3) 混凝土结构实体检验计划

1) 混凝土强度检验计划表。

混凝土强度检验计划见表13-13。

表13-13 混凝土强度检验计划表

单位工程：1号楼

序号	楼层/施工段	代表部位	设计混凝土强度等级	混凝土方量	取样组数	其中同条件试块组数	取样人	见证人
1		垫层	C15	160	6	3	取样员	监理工程师
		底板	C35，P8	1700	16	8	取样员	监理工程师
		地下二层内墙柱	C55	80	6	3	取样员	监理工程师
	基础及	地下二层梁板	C30	67	6	3	取样员	监理工程师
2	地下室	地下一层内墙柱	C55	82	6	3	取样员	监理工程师
		地下一层梁板	C30	200	6	3	取样员	监理工程师
		夹层墙柱	C55	53	6	3	取样员	监理工程师
		夹层梁板	C35	95	6	3	取样员	监理工程师
3	1层	一层墙柱	C55	70	6	3	取样员	监理工程师
4		一层梁板	C30	79	6	3	取样员	监理工程师
5	2层	墙柱	C55	72	6	3	取样员	监理工程师
6		梁板楼梯	C30	75	6	3	取样员	监理工程师
7	3层	柱墙	C55	73	6	3	取样员	监理工程师
8		梁板楼梯	C30	70	6	3	取样员	监理工程师
9	4层	柱墙	C55	75	6	3	取样员	监理工程师
10		梁板楼梯	C30	73	6	3	取样员	监理工程师
11	5层	柱墙	C55	75	6	3	取样员	监理工程师
12		梁板楼梯	C30	70	6	3	取样员	监理工程师
13	6~9层	柱墙	C50	75	6	3	取样员	监理工程师
14		梁板楼梯	C30	70	6	3	取样员	监理工程师
15	10~12层	柱墙	C45	75	每层6	每层3	取样员	监理工程师
16		梁板	C30	70	每层6	每层3	取样员	监理工程师
17	13~16层	柱墙	C35	75	每层6	每层3	取样员	监理工程师
18		梁板	C30	70	每层6	每层3	取样员	监理工程师
19	17层以上至屋顶	柱墙梁板梯	C30	160	每层6	每层3	取样员	监理工程师
20	机房顶	柱墙梁板梯	C30	23	6	3	取样员	监理工程师
21	-3~34层	构造柱圈梁	C25	每层11	每层6	每层3	取样员	监理工程师

单位工程：地下车库

序号	楼层/施工段	代表部位	设计混凝土强度等级	混凝土方量	取样组数	其中同条件试块组数	取样人	见证人
1	垫层	1-7/CG-BT	C15	177	6	3	取样员	监理工程师
		7-14/CG-BT	C15	172	6	3	取样员	监理工程师
		7-14/BT-BD	C15	85	6	3	取样员	监理工程师
		1-7/BK-AW	C15	104	6	3	取样员	监理工程师
		7-9/BD-AN	C15	187	6	3	取样员	监理工程师
		9-14/BD-AQ	C15	157	6	3	取样员	监理工程师
		14-22/BJ-AV	C15	186	6	3	取样员	监理工程师
		22-33/BJ-AV	C15	187	6	3	取样员	监理工程师
		1-7/AN-AD	C15	121	6	3	取样员	监理工程师
		7-14/AQ-AD	C15	87	6	3	取样员	监理工程师
		14-22/AV-AC	C15	201	6	3	取样员	监理工程师
		22-33/AM-AC	C15	135	6	3	取样员	监理工程师
		42-49/GL-GE	C15	138	6	3	取样员	监理工程师
		49-57/GS-GE	C15	255	6	3	取样员	监理工程师
		41-47/GA-FP	C15	191	6	3	取样员	监理工程师
		47-51/GA-FP	C15	251	6	3	取样员	监理工程师
		51-67/FY-FQ	C15	193	6	3	取样员	监理工程师
		64-74/FY-FQ	C15	210	6	3	取样员	监理工程师
		41-47/FK-FC	C15	224	6	3	取样员	监理工程师
		47-51/FK-FC	C15	204	6	3	取样员	监理工程师
2	底板	1-7/CG-BT	C30，P8	1050	6	3	取样员	监理工程师
		7-14/CG-BT	C30，P8	1034	6	3	取样员	监理工程师
		7-14/BT-BD	C30，P8	750	8	4	取样员	监理工程师
		1-7/BK-AW	C30，P8	640	7	3	取样员	监理工程师
		7-9/BD-AN	C30，P8	625	7	3	取样员	监理工程师
		9-14/BD-AQ	C30，P8	1123	6	3	取样员	监理工程师
		14-22/BJ-AV	C30，P8	1200	6	3	取样员	监理工程师
		22-33/BJ-AV	C30，P8	970	10	5	取样员	监理工程师

建筑工程项目总工程师工作手册

序号	楼层/施工段	代表部位	设计混凝土强度等级	混凝土方量	取样组数	其中同条件试块组数	取样人	见证人
2	底板	1-7/AN-AD	C30，P8	1200	6	3	取样员	监理工程师
		7-14/AQ-AD	C30，P8	530	6	3	取样员	监理工程师
		14-22/AV-AC	C30，P8	850	9	4	取样员	监理工程师
		22-33/AM-AC	C30，P8	1230	7	3	取样员	监理工程师
		42-49/GL-GE	C30，P8	850	9	4	取样员	监理工程师
		49-57/GS-GE	C30，P8	1600	8	4	取样员	监理工程师
		41-47/GA-FP	C30，P8	1200	6	3	取样员	监理工程师
		47-51/GA-FP	C30，P8	1600	8	4	取样员	监理工程师
		51-67/FY-FQ	C30，P8	1180	6	3	取样员	监理工程师
		64-74/FY-FQ	C30，P8	1200	6	3	取样员	监理工程师
		41-47/FK-FC	C30，P8	1350	7	3	取样员	监理工程师
		47-51/FK-FC	C30，P8	1002	6	3	取样员	监理工程师
3	负一层墙柱、梁板	1-7/CG-BT	C30	130	6	3	取样员	监理工程师
		7-14/CG-BT	C30	125	6	3	取样员	监理工程师
		7-14/BT-BD	C30	138	6	3	取样员	监理工程师
		1-7/BK-AW	C30	149	6	3	取样员	监理工程师
		7-9/BD-AN	C30	180	6	3	取样员	监理工程师
		9-14/BD-AQ	C30	185	6	3	取样员	监理工程师
		14-22/BJ-AV	C30	147	6	3	取样员	监理工程师
		22-33/BJ-AV	C30	156	6	3	取样员	监理工程师
		1-7/AN-AD	C30	158	6	3	取样员	监理工程师
		7-14/AQ-AD	C30	180	6	3	取样员	监理工程师
		14-22/AV-AC	C30	200	6	3	取样员	监理工程师
		22-33/AM-AC	C30	190	6	3	取样员	监理工程师
		42-49/GL-GE	C30	116	6	3	取样员	监理工程师
		49-57/GS-GE	C30	159	6	3	取样员	监理工程师
		41-47/GA-FP	C30	216	6	3	取样员	监理工程师
		47-51/GA-FP	C30	187	6	3	取样员	监理工程师

序号	楼层/施工段	代表部位	设计混凝土强度等级	混凝土方量	取样组数	其中同条件试块组数	取样人	见证人
3	负一层墙柱、梁板	51-67/FY-FQ	C30	180	6	3	取样员	监理工程师
		64-74/FY-FQ	C30	192	6	3	取样员	监理工程师
		41-47/FK-FC	C30	186	6	3	取样员	监理工程师
		47-51/FK-FC	C30	185	6	3	取样员	监理工程师

注：1. 代表部位是指每种等级的混凝土所用于的结构部位。

    2. 同条件养护试件的取样部位应由监理（建设）、施工单位等各方共同选定，有相应的文字记录。

    3. 混凝土结构工程中的各混凝土强度等级，均应留置同条件养护试件。

    4. 同一强度等级的同条件养护试件，其留置数量应根据混凝土工程量和重要性确定，不宜少于10组，且不应少于3组。

    5. 同条件养护试件拆模后，应放置在靠近相应结构构件或结构部位的适当位置，并采取相同的养护方法。

    6. 同条件养护试件的强度试验执行《混凝土结构工程施工质量验收规范》（GB 50204—2015）中附录的规定。

2）混凝土钢筋保护层检验计划表。

①混凝土钢筋保护层检验计划表。

混凝土钢筋保护层检验计划表见表13-14。

表13-14 混凝土钢筋保护层检验计划表

单位工程：1号楼

构件名称	构件型号	构件数量	抽检数量	检验方法	责任人
梁	楼层梁	39	8	非破损	技术负责人
	楼层悬挑梁	9	9	非破损	技术负责人
	屋面梁	37	8	非破损	技术负责人
板	楼面板	52	11	非破损	技术负责人
	屋面板	23	5	非破损	技术负责人
	楼层悬挑板	9	9	非破损	技术负责人

单位工程：地下车库

构件名称	构件型号	构件数量	抽检数量	检验方法	责任人
梁	楼层梁	440	88	非破损	技术负责人
板	楼层板	1059	212	非破损	技术负责人

注：1. 表中构件数量为参考数量，检测时以图纸实际量为准。

2. 检验的结构部位及选定的构件数量执行《混凝土结构工程施工质量验收规范》（GB 50204—2015）中附录 E 中的规定：

1）对于悬挑构件之外的梁板类构件，应各抽取构件数量的2%且不少于 5 个构件进行检验。

2）对于悬挑梁，应抽取构件数量的5%且不少于 10 个构件进行检验，当悬挑梁数量少于 10 个时，应全数检验。

3）对于悬挑板，应抽取构件数量的10%且不少于 20 个构件进行检验，当悬挑板数量少于 20 个时，应全数检验。

②检验时机。

检验时机应与监理工程师协商，尽量安排在结构施工过程中。

③检验标准。

a. 对选定的梁类构件，应对全部纵向受力钢筋的保护层厚度进行检验。

b. 对选定的板类构件，应抽取不少于 6 根纵向受力钢筋的保护层厚度进行检验。

c. 对每根钢筋，应在有代表性的部位测量 1 点，应明确具体的代表性部位。

d. 纵向受力钢筋保护层厚度的允许偏差，对梁类构件为 + 10mm，– 7mm；对板类构件为 + 8mm， – 5mm。

④合格判定条件。

对梁类、板类构件纵向受力钢筋的保护层厚度应分别进行验收。

a. 当全部钢筋保护层厚度检验的合格点率为 90% 及以上时，检验结果应判为合格。

b. 当全部钢筋保护层厚度检验的合格点率小于 90% 但不小于 80%，可再抽取相同数量的构件进行检验；当按两次抽样总和计算的合格点率为 90% 以上时，检验结果仍应判为合格。

c. 每次抽样结果中不合格点的最大偏差均不应大于规定的允许偏差的 1.5 倍。

（4）竣工项目安全与功能抽样检测计划表

竣工项目安全与功能抽样检测计划表见表13-15。

表13-15　竣工项目安全与功能抽样检测计划表

序号	项目	安全与功能检测项目	检测时机	检测单位
1	建筑与结构	屋面淋水试验	防水工作完成后	施工单位、监理单位
2		地下室防水效果检查	防水工作完成后	施工单位、监理单位
3		有防水要求的地面蓄水试验（卫生间）	防水工作完成后	施工单位、监理单位
4		建筑物垂直度、标高、全高测量	施工过程中	施工单位、监理单位
5		抽气（风）道检查记录	安装完成	施工单位、监理单位
6		幕墙及外窗气密性、水密性、耐风压检测	施工完	专业机构
7		建筑物沉降观测测量	每施工1~3层测一次	专业机构
8		节能保温测试	保温工作完成	专业机构
9		室内环境检测	装修工作完成	专业机构
10	给水排水与采暖	给水管道通水试验	验收前	安装单位
11		暖气管道、散热器压力试验	系统完成后	安装单位
12		卫生器具满水试验	系统完成后	安装单位
13		消防管道压力试验	系统完成后	安装单位
14		排水干管通球试验	验收前	安装单位
15	电气	照明全负荷试验	验收前	安装单位
16		大型灯具牢固性试验	验收前	安装单位
17		避雷接地电阻测试	避雷系统完成后	安装单位
18		线路、插座、开关接地检验	穿线完成后	安装单位
19	通风空调	通风空调系统试运行	系统完成后	安装单位
20		风量、温度测试	系统完成后	专业机构
21		洁净室洁净度测试	系统完成后	专业机构
22		制冷机组试运行	系统完成后	专业机构

(续)

序号	项目	安全与功能检测项目	检测时机	检测单位
23	电梯	电梯运行检测	系统完成后	专业机构
24		电梯安全装置检测	系统完成后	专业机构
25	智能建筑	系统试运行测试	系统完成后	专业机构
26		系统电源及接地检测	系统完成后	专业机构
27	节能	相应检测测试	验收前	专业机构

注：安全与功能检测应尽量安排在分部、子分部施工过程或验收时进行。

(5) 子分部、分部工程验收计划表

子分部、分部工程验收计划表见表 13-16。

表 13-16　子分部、分部工程验收计划表

序号	分部工程	子分部工程	验收时机	验收单位	验收人员
1	地基与基础工程	支护土方	土方开挖完成后	建设单位、监理单位、勘察单位、施工单位、设计单位	
2		地下防水	防水工作完成后	建设单位、监理单位、勘察单位、施工单位、设计单位	
3		混凝土基础	基础结构完成后	建设单位、监理单位、勘察单位、施工单位、设计单位	
4	主体结构工程	混凝土结构	1 号楼 6 层以下结构完 1 号楼 6～20 层结构完 1 号楼 20 层至屋面层结构完	建设单位、监理单位、施工单位、设计单位	
5		砌体结构	砌筑工作完成后	建设单位、监理单位、施工单位、设计单位	
6	装饰装修工程	建筑地面	该项工作完成后	建设单位、监理单位、施工单位、设计单位	
7		抹灰	该项工作完成后	建设单位、监理单位、施工单位、设计单位	
8		门窗	该项工作完成后	建设单位、监理单位、施工单位、设计单位	

序号	分部工程	子分部工程	验收时机	验收单位	验收人员
9	装饰装修工程	吊顶	该项工作完成后	建设单位、监理单位、施工单位、设计单位	
10		幕墙	该项工作完成后	建设单位、监理单位、施工单位、设计单位	
11		涂饰	该项工作完成后	建设单位、监理单位、施工单位、设计单位	
12		细部	该项工作完成后	建设单位、监理单位、施工单位、设计单位	

3. 试验计划

（1）试验管理

1）职责。

①技术部

a. 及时编制原材料及施工过程试验计划并向试验员交底，当图纸有变化时及时进行修改。

b. 定期认真审查、整理各类试验报告单，并将有关数据提供给有关部门。

c. 指导试验员填写试验委托单。

②试验员。

a. 对负责送试验的原材料严格按照要求取样送试验，对试样的代表性、真实性负责。

b. 对现场制做的试块做好管理养护工作。

c. 填写试验委托单。

d. 对各送试、试验项目分别建立台账，做好记录。

2）试验管理程序。

技术部对试验员交底→试验员取样→送样并填写委托试验单→试验→试验员取回报告交技术负责人审核（合格，使用；不合格，进行处理）→报告单存档。

(2) 工艺试验及现场检(试)验计划

工艺试验及现场检(试)验计划见表13-17。

表13-17 工艺试验及现场检(试)验计划

序号	检(试)验项目	规格、型号	部位	检(试)验依据	检(试)验		代表批量	检(试)验方法	责任人
					工艺试验	现场检(试)验要求			
1	热轧钢筋	HPB300 φ6	基础主体	GB/T 701—2008	拉伸试验、弯曲试验	钢筋公称直径、长度、表面质量	780t	拉伸及弯曲试验、游标卡尺检测、钢尺检查	取样员
2	热轧钢筋	HPB300 φ8	基础主体	GB/T 701—2008	拉伸试验、弯曲试验	钢筋公称直径、长度、表面质量	140t	拉伸及弯曲试验、游标卡尺检测、钢尺检查	取样员
3	热轧钢筋	HRB400E φ12	基础主体	GB/T 701—2008	拉伸试验、弯曲试验	钢筋公称直径、长度、表面质量	3144t	拉伸及弯曲试验、游标卡尺检测、钢尺检查	取样员
4	热轧钢筋	HRB400E φ14	基础主体	GB/T 701—2008	拉伸试验、弯曲试验	钢筋公称直径、长度、表面质量	1350t	拉伸及弯曲试验、游标卡尺检测、钢尺检查	取样员
5	热轧钢筋	HRB400E φ16	基础主体	GB/T 701—2008	拉伸试验、弯曲试验	钢筋公称直径、长度、表面质量	389t	拉伸及弯曲试验、游标卡尺检测、钢尺检查	取样员
6	热轧钢筋	HRB400E φ18	基础主体	GB/T 701—2008	拉伸试验、弯曲试验	钢筋公称直径、长度、表面质量	1888t	拉伸及弯曲试验、游标卡尺检测、钢尺检查	取样员

								取样员
7	热轧钢筋	HRB335 φ20	基础主体	GB/T 701—2008	拉伸试验、弯曲试验	钢筋公称直径、长度、表面质量	1966t	拉伸及弯曲试验、游标卡尺检测、钢尺检查	取样员
8	热轧钢筋	HRB335 φ22	基础主体	GB/T 701—2008	拉伸试验、弯曲试验	钢筋公称直径、长度、表面质量	5478t	拉伸及弯曲试验、游标卡尺检测、钢尺检查	取样员
9	热轧钢筋	HRB335 φ25	基础主体	GB/T 701—2008	拉伸试验、弯曲试验	钢筋公称直径、长度、表面质量	2478t	拉伸及弯曲试验、游标卡尺检测、钢尺检查	取样员
10	热轧钢筋	HRB335 φ28	基础主体	GB/T 701—2008	拉伸试验、弯曲试验	钢筋公称直径、长度、表面质量	1005t	拉伸及弯曲试验、游标卡尺检测、钢尺检查	取样员
11	热轧钢筋	CRB600	基础主体	GB/T 701—2008	拉伸试验、弯曲试验	钢筋公称直径、长度、表面质量	840t	拉伸及弯曲试验、游标卡尺检测、钢尺检查	取样员
12	水泥	中砂	砌筑	GB 175—2007	安定性、凝结时间强度		5000m³	安定性、凝结时间强度	取样员

（续）

序号	检（试）验项目	规格、型号	部位	检（试）验依据	检（试）验要求 工艺试验	现场检（试）验	代表批量	检（试）验方法	责任人
13	砂	中砂	砌筑	JGJ 52—2006	筛分析含泥量、泥块含量		30000m³	筛分析含泥量、泥块含量	取样员
14	加气块	600mm×300mm×200mm	砌筑	GB/T 11968—2020	立方体抗压强度、干体积密度		2000m³	立方体抗压强度、干体积密度	取样员
15	蒸压灰砂砖	200mm×100mm×70mm	砌筑	GB 13544—2011	抗压强度、抗折强度			抗压强度、抗折强度	取样员
16	混凝土	C15	垫层	GB 50209—2010	抗压强度	坍落度	每层100m³	抗压试验	取样员
17	混凝土	C35 P8	基础	GB 50209—2010	抗压强度、抗渗等级、稠度	坍落度	每层100m³	抗压强度、抗渗等级	取样员
18	混凝土	C30 P6	基础	GB 50209—2010	抗压强度、抗渗等级、稠度	坍落度	每层100m³	抗压强度、抗渗等级	取样员
19	混凝土	C55	主体	GB 50209—2010	抗压强度	坍落度	每层100m³	抗压试验	取样员
20	混凝土	C50	主体	GB 50209—2010	抗压强度	坍落度	每层100m³	抗压试验	取样员
21	混凝土	C45	主体	GB 50209—2010	抗压强度	坍落度	每层100m³	抗压试验	取样员
22	混凝土	C40	主体	GB 50209—2010	抗压强度	坍落度	每层100m³	抗压试验	取样员

序号	材料名称	规格	部位	标准					取样员
23	混凝土	C35	主体	GB 50209—2010	抗压强度	坍落度	每层100m³	抗压试验	取样员
24	混凝土	C30	主体	GB 50209—2010	抗压强度	坍落度	每层100m³	抗压试验	取样员
25	混凝土	C25	二次结构	GB 50209—2010	抗压强度	坍落度	每层100m³	抗压试验	取样员
26	聚合物防水涂料	1.5mm厚	地下室、卫生间	JC/T 864—2008	固体含量、断裂延伸率、拉伸强度、低温柔性、不透水性	合格证检验报告、闭水试验	每1000m²	固体含量、断裂延伸率、拉伸强度、低温柔性、不透水性	取样员
27	SBS改性沥青防水卷材	Ⅱ型 4.0mm厚	地下室、屋面、卫生间	JC/T 864—2008	断裂延伸率、拉伸强度、低温柔性、不透水性	合格证检验报告、闭水试验	每1000m²	断裂延伸率、拉伸强度、低温柔性、不透水性	取样员
28	交叉层压乙烯膜双面自粘沥青防水卷材	1.5mm厚、3.0mm厚	地下室、外墙、屋面	JC/T 864—2008	断裂延伸率、拉伸强度、低温柔性、不透水性	合格证检验报告、闭水试验	每1000m²	断裂延伸率、拉伸强度、低温柔性、不透水性	取样员
29	非固化橡胶沥青防水涂料	2.0mm厚	地下室顶板、屋面	JC/T 864—2008	断裂延伸率、拉伸强度、低温柔性、不透水性	合格证检验报告、闭水试验	每1000m²	断裂延伸率、拉伸强度、低温柔性、不透水性	取样员

序号	检（试）验项目	规格、型号	部位	检（试）验依据	检（试）验 工艺试验	检（试）验要求 现场检（试）验	代表批量	检（试）验方法	责任人
30	耐碱玻纤网格布		外墙	JG 158—2004	抗拉强度、抗碱强度	合格证检验报告、观察	每20000m²	抗拉强度、抗碱强度	取样员
31	抗裂砂浆		外墙	JG 158—2004	拉伸黏结强度	合格证检验报告、观察	每20000m²	拉伸黏结强度	取样员
32	保温砂浆		外墙	GB 50411—2019	抗压强度、软化系数	合格证检验报告、观察	每20000m²	抗压强度、软化系数	取样员
33	聚苯乙烯泡沫板	20mm厚、30mm厚	外墙	DB64/265—2006	表观密度、导热系数、压缩强度、燃烧性能	合格证检验报告、观察	每1000m²	表观密度、压缩强度、导热系数、燃烧性能	取样员
34	保温板现场拉拔试验		外墙	GB 50411—2019	抗拉强度	检验报告、观察	每20000m²	抗拉强度	取样员
35	植筋抗拉拔试验	φ6、φ10、φ14	二次结构	JGJ 145—2013	抗拉强度	检验报告、观察	每批总数的1%且不少于3根	抗拉强度	取样员

序号	名称		标准	检验项目	检验方法	数量	检验项目	取样员
36	硬聚氯乙烯管材	机电安装	GB/T 5836.2—2018	纵向回缩率、扁平试验	合格证检验报告、观察	2000个	纵向回缩率、扁平试验	取样员
37	硬聚氯乙烯管材（PVC-V）	机电安装	GB/T 10002.1—2006	生产饮用给水管材的卫生性能	合格证检验报告、观察	2000个	生产饮用给水管材的卫生性能	取样员
38	聚乙烯（PE）管材	机电安装	GB/T 10002.1—2006	生产饮用给水管材的卫生性能	合格证检验报告、观察	850个	生产饮用给水管材的卫生性能	取样员
39	阀门	机电安装	GB 50235—1997	强度、严密性	合格证检验报告、观察	1800个	强度、严密性	取样员
40	电线电缆	机电安装	GB/T 2951.11—2008	电气性能、机械性能	合格证检验报告、观察	23000m	电气性能、机械性能	取样员
41	开关	机电安装	GB 15092.1—2020	操作灵活、接触可靠	合格证检验报告、观察	2000个	操作灵活、接触可靠	取样员

（续）

序号	检（试）验项目	规格、型号	部位	检（试）验依据	检（试）验 工艺试验	现场检（试）验要求	代表批量	检（试）验方法	责任人
42	插座		机电安装	GB 15092.1—2020	接触可靠	合格证检验报告、观察	3128个	接触可靠	取样员
43	回填土压实度		土方回填	GB 50202—2018	压实度	检验报告、观察		压实度	取样员

（3）钢筋安装接头试验计划表（表13-18）

表 13-18　钢筋安装接头试验计划表

单位工程：1号楼

序号	使用部位	过程产品名称	设计要求 规格、品种、强度等级	计划用量	试验项目	试验标准	取样组数/见证组数	取样人	取样时机	实验室	备注
1	筏板	直螺纹	Ⅰ级	530个	拉伸试验	JGJ 107—2016	4/4	取样员	搅拌后、使用前		
2	地下二层柱	电渣压力焊	18~22	230个	拉伸试验	JGJ 18—2012	5/5	取样员	搅拌后、使用前		
3	地下一层柱	电渣压力焊	18~22	230个	拉伸试验	JGJ 18—2012	5/5	取样员	搅拌后、使用前		
4	夹层柱	电渣压力焊	18~22	230个	拉伸试验	JGJ 18—2012	5/5	取样员	搅拌后、使用前		
5	一层柱至34层柱	电渣压力焊	18~22	每层200个	拉伸试验	JGJ 18—2012	5/5	取样员	搅拌后、使用前		

第十四章

工程技术资料管理

在工程建设阶段，施工单位与参建各方共同形成的反映施工过程及质量情况的信息资料即为工程技术资料，包括各种图纸、表格、文字记录、音像材料等技术文件。

工程技术资料在工程施工中很重要，是反映建筑工程现状与施工过程的重要档案，特别是工程质量控制资料，是评价该工程结构安全能否保证的重要文字依据，也是对建筑工程进行质量核验的重要依据之一。工程技术资料也是建设工程的使用说明书和质量证明文件，它是今后维护管理、技术改造、事故处理、改建和扩建的重要依据。对于施工单位而言，工程技术资料是表明施工单位全面履行合同的约定、施工质量全面达到国家质量验收标准和设计要求的唯一标志；它不仅是施工过程的记录，更重要的是工程质量的重要组成部分，是工程内在质量的反映。工程质量是否合格，是否存在隐患不是简单地反映在工程的外表，观感质量只是工程质量的一部分，而且是很有限的部分，而结构的安全性、功能的可靠性等衡量工程质量的更重要的性能很多是无法直接用肉眼来观察的，这些关键的质量状况只有靠工程技术资料来反映。

市场经济体制下，由于工程技术资料可以证明工程的内在质量，可以分辨建设、设计、施工、监理各方的责任，是法庭的重要证据。工程技术资料对于施工单位来说是非常重要的，应树立危机意识和自我保护意识，抓好工程技术资料的编制工作，使其能够发挥应有的作用。

第一节 工程技术资料的特点与现状

(1) 工程技术资料的特点

工程技术资料的编制工作贯穿了工程施工建设的全过程，涉及工

263

程建设的单位包括建设单位、设计单位、监理单位、施工总承包单位、勘察单位、施工分包单位、材料设备供应单位等。所以，工程技术资料的编制工作具有延续时间长、涉及范围广、系统性强的特点。

（2）工程技术资料的现状

根据编者的经验，工程技术资料归结起来表现为"一全，三不到位"，具体如下：

"一全"：随着新版建筑工程施工质量验收规范的执行，总体来看资料的完整性得到了基本的满足，基本可以比较全面地记录施工的全过程。

"三不到位"：一是认识不到位，对工程技术资料的作用及重要性认识不到位，没有认识到工程技术资料是工程的重要组成部分，而是把施工资料和工程的实物割裂开来，部分单位把工程技术资料的编制工作外包出去，资料员不在现场，在外编假资料现象也时有发生。二是管理不到位，施工资料编制管理体系不健全、资料编制深度不够、对分包单位编制的施工资料没有监管和验收。三是系统学习不到位，工程技术资料的整理过程中涉及的规范标准较多，系统学习的不足造成部分资料与施工规范的要求发生矛盾或不一致的问题，不能印证工程质量的实际状态，比如：碎石褥垫层图纸设计要求检验的方法是夯填度，而现实工作中相当一部分企业都按压实度来判定和衡量，这就是系统学习不到位造成的。

第二节　工程技术资料的分类、编制与收集、组卷和归档

（1）工程技术资料的分类

1）施工管理与验收资料。是在施工过程中形成的重要资料，包括工程概况、单位工程质量验收文件和施工总结等。

2）施工管理资料。是在施工过程中形成的反映工程组织和监督等

情况的资料统称。

3）施工技术资料。是在施工过程中形成的，用以指导正确、规范、科学施工的文件，以及反映工程变更情况的正式文件。

4）施工测量记录。是在施工过程中形成的，确保建筑工程定位、尺寸、标高、位置和沉降量等满足设计要求和规范规定的资料统称。

5）施工物资资料。是反映工程所用物资质量和性能指标等的各种证明文件和相关配套文件（如使用说明书、安装维修文件等）的统称。

6）施工记录。是在施工过程中形成的，确保工程质量、安全的各种检查、记录的统称，包括混凝土施工记录、施工日志、质量检查日志、安全检查日志、试验工作日志、技术复核记录、各种会议记录、个人的日常工作日记等能反映工程实际施工过程情况的所有记录。

7）施工试验记录。是根据设计要求和规范规定进行试验，记录原始数据和计算结果，并得出试验结论的资料统称。

8）质量验收记录。是参与工程建设的有关单位根据相关标准、规范对工程质量是否达到合格做出的确认文件统称。

（2）工程技术资料的编制与收集

1）工程技术资料的编制。对每一个新开工程要确定好标准统一的工程名称。工程文件的内容必须符合国家有关工程勘察、设计、施工、监理等方面的技术规范、标准和规程。

归档的工程技术资料应为原件。如有特殊原因不能使用原件的，应在复印件或抄件上加盖公章并注明原件存放处。

工程技术资料的内容必须真实、准确，与工程实际相符合。工程技术资料应保证字迹清晰，图样清晰，图表整洁，签字盖章手续完备。工程资料的照片及声像档案，要求图像清晰，声音清楚，文字说明或内容准确。

竣工图必须采用蓝图；打印机直接出的图；绘图仪直接出的图。图纸必须清晰。所有竣工图均应加盖竣工图章。竣工图章的基本内容应包括："竣工图"字样、施工单位、编制人、审核人、技术负责人、编制日期、监理单位、现场监理工程师、总监理工程师。竣工图章应使用不易褪色的红印泥，应盖在图标栏上方空白处。

2）工程技术资料的收集方法。按建设程序进行收集；定期收集；工程竣工前突击收集与跟踪收集；全面检查、补缺补差。

3）工程技术资料的收集要求。按集中统一的管理原则；遵循竣工资料的自然形成规律；要保证竣工资料的完整、准确。

(3) 工程技术资料的组卷

按单位（子单位）工程、专业组卷。总承包单位负责监督、指导分包单位及专业承包施工队伍按专业规定要求组卷并验收。竣工图按专业、图号顺序排列。

除建筑与结构（含装饰）以外各分部工程包含专业性较强、施工工艺复杂、技术先进的分部（子分部）工程（如建筑地基基础专项施工、钢结构、幕墙）等也允许单独组卷。

工程资料的组卷要求应以地方、行业或建设（监理）方要求为准。

(4) 工程技术资料的归档

工程技术资料由建设单位进行验收，属于向城建档案馆报送工程档案的工程项目还应会同城建档案馆共同验收。由城建档案馆出具预验收记录。

国家、市重点工程项目或一些特大型、大型的工程项目的预验收和验收，必须有城建档案馆参加。

工程竣工验收前，项目部必须将整理的竣工技术资料交企业主管部门审查。审查提出的问题必须按期整改完毕。工程竣工验收后规定时间内将完整、准确、符合归档要求的竣工档案报送建设单位。向建设单位移交建筑工程竣工档案资料，应有双方的验收手续，并有文字性移交证明材料。

建筑工程技术资料竣工移交城建档案馆时，应遵守当地城建档案馆的有关规定。若推迟报送日期，必须在规定报送时间内向城建档案馆申请延期报送并申明延期报送原因，经同意后办理延期报送手续。

工程竣工档案资料移交城建档案馆和建设单位后，项目应将竣工资料交企业档案室归档。

工程技术资料管理流程图如图 14-1 所示。建筑与结构部分工程技术资料的编制要求见表 14-1，建筑设备安装部分工程技术资料的编制要求见表 14-2。

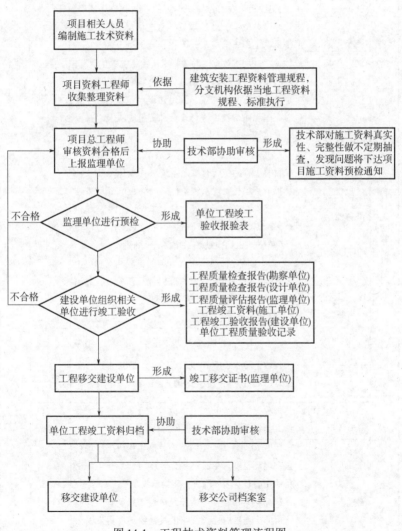

图 14-1　工程技术资料管理流程图

表 14-1 建筑与结构部分工程技术资料的编制要求

分类	资料名称及编号	编制要求	责任人	备注
工程管理与验收资料	单位（子单位）工程质量竣工验收记录	1. 单位工程完工，项目经理部自检合格后，项目总工程师填写工程竣工报验单，报请监理单位进行工程验收。通过后，项目总工程师填写工程施工质量验收申请报告与单位（子单位）工程质量竣工验收记录向建设单位提交；监理单位填写工程质量评估报告对整个工程质量进行整体评价。由建设单位组织设计单位、监理单位、施工单位等进行工程质量竣工验收，验收记录上各单位必须签字并加盖公章。验收记录应由施工单位填写，验收结论由监理单位填写，综合验收结论应由参加验收各方共同商定，并由建设单位填写，主要对于工程质量是否符合设计和规范要求及总体质量水平做出评价。 2. 进行单位（子单位）工程质量竣工验收时，项目总工程师应同时填报单位（子单位）工程质量控制资料核查记录、单位（子单位）工程安全和功能检查资料核查及主要功能抽查记录、单位（子单位）工程观感质量检查记录，作为单位（子单位）工程质量竣工验收记录的附表。 3. 属于城建档案馆接收范围的工程档案，应由城建档案管理部门对工程资料进行预验收，并出具建设工程竣工档案预验收合格证	项目质检员	
	工程施工质量验收申请报告			
	工程竣工报验单			
	工程质量评估报告			
	单位（子单位）工程质量控制资料核查记录			
	单位（子单位）工程安全和功能检查资料核查及主要功能抽查记录			
	单位（子单位）工程观感质量检查记录			
	工程竣工验收报告	组织验收合格后，建设单位应向备案机关提交工程竣工验收备案表和工程竣工验收报告进行备案。由项目资料员收集整理归档	项目资料员	
	工程竣工验收备案表			
	房屋建筑质量保修书	工程竣工后，由施工单位与建设单位签订，并按有关规定承担应负的保修责任	项目经理	
	室内环境检测报告	1. 民用建筑工程室内装饰装修工程应按照现行国家规范要求，在工程完工至少7d以后，工程交付使用前对室内环境进行质量验收。 2. 室内环境检测应由建筑单位委托经有关部门认可的检测机构进行，并出具室内环境污染物浓度检测报告	项目资料员	

分类	资料名称及编号	编制要求	责任人	备注
工程管理与验收资料	竣工总结	单位工程完工后，由施工单位编写工程竣工报告，内容包括以下几个方面： （1）工程概况及实际完成情况。 （2）企业自评的工程实体质量情况。 （3）企业自评施工资料完成情况。 （4）主要建筑设备、系统调试情况。 （5）安全和功能检测、主要功能抽查情况	项目总工程师	
施工管理资料	工程概况表	一般情况：工程名称、建设性质、建设地点、建设单位、监理单位、设计单位、施工单位、建筑面积、结构类型、开工竣工日期和建筑层数等	项目总工程师	
	项目大事记	内容包括项目的开、竣工；停、复工；中间验收；质量、安全事故；获得的荣誉；重要会议；分承包工程招标投标、合同签署；上级检查指示等的日期及简述	项目总工程师	
	施工日志	1. 施工日志应以单位工程为记载对象，从工程开工起至工程竣工止，项目施工员负责逐日记载，并保证内容真实、连续和完整。 2. 施工日志填写内容，应根据工程实际情况确定，具体如下： （1）详细记录当日生产情况，当日技术质量安全工作记录（技术质量安全活动、检查评定验收、技术质量安全问题等）。 （2）每个工程项目的开竣工日期、工程进度及上级有关指示。 （3）记录当日工程变更情况，隐检记录，材料进场及取样送检情况（详细记录进场批量、试验报告编号、试件制作组数、部位），技术交底等以利于追溯。 （4）与相关技术资料交圈一致	项目施工员	
	不合格项处置记录	当工程施工或进场物资不合格时，检验部门、建设（监理）单位或总承包单位下达不合格项的整改通知，并要求处置、整改完毕后反馈并复检，整改未达到要求的应如实记录	相关责任人	

分类	资料名称及编号	编制要求	责任人	备注
施工管理资料	工程质量事故报告	凡工程发生重大质量事故，其中发生事故时间应记载年、月、日、时、分；部位；估计造成的损失；事故原因、事故情况，处理意见等。	项目质量员	
	建设工程质量事故调（勘）查笔录	报告相关单位签证同意的整改方案以及按整改方案实施后经有关单位复查验收的签证手续。有无质量事故均须填写		
	施工总结	单位工程完工后，应由项目经理（技术负责人）负责编写施工总结，可包括以下几方面内容： （1）根据工程特点与难点，进行项目质量、现场、合同、成本和综合控制等方面的管理总结。 （2）工程采用新技术、新产品、新工艺、新材料的总结。 （3）施工过程中各种经验与教训总结	项目经理、项目总工程师	
	工程开工/复工报审表	工程开工前，施工单位填写本表，报请监理单位审核批准（附开工报告及证明文件）	项目总工程师	
	施工现场质量管理检查记录	在正式施工前，由施工单位填写后，报请总监理工程师（建设单位项目负责人）验收核查，验收核查后，返还施工单位，并签字认可。同时，应审查分包单位资质以及专业工种操作人员的岗位证书，填写分包单位资质报审表，并对相关证明材料报监理单位审核	项目总工程师	
	分包单位资质报审表			
施工技术资料	施工组织设计（方案）审批记录	1. 在正式施工前，项目技术负责人应按内部审批程序审批合格后，填写此表报建设（监理）单位审批。 2. 工程技术文件报审应有时限规定，施工和监理单位均应按照施工合同和约定的时限要求完成各自的报送和审批工作。 3. 当涉及主体和承重结构改动或增加荷载时，必须将有关设计文件报原结构设计单位或具备相应资质的设计单位核查确认，并取得认可文件后方可正式施工	项目总工程师	
	施工组织设计（方案）	在组织施工前编制，遵照公司科技管理手册中的《施工组织设计（方案）编制办法》执行	项目总工程师	

（续）

分类	资料名称及编号	编制要求	责任人	备注
施工技术资料	工程洽商记录	1. 工程洽商记录应分专业办理，内容翔实，必要时应附图，并逐条注明应修改图纸的图号。 2. 工程洽商记录应由设计专业负责人以及建设、监理和施工单位相关负责人签认。 3. 设计单位和委托建设（监理）单位办理签认，应办理委托手续	项目总工程师	
	图纸会审记录	1. 监理、施工单位应将各自提出的图纸问题及意见，按专业整理，汇总后报建设单位，由建设单位提交设计单位做交底准备。 2. 图纸会审应由建设单位组织设计、监理和施工单位技术负责人及有关人员参加。设计单位对各专业问题进行交底，施工单位负责将设计交底内容按专业汇总、整理，形成图纸会审记录。 3. 由勘察、设计、质量监督站、监理和施工单位的项目相关负责人签认，形成正式图纸会审记录。该记录及附件（纪要）应打印且文字规范，签字手续齐全	项目总工程师	
	施工技术交底记录	1. 技术交底记录包括施工组织设计交底、专项施工方案技术交底、分项工程施工技术交底、"四新"（新材料、新产品、新技术、新工艺）技术交底和设计变更交底。各项交底应有文字记录，交底双方签认应齐全。 2. 施工组织设计交底遵循谁编制谁负责，以及对全体施工人员进行技术交底的原则。 3. 专项施工方案技术交底应由编制的项目专业工程师负责，根据专项施工方案对项目施工员进行交底。 4. 分项工程施工技术交底应由项目施工员在分项工程施工前，对专业施工班组（或专业分包）进行交底。 5. "四新"技术交底应由项目技术负责人组织有关人员编制。 6. 设计变更技术交底应由项目技术部门根据变更要求，并结合具体施工步骤、措施及注意事项等对专业工长进行交底	项目总工程师、项目施工员	

第十四章 工程技术资料管理

271

分类	资料名称及编号	编制要求	责任人	备注
施工技术资料	工程变更单	项目技术负责人根据工程实际情况提出工程变更，材料待定时，须填写该表，经建设、监理、设计单位三方代表签认加盖公章	项目总工程师	
	设计变更通知单	1. 设计单位下达的设计变更通知单，内容翔实、清楚。 2. 设计变更通知单应由设计专业负责人及建设（监理）和施工单位的相关负责人签认。 3. 设计变更内容如有文字无法叙述清楚时，应附图说明。设计变更、工程洽商是工程竣工图编制工作的重要依据，其内容的准确性和修改图号的明确性会影响竣工图绘制质量，因此强调两点要求：其一，应分专业办理；其二，应注明修改图纸的图号。 4. 不同工程使用同一变更，必须注明工程名称编号及复印件或抄件加盖公章，并由各方技术负责人签字，分包工程的设计变更应通过总承包单位办理	项目资料员	
	经济签证单	因图纸、设计变更或上级指示，增加施工内容，技术负责人（施工员）应及时与建设（监理）单位进行签认，手续齐全	施工员	
	钢筋下料表	施工现场加工钢筋，钢筋工长根据工程施工图及施工现场做出各种构件各型号钢筋加工尺寸、数量、重量等记录表，并经技术负责人审批。现场加工人员要在钢筋下料表上注明钢筋的炉批号，用于的工程部位名称，钢筋接头的数量	钢筋工长	
施工测量记录	施工测量放线报验申请表	项目技术负责人应在完成施工测量方案、红线桩校核成果、水准点引测成果及施工过程中各种测量记录后，予以填写并报监理单位审核	项目测量员	

（续）

分类	资料名称及编号	编制要求	责任人	备注
施工测量记录	工程定位测量记录	1. 工程定位测量必须附加计算成果、依据资料、标准轴线桩及平面控制网示意图（可采用计算机或手工绘制），以及采用的仪器名称及规格型号。 2. 工程定位测量记录填写要求： （1）工程名称与图纸标签栏内名称一致。 （2）施测日期、复测日期按实际日期填写。 （3）平面坐标依据、高程依据由测绘院或建设单位提供，在填写时要写明点位编号，且与交桩资料中的点位编号一致。 （4）定位抄测示意图要标注准确，具体要求如下： 1）示意图要标注指北针。 2）建筑物轮廓要用轴线示意，并标出尺寸。 3）坐标、高程依据要标注引出位置，并标出它与建筑物的关系。 4）特殊情况下，可不按比例，只画示意图，但要标出主要轴线尺寸。同时须注明±0.000绝对高程。 （5）复测结果一栏必须填写具体数字，各坐标点的具体数值。由施工（测量）单位写，根据监理要求手写或计算机打印。符合设计要求及《工程测量标准》规定 3. 工程定位测量完成（经内部监察后），填写测量记录报监理单位审核	项目总工程师、项目施工员	
	基槽验线记录	施工单位应根据主控轴线和基底平面图，检验建筑物基底外轮廓线、集水坑、电梯井坑、垫层标高（高程）、基槽断面尺寸和坡度等，填写基槽记录报监理单位审核，由监理单位签认	项目施工员、测量员	
	楼层平面放线记录	楼层平面放线内容包括轴线竖向投测控制线、各层墙柱轴线、墙柱边线、门窗洞口控制线等，项目施工员（测量员）应在完成楼层平面放线后，填写楼层平面放线记录报监理单位审核并签认	项目施工员、测量员	
	建筑物垂直度、标高观测测量记录	1. 层高、总高及最大垂直偏差、垂直度等观测测量，项目施工员（测量员）应及时在每层结构层完工时进行；全高顶面标高、垂直度观测测量，应及时在主体完工时进行。 2. 施工单位应根据建筑测量定位放线的规定要求另附详细平面布置图及其观测测量手簿。 3. 观测测量记录应报监理审核签认	项目施工员、测量员	

分类	资料名称及编号	编制要求	责任人	备注
施工测量记录	建筑物沉降变形观测记录	施工单位在施工过程中，专职测量员应按设计要求和规范规定，编制观测方案，并经建设单位（监理单位）审批。合理设置沉降观测点，绘制沉降观测点布置图，合理设置观测周期，定期进行沉降观测并记录，并应附沉降观测点的沉降量与时间、荷载关系曲线图和沉降观测技术报告	专职测量员	
施工物资资料	钢材质量证明抄件	施工物资资料管理的总要求： 1. 工程物资（包括主要原材料、成品、半成品、构配件、设备等）质量必须合格，并有产品质量证明文件（质量合格证明或检/试验报告单、产品许可证、产品合格证等）。 2. 质量证明文件的抄件（复印件）应保留原件所有内容，并注明原件存放单位，还应有抄件人、抄件单位的签字和公章。 3. 需采取技术处理的，除满足技术要求外，还应得到有关技术负责人批准后方能使用，涉及结构安全和使用功能的材料需要代换时，应有设计单位签署的认可文件，并符合有关规定方可使用。不合格物资不准使用，并注明去向。 4. 凡使用新材料、新产品、新工艺、新技术，应具备鉴定资格的单位出具的鉴定证书，产品要有质量标准、使用说明和工艺要求，使用前应按其质量标准和试验要求进行检验或试验。 5. 按规定进行有见证取样和送检，做好见证记录。 6. 进口材料和设备等应有商检证明（国家认证委员会公布的强制性认证［CCC］产品除外）、中文版的质量证明文件、性能检测报告以及中文版的安装、维修、使用、试验要求等技术文件。 7. 施工单位收集、整理并保存质量合格证明文件和进场后的检验（试验）资料，并保证工程资料的可追溯性	项目材料员	
	钢筋（材）产品合格证	钢筋（材）产品合格证由生产厂家质量检验部门提供。内容包括生产厂家、炉种、规格或牌号、数量、机械性能（屈服点、抗拉强度、冷弯、延伸率等）、化学成分（碳、磷、硅、锰、硫等）的数据及结论、出厂日期、检验部门印章、合格证的编号。合格证要填写齐全，不得漏填或错填，数据真实清晰，结论正确，符合标准要求	项目材料员	

分类	资料名称及编号	编制要求	责任人	备注
施工物资资料	焊条（剂）质量合格证	内容包括：机械性能、化学成分及抗裂性	项目材料员	
	钢材试验报告 钢筋材质试验报告汇总表	1. 以图纸或洽商所需钢筋（材）品种、规格为依据，项目材料员按进场验收批，通知试验员见证取样。 　2. 项目技术负责人检查试验数据是否达到规范规定标准值。若发现问题应及时通知项目试验员取双倍试件做复试，并将复试合格单或处理结论附于此单后一并存档。项目资料员同时核查试验结论，编号是否填写，签字盖章齐全。 　3. 检查批量总和与总需求量是否相符。 　4. 检查钢筋（材）试验中的品种、规格是否与其他技术资料对应一致，相互吻合。相关资料：钢筋连接试验报告、钢筋隐检、成品（半成品）钢筋加工出厂合格证、现场预应力混凝土试验记录、现场预应力张拉施工记录、施工组织设计（方案）、技术交底、洽商、施工日志（钢筋施工）、钢筋检验批质量验收记录等。 　5. 项目资料员应对钢材试验报告、钢筋连接试验报告分别按时间先后顺序汇总并注明试验报告编号，应经建设单位（监理单位）签字盖章。 　6. 项目试验员负责见证取样，并及时将试验报告取回交由项目资料员保管	项目总工程师、项目试验员、项目材料员、项目资料员	
	水泥出厂合格证	1. 水泥进场后，项目材料员应通知项目试验员取样送检。在合格证上注明其代表数量及使用部位，应经建设单位（监理单位）签字并加盖公章。 　2. 项目资料员检验合格证内容包括厂别牌号、品种、强度等级、出厂编号及日期、抗压强度、抗折强度、凝结时间、安定性、试验编号等。各种项目应填写齐全，不得漏填或错填。抗压、抗折强度以28d为准（3d、28d出厂合格证同时保存归档）。依据相关规范规定，混凝土结构中严禁使用含氯化物的水泥。 　3. 项目资料员应将相关资料对应一致（水泥试验报告、见证取样委托书等）	项目材料员、项目资料员	

建筑工程项目总工程师工作手册

分类	资料名称及编号	编制要求	责任人	备注
施工物资资料	水泥试验报告	1. 水泥进场后，项目试验员必须邀请建设（监理）人员旁站见证取样送检。水泥各龄期抗压、抗折强度指标均应达到规定要求。每张试验报告单中的各项目必须填写齐全、准确、真实、无未了项。试验结论明确，编号必须填写，签字盖章齐全。	项目试验员、项目材料员、项目资料员	
	水泥试验报告汇总表	2. 水泥出厂后每三个月（快硬硅酸盐水泥、早强水泥每超过一个月的），或因保管不善，对其质量有怀疑时，应有重新取样的试验报告。水泥强度低于标准相应强度等级规定指标时为不合格品。若降级使用，必须经技术负责人审批，并注明使用工程项目或部位。 3. 水泥检验批量和实际用量要基本一致。 4. 应与其他施工资料对应一致，交圈吻合。以试验编号为线索，将出厂合格证、水泥复试报告、混凝土（砂浆）配合比申请通知单、抗压强度报告等资料相互核对，水泥厂家牌号、品种、强度等级应一致，进出场日期应吻合。 5. 项目材料员在合格证上注明其代表数量及使用部位，应经建设单位（监理单位）签字并加盖公章。 6. 项目资料员应对水泥试验报告分别按水泥出厂日期或试验日期顺序汇总，使用部位、进厂批量应填写清楚，并注明合格证编号，应经建设单位（监理单位）签认		
	砖和砖块合格证	出厂时必须提供产品质量合格证，质量证明书的项目、内容应齐全，包括生产厂家、种类、强度等级、批量及抗压强度平均值、抗压强度标准值、试验日期，并有厂家检验部门印章及证书编号	项目材料员	
	砖和砖块试验报告	1. 项目试验员在砖与砖块进场后，应对同一厂家、品种、规格、批量见证取样。 2. 项目资料员检查试验报告单上各项目是否齐全、准确、无未了项，实验室签字盖章是否齐全；试验编号是否填写；试验数据是否符合规范要求。同时核查试验结论是否正确。不合格的材料不能用在工程上。若发现问题应及时通知试验员取双倍试样做复试，并将复试合格单或处理结论附于此单后一并存档。检查各试验单代表数量总和是否与总需求量相符。应与其他相关资料对应一致，交圈吻合。	项目材料员、项目资料员	

276

分类	资料名称及编号	编制要求	责任人	备注
施工物资资料	砖和砖块试验报告汇总表	3. 项目材料员在合格证上注明其代表数量及使用部位，应经建设单位（监理单位）签字并加盖公章。 4. 项目资料员应对砖和砖块试验报告分别按级别、规格、试验日期顺序汇总，使用部位、进厂批量应填写清楚，并注明合格证编号。应经建设单位（监理单位）签认	项目材料员、项目资料员	
	砂与碎（卵）石	项目试验员在砂、石进场后，应按产地、品种、规格、批量见证取样。 项目资料员应检查报告单上各项目是否齐全，实验室签字盖章是否齐全；同时核查试验结论。若发现问题应及时通知试验员取双倍试样做复试，并将复试合格单或处理结论附于此单后一并存档。检查各试验单代表数量总和是否与总需求量相符。检查报告单种类、产地、公称直径、筛分析、含泥量、试验编号等是否和混凝土（砂浆）配合比申请单、通知单相应项目一致。按规定应预防碱集料反应的工程或结构部位所用的砂、石，供应单位应提供砂、石的碱活性检验报告	项目试验员、项目材料员	
	外加剂产品质量合格证	项目材料员检查其内容是否齐全，包括厂别、品种型号、包装、重量、出厂日期、主要性能及成分、适用范围及适宜掺量、性能检验合格证、储存条件及有效期、适用办法及注意事项等应清晰、准确、完整。钢筋混凝土结构用外加剂的检测报告必须有氯化物总含量检测项目。在合格证上备注进场数量、使用部位并经建设（监理）单位签认	项目材料员	
	外加剂试验报告	1. 进场后，项目试验员见证取样。 2. 检查报告单上各项目是否齐全、实验室是否签字盖章；试验数据是否达到规定标准值。若发现问题应及时通知试验员取双倍试样做复试，并将复试合格单或处理结论附于此单后一并存档。同时核查试验结论是否正确。 3. 核对使用日期，与混凝土（砂浆）试配单比较是否合理，不允许先使用后试验。 4. 核对各试验报告单批量总和是否与单位工程总需求量相符。 5. 检查混凝土（砂浆）试配单的外加剂与混凝土（砂浆）强度试验报告的外加剂名称种类、产地和使用说明是否一致	项目试验员、项目资料员	

第十四章 工程技术资料管理

建筑工程项目总工程师工作手册

分类	资料名称及编号	编制要求	责任人	备注
施工物资资料	预拌混凝土	预拌混凝土搅拌站在约定时间内向施工单位提供预拌混凝土出厂合格证，并向施工单位提供以下资料： 1. 预拌混凝土配合比通知单。 2. 生产预拌混凝土主要原材料的合格证和检测报告。 3. 预拌混凝土强度检测报告。 4. 混凝土有特殊性能要求的检测资料，如膨胀、耐酸、耐碱、耐热、防辐射等。 项目资料员应整理上述资料及以下现场部分的资料并核对是否交圈吻合：混凝土抗压强度报告（现场检验）；混凝土浇筑记录、混凝土坍落度测试记录（现场部分）；混凝土试块强度统计、评定记录（现场部分）	项目试验员、项目资料员	
	防水材料合格证	防水材料主要包括防水涂料、防水卷材、粘结剂、止水带、膨胀胶条、密封膏、密封胶、水泥基渗透结晶型防水材料等。项目材料员在合格证上备注进场数量、使用部位，经建设（监理）单位签认。 1. 防水材料必须有出厂质量合格证、有相应资质等级检测部门出具的检测报告、产品性能和使用说明书及防伪认证标志。检查其内容是否齐全，包括生产厂、种类、等级、型号（牌号）、各项试验指标、编号、出厂日期、厂检验部门印章，以证明其质量是否符合标准。 2. 新型及进口防水材料须有相关部门、单位的鉴定文件，审批手续、专门的施工工艺操作规程和有代表性的抽样试验记录。 3. 防水材料物理性能指标及外观检查应符合相关标准规定。 4. 卷材粘结剂和密封材料，当用量少时，如供货方提供近期有效的试（检）验报告及出厂质量证明文件，且进场外观检查合格，可不做进场复试。 5. 施工单位应有施工单位资质等级证书、营业执照、施工许可证和操作者上岗证，需加盖红章（使用沥青玛蹄脂作为粘结材料，应有配合比通知单和试验报告）。 6. 严格或禁止溶剂型防水涂料（含苯，包括工业苯、石油苯、重质苯，不含二甲苯）、稀释剂和溶剂）在防水工程上使用	项目材料员、项目资料员	

分类	资料名称及编号	编制要求	责任人	备注
施工物资资料	防水材料试验报告	1. 材料进场后，项目试验员按规定见证取样。 2. 项目资料员检查报告单上各项目是否齐全、准确、无未了项，实验室签字盖章是否齐全；检查试验编号是否填写；试验数据是否真实，将试验结果与性能指标对比，以确定其是否符合规范技术要求。不合格的材料不能用在工程上。若发现问题应及时通知试验员取双倍试样做复试，并将复试合格单或处理结论附于此单后一并存档。同时核查试验结论。 3. 检查各试验单代表数量总和是否与总需求量相符。 4. 应与其他施工资料对应一致，交圈吻合，相关资料有隐检记录、地下工程防水检查记录、防水工程试水检查记录、检验批质量验收记录、施工日志（防水施工）、施工组织设计（方案）、技术交底、洽商等	项目试验员、项目资料员	
	轻集料	1. 检查试验报告单上各项目是否齐全、准确、无未了项，实验室签字盖章是否齐全；检查试验编号是否填写；试验数据是否符合规范技术要求。若发现问题应及时取双倍试样做复试，并将复试合格单或处理结论附于此单后一并存档。同时核查试验结论是否明确。 2. 检查各试验单代表数量总和是否与单位工程总需求量相符。 3. 检查试验报告单产品的种类、产地、筛分析（粒径）、含泥量、试验编号是否和轻骨料混凝土配合比申请单、通知单相应项目一致	项目资料员	
	装饰装修物资	建筑装饰装修工程应对以下物资及其性能指标进行复试： 1. 抹灰及粘贴板材用水泥的凝结时间、安定性和抗压强度。 2. 室内用人造木板和饰面人造木板的甲醛含量。 3. 室内用天然花岗石的放射性。 4. 外墙陶瓷面砖吸水率，寒冷地区外墙陶瓷面砖的抗冻性。 5. 吊顶、轻质隔墙和细部工程使用的安全玻璃的安全性能	项目资料员	

分类	资料名称及编号	编制要求	责任人	备注
施工物资资料	预应力工程物资	1. 预应力工程物资主要包括预应力筋、锚（夹）具和连接器、水泥和预应力筋用螺旋管等。 2. 主要物资应有质量证明文件，包括出厂合格证、检测报告等。 3. 预应力筋、锚（夹）具和连接器等应有进场复试报告，涂包层和套管、孔道灌浆用水泥及外加剂应按照规定取样复试，应有复试报告。 4. 预应力混凝土结构使用的外加剂的检测报告应有氯化物含量检测检测内容，严禁使用含氯化物的外加剂	项目材料员、项目试验员	
	钢结构工程物资	1. 钢结构工程物资主要包括钢材、钢构件、焊接材料、连接用紧固件及配件、防火防腐涂料、焊接（螺栓）球、封板、锥头、套筒和金属板等。 2. 主要物资应有质量证明文件，包括出厂合格证、检测报告和中文标志等。 3. 按规定应复试的钢材必须有复试报告，并规定进行见证取样和送检。 4. 重要钢结构采用焊接材料应有测试报告，并按规定进行见证取样和送检。 5. 高强度大六角头螺栓连接副和扭剪型高强度螺栓连接副应有扭矩系数和紧固轴力（预应力）检验报告，并按《钢结构工程施工质量验收标准》（GB 50205—2020）规定做进场复试，进行见证取样和送检。 6. 防火涂料应有相应资质等级检测机构出具的检测报告	项目材料员、项目试验员	
施工记录	成品、半成品、构配件建筑安装材料、设备及配件产品进场检验记录	1. 成品、半成品、构配件（含预制构配件）进场后，项目材料员应邀请监理（建设）单位对进场材料进行检查验收，填写建筑安装材料、设备及配件产品进场检验记录、施工现场预制构件验收记录，并经监理（建设）单位签认。检查出厂质量证明文件及检测报告是否齐全；实际进场材料数量、规格和型号等是否满足设计和施工计划要求；外观质量是否满足设计要求或规范。 2. 按规定应进场复试的工程材料，项目试验员必须在进场检查验收合格后见证取样和送检。 3. 成品、半成品、构配件（含预制构配件）生产单位应保存各种原材料（如钢筋、钢材、钢丝、预应力筋、木材、混凝土组成材料）的合格证、复试报告以及构件的性能试验报告等资料，并应保证各种资料的可追溯性	项目材料员、项目试验员	

建筑工程项目总工程师工作手册

分类	资料名称及编号	编制要求	责任人	备注
施工记录	玻璃幕墙工程物资	1. 玻璃幕墙施工工程一般为专业承包工程，总承包单位应验证其资质等级、施工执照、生产能力、施工业绩、服务质量等。 2. 幕墙工程物资主要包括玻璃、石材、金属板、铝合金型材、钢材、粘结剂及密封材料、五金件及配件、连接件和涂料等。主要物资应有质量证明文件，包括产品合格证、检测报告（需有相应资质等级检测机构出具）、商检证等。按规定应复试的幕墙物资必须有复试报告。上述幕墙工程物资应符合现行国家标准规定。 3. 硅酮结构胶应采用高模数中性胶，应在有效期内使用，并应进行性能检验及其与接触材料的相应性能试验。硅酮结构胶相容性试验报告应由结构胶制造厂进行。 4. 幕墙工程应对以下物资及其性能指标进行复试： ①铝塑复合板的剥离强度。 ②石材的弯曲强度、寒冷地区石材的冻融性、室内用花岗石的放射性。 ③玻璃幕墙用结构胶的邵氏硬度、标准条件拉伸粘结强度、相容性试验；石材用结构胶的污染性。 5. 玻璃幕墙的性能试验包括下列项目：抗风压性能、空气渗透性能、雨水渗透性能、平面内变形性能、保温性能、隔声性能、耐撞击性能。性能检测报告应由物资供应单位提供，所反映的幕墙类型、等级、材料等应与幕墙设计要求和实际进场物资相符。 6. 项目资料员应及时收集整理玻璃幕墙工程资料	项目总工程师、项目资料员	
	地基验槽检查记录	1. 建筑物应进行施工验槽，检查内容包括基坑位置、平面尺寸、持力层核查、基底绝对高程和相对标高、基坑土质及地下水位等，有桩支护或桩基的工程还应进行桩的检查。 2. 此记录由施工员填写，项目质量员验收核查。 3. 地基验槽检查记录应由建设、勘察、设计、监理、施工单位共同验收签认。如地基验槽未通过，需要进行地基处理，应由勘察、设计单位提出处理意见并填写地基处理记录	项目施工员、项目质量员	

分类	资料名称及编号	编制要求	责任人	备注
施工记录	建筑结构隐蔽验收记录	隐蔽检查项目及内容如下： 1. 土方工程。基槽、房心回填前检查基底清理、基底标高、基底处理情况等。 2. 支护工程。按设计要求做好支护结构的各个分项检查。 3. 钢筋混凝土灌注桩工程。检查钢筋笼尺寸、沉渣厚度、清空情况、嵌岩桩的岩性报告等。 4. 钢筋工程。检查绑扎的钢筋品种、规格、数量、位置、锚固和接头位置、搭接长度、保护层厚度和除锈、除污情况；钢筋代用及变更；拉结筋处理、洞口过梁、附加筋情况等。应注明图纸编号、验收意见，必要时应附图说明。 5. 施工现场结构构件钢筋焊（连）接。内容包括焊（连）接形式、焊（连）接种类、接头位置、数量及焊条、焊剂、焊口形式、焊缝长度、厚度及表面清渣和连接质量等，大楼板的连接筋焊接，阳台尾筋和楼梯、阳台拦板等焊接。可能危及人身安全与结构连接的装饰件、连接节点。 6. 防水工程。地下室施工缝、变形缝、后浇带、止水带、过墙管（套管）、预埋件等的位置、形式和构造、人防出口止水做法。屋面、厕浴间防水层基层、防水材料规格、厚度、铺设方式、阴阳角处理、搭接密封处理等做法。防潮层：详细记录防潮层的具体做法、工程部位。 7. 外墙保温构造节点做法。 8. 预应力工程。检查预留孔道的规格、数量、位置、形状、端部预埋垫板；预应力筋的下料长度、切断方法、竖向位置偏差、固定、护套的完整性；锚具、夹具、连接点组装等。 9. 楼地面工程。检查各基层（垫层、找平层、隔离层、防水层、填充层、地龙骨）材料品种、规格、铺设厚度、方式、坡度、标高、表面情况、密封处理、粘结情况等。 10. 抹灰工程。抹灰总厚度大于或等于35mm时不同材料基体交接处的加强措施。附加钢丝网情况。	项目施工员、项目质量员	

分类	资料名称及编号	编制要求	责任人	备注
施工记录	建筑结构隐蔽验收记录	11. 门窗工程。检查预埋件和锚固件、螺栓等的规格数量、间距、埋设方式、与框的连接方式、防腐处理、缝隙的嵌填、密封材料的粘结等。 12. 轻质隔墙工程。检查预埋件、连接件、拉结筋的规格位置、数量、连接方式、与周边墙体及顶棚的连接、龙骨连接、间距、防火及防腐处理、填充材料位置等。 13. 吊顶工程。检查吊顶龙骨及吊件材质、规格、间距、数量、连接方式、固定方法、表面防火、防腐处理、外观情况、连接和边缝情况、填充和吸声材料的品种、规格、铺设、固定情况等。 14. 饰面板（砖）工程。检查预埋件、后置埋件、连接件规格、数量、位置、连接方式、防腐处理等。有防水构造的部位应检查找平层、防水层的构造做法，同地面工程检查。 15. 屋面工程。检查基层、找平层、保温层、防水层、隔离材料的品种、规格、厚度、铺贴方式、搭接宽度、接缝处理、粘结情况；附加层、天沟、檐沟、泛水和变形缝、屋面凸出部分细部做法、隔离层设置、密封处理部位、刚性屋面的分隔缝和嵌缝情况等。 16. 幕墙工程。 （1）检查预埋件、后置埋件和连接件的规格、数量、位置、连接方式、防腐处观等。 （2）检查构件之间以及构件与主体结构的连接节点的安装及防腐处理。 （3）幕墙四周、幕墙与主体结构之间间隙节点的处理、封口的安装、幕墙伸缩缝、沉降缝、防震缝及墙面转角节点的安装，幕墙防雷接地节点的安装等。 （4）幕墙的防火层构造的设置与处理。 17. 钢结构工程。检查预埋件、后置埋件和连接件的规格、数量、位置、连接方式、防腐处理等。检查地脚螺栓规格、位置、埋设方式、紧固等。钢结构的焊接保温措施。 隐蔽验收记录由施工员填写，项目质量员验收核查	项目施工员、项目质量员	

分类	资料名称及编号	编制要求	责任人	备注
施工记录	地基处理记录	地基处理记录一般包括地基处理方式、处理前状态、地基处理过程及处理结果，并应记录进行干土质量密度或贯入度试验的资料	项目总工程师	
	预检记录	需预检的分项工程项目完成后，班组填写自、互检记录，专业工长核定后填写预检记录，项目技术负责人组织，由专业质检员、专业工长参加验收。未经预检或预检达不到合格标准的不得进入下道工序	项目施工员	
	交接检查记录	某一工序完成后，移交下道工序时，由移交单位和接收单位对质量、工序要求、遗留问题、成品保护、注意事项等情况进行检查并记录。 建筑与结构工程应做交接检查的项（即"交接内容"栏）：支护与桩基工程完工移交给结构工程；粗装修完工后移交给精修工程；设备基础完工移交给机电设备安装工程；结构工程完工交给幕墙工程等	项目总工程师	
	混凝土搅拌、养护测温记录	进行大体积混凝土施工和冬期混凝土施工，应进行搅拌和养护的测温记录。 混凝土冬期施工测温记录应包括大气温度、原材料温度、出机（罐）温度、入模温度和养护温度。各温度值需标注正负号。 项目技术负责人应先绘制测温点布置图（标明具体部位名称），包括测温点的部位、深度等。 大体积混凝土施工应有混凝土入模时大气温度和混凝土温度记录、养护温度记录、内外温差记录和裂缝检查记录	项目试验员	
	桩基施工记录	桩基包括预制桩、现制桩等，应按规定进行记录。由分承包单位（应有相应资质的专业施工单位）承担桩基施工的，完工后应将记录移交总承包单位。附布桩、补桩平面示意图，并注明桩编号。 桩基检测应按国家有关规定进行桩质量检查（含混凝土强度和桩身完整性）和单桩竖向承载力的检测报告和施工记录	项目施工员	

分类	资料名称及编号	编制要求	责任人	备注
施工记录	地基钎探记录	钎探前应绘制钎探点平面布置图，应与实际基槽（坑）一致，确定钎探点布置及顺序编号，标出方向及重要控制轴线，专业工长负责钎探的实施，并做好原始记录。 地基需处理时，应由勘察设计部门提出处理意见，将处理的部位、尺寸、高程等情况标注在钎探平面图上，并应有复验记录。处理过程及取样报告等一同汇总记入档案	项目施工员	
	室内净高，室内与阳台、走廊、卫生间、厨房地面高差检查记录	项目质检员应在地面工程完成后，按单元、层逐户检查填写。"过道净高"是指楼梯平台上部及下部过道处的净高不应小于2m，梯段净高不应小于2.2m。	项目质检员	
	抽气（风）道检查记录	项目质检员应检查建筑通风道（烟道），应全数做通（抽）风和漏风、串风试验，并进行检查记录	项目质检员	
	钢结构工程施工记录	钢结构工程施工记录包括以下几方面内容： 1. 加工记录。钢结构零件的加工须填写热加工、边缘加工记录。 2. 构件吊装记录。钢结构焊接材料烘焙记录；钢结构焊工上岗证，注意检查焊工合格证的有效期。 3. 钢结构安装施工记录。钢结构主要受力构件安装应检查垂直度、侧向弯曲等安装偏差，并记录；钢结构主体结构在形成空间刚度单元连接固定后，应检查整体垂直度和整体平面弯曲度的安装偏差，并记录；钢网架结构总拼完成后及屋面工程完成后，应检查挠度值及其他安装偏差，并做记录。 4. 钢结构安装施工记录应由有相应资质的专业施工单位负责提供	项目总工程师	
	幕墙工程施工记录	1. 幕墙注胶检查记录。幕墙注胶应做施工检查记录，检查内容包括宽度、厚度、连续性、均匀性、密实性和饱满度等。 2. 幕墙淋水检查记录。 （1）幕墙工程施工完成后，应在易渗漏部位进行淋水检查，并做淋水检查记录。 （2）幕墙工程施工记录应由有相关资质的专业施工单位负责提供	项目总工程师	

分类	资料名称及编号	编制要求	责任人	备注
施工记录	建筑物临空处防护栏杆（板及踏步功能检查记录)	项目质检员应全数检查并填写实测的最大位、最小值	项目质检员	
	电梯专用施工记录	对电梯承重梁、起重吊环的埋设、钢筋绳头的灌注、自动扶梯、自动人行道的安装条件进行检查并记录（由专业分包单位提供）	专业工长	
	有粘结预应力结构灌浆记录	记录灌浆孔状况、水泥浆的配比状况、灌浆压力、灌浆量等	专业工长	
施工试验记录	防水工程试水检查记录	厕浴间等有防水要求的房间必须有防水层及装修后的蓄水检查记录。每次蓄水时间不少于24h。 屋面工程应有雨水或持续淋水或蓄水检验记录，屋面蓄水时间不应小于24h，雨水或持续淋水不应小于2h，然后每隔3h检查一次是否有渗漏和积水等情况，蓄水深度最浅处不应小于20mm。地下室的变形缝、施工缝、后浇带、穿墙管道、埋设件等设置构造严禁渗漏。应经监理（建设）单位签认。 不便做试水试验的工程，要经过一个雨季的考验，并做好观察记录	项目质量员	
	预应力筋张拉记录	1. 现场从事预应力工程施工应由有相应资质的专业施工单位承担并提供资质证明。 2. 预应力筋张拉记录包括预应力施工部位、预应力筋规格、平面示意图、张拉程序、应力记录、伸长量等。对每根预应力筋的张拉实测进行记录。还应附预应力钢丝墩头强度抽检记录，现场混凝土试验报告，现场预应力锚夹具出厂合格证及硬度、锚固能力报告等	项目总工程师	
	回填土试验报告	1. 回填土（包括素土、灰土、砂和砂石地基和柱基、基坑、基槽、管沟的回填夯实以及其他回填夯实）。 2. 当设计图纸中有密实度要求时，应有击实试验报告，报告中应提供回填土的最大干密度和最佳含水量，确定最小干密度控制值，由试验单位出具试验报告。 3. 回填土的干密度试验应有分层、分段、分布的干密度数据及取样平面布置图，试验时间应与其他资料交圈吻合，相关资料有地质勘探报告、地基验槽及隐检记录、施工记录、设计变更/洽商、检验批质量验收记录等	项目试验员	

分类	资料名称及编号	编制要求	责任人	备注
施工试验记录	钢筋连接试验报告	1. 在正式焊接工程开始前及施工过程中，应对比每批进场钢筋，在现场条件下进行焊接性能试验（可焊性），机械连接应进行工艺检验、耐焊性试验、工艺检验合格后方可进行焊接或机械连接的施工。 2. 项目试验员按规范见证取样和送检。 3. 施工中采用机械连接接头形式施工时，技术提供单位应提交由法定检测机构出具的型式检验报告	项目试验员	
	混凝土、混凝土浆配合比申请单、通知单	项目技术负责人应依据设计强度等级、技术要求、施工部位、原材料情况等，向试验部门提出配合比申请单，试验部门依据配合比申请单签发配合比通知单	项目总工程师	
	结构用混凝土试块强度评定验收记录	1. 单位工程试块抗压强度数理统计应按混凝土（砌筑砂浆）的验收批进行（分别在地基基础、主体结构完成后，对工程中所用各品种、各强度等级的混凝土（砂浆）强度都应分别进行统计评定）。如为预拌混凝土应按不同供应单位分别进行统计评定。 2. 施工现场使用预拌（商品）混凝土： （1）预拌混凝土配合比通知单。 （2）生产预拌混凝土主要原材料的合格证和检测报告。 （3）预拌混凝土强度检测报告。 （4）混凝土有特殊性能要求的检测资料，如膨胀、耐酸、耐碱、耐热、防辐射等。 （5）生产厂家应按规定向使用单位提供出厂合格证。 3. 承重结构的混凝土、砌筑砂浆试块，项目试验员应按规定现场见证取样和送检。 4. 项目资料员应检查报告单上各项目是否齐全，所有子项是否填写清楚、具体、不空项，试验数据是否达到规范规定标准值，若发现问题应及时取双倍试样做复试或报有关部门处理，并将复试合格单或处理结论附于此单后一并存档。 5. 地基基础、主体结构完成后，项目资料员应对混凝土、砂浆试验报告分别按工程中所用各品种、各强度等级的混凝土（砂浆）强度按试验日期顺序汇总，使用部位应填写清楚，并注明试验报告编号。应经建设单位（监理单位）签字盖章	项目质检员	
	砂浆试块强度评定验收记录			
	混凝土抗渗试验报告		项目试验员、项目资料员	
	混凝土、砂浆试块试验报告			
	混凝土、砂浆试块试验报告汇总表			

建筑工程项目总工程师工作手册

分类	资料名称及编号	编制要求	责任人	备注
施工试验记录	桩基（地基）工程施工试验记录	1. 地基应按设计要求进行承载力检验，有承载力检验报告。 2. 桩基应按照设计要求和相关规范、标准规定进行承载力和桩体质量检测，由有相应资质等级检测单位出具检测报告。 3. 桩基（地基）工程使用的混凝土，应有抗渗试验报告	项目总工程师	
	支护工程施工试验记录	1. 锚杆应按设计要求进行现场抽样试验，有锁定力（抗拔力）试验报告。 2. 支护工程使用的混凝土（砂浆），均应有混凝土（砂浆）配合比通知单和混凝土（砂浆）强度试验报告；有抗渗要求的还应有抗渗试验报告	项目试验员	
	饰面板（砖）施工试验记录	1. 现场镶贴的外部饰面砖工程，项目试验员必须按照有关设计和规范要求取样送检。对饰面板（砖）的后置埋件的现场拉拔强度、饰面砖的粘结强度进行检测。 2. 有试验报告	项目试验员	
	预应力工程施工试验记录	1. 预应力工程用混凝土应按规范要求留置标养、同条件试块，有相应抗压强度试验报告。 2. 后张拉有粘结预应力工程灌浆用水泥浆应有性能试验报告	项目试验员	
	幕墙工程及建筑外窗施工试验记录	1. 玻璃幕墙及建筑外窗应进行风压变形性能、雨水渗透性能、空气渗透性能等检测。 2. 幕墙用结构硅酮胶应有相容性试验报告。 3. 后置埋件应有现场拉拔试验报告。其现场拉拔强度属于涉及安全和功能的重要检测项目，是进行子分部工程质量验收的必备资料	项目试验员	
	钢结构工程施工试验记录	1. 高强度螺栓连接应有摩擦面抗滑移系数检验报告及复试报告，并进行见证取样和送检。 2. 承受拉力或压力的钢构件、钢结构焊（栓）接的一二级无损检验，由有相应资质等级检测单位出具超声波、射线探伤检测报告或磁粉探伤报告。 3. 建筑安全等级为一级、跨度40m及以上的公共建筑钢网结构，且设计有要求的，应对其焊（螺栓）球结点进行点承载力试验，并进行见证取样和送检。 4. 钢结构工程所使用的防腐、防火涂料应做涂层厚度检测，其中防火涂层由有相应资质的检测单位出具检测报告	项目试验员	

（续）

分类	资料名称及编号	编制要求	责任人	备注
质量验收记录	检验批质量验收记录	1. 检验批施工完成，施工单位自检合格后，应由项目专业质量检查员填报检验批质量验收记录表。 2. 检验批质量验收应由监理工程师（建设单位项目专业技术负责人）组织项目专业质检员验收并签认	项目质检员	
	分项工程质量验收记录	1. 分项工程完成，施工单位自检合格后，项目技术负责人应填写分项工程质量验收记录表。 2. 分项工程质量验收应由监理工程师（建设单位项目技术负责人）组织项目专业技术负责人等进行验收并签认	项目试验员	
	分部（子分部）工程质量验收记录	1. 分部（子分部）工程完成，施工单位自检合格后，项目技术负责人应填写分部（子分部）工程质量验收记录表和报验申请表。由总监理工程师（建设单位项目负责人）组织有关设计单位及施工单位等共同验收并签认。 2. 地基与基础、主体结构分部工程完工，施工单位自检合格后填写此记录表，报请施工企业的技术、质量部门验收并签认后，由建设单位组织监理、勘察、设计和施工单位进行验收	项目质检员	
	混凝土结构实体强度、钢筋保护层厚度验收记录	1. 涉及混凝土结构安全的重要部位应进行结构实体检验，在混凝土结构子分部工程验收前进行，其检验范围限于涉及安全的柱、墙、梁等结构构件的重要部位，并进行见证取样和送检。 2. 结构实体检验报告应由有相应资质等级的试验（检测）单位提供。 3. 对于结构实体检验用同条件试件的取样部位和钢筋保护层厚度的检验部位，应由监理（建设）、施工等各方根据结构构件的重要性共同选定。 4. 结构实体检验的内容包括同条件混凝土强度、钢筋保护层厚度，以及工程合同约定的项目，必要时检验其他项目检测记录和资料作为本表的附件	项目质检员	
	钢筋焊接接头施工质量验收记录	项目质检员逐个检查焊接接头外观质量，当有一个接头不符合要求时，剔出不合格接头，切除热影响区后重新焊接，并填写此记录表。 监理（建设）单位旁站监督，并经签认	项目质检员	
	天然地基（土方开挖）工程质量验收记录	天然地基（土方开挖）工程施工完成后，项目质检员填写本表，邀请勘察、建设、监理单位共同验收，并签认	项目质检员	

第十四章 工程技术资料管理

289

表 14-2　建筑设备安装部分工程技术资料的编制要求

分类	资料名称及编号	编制要求	责任人	备注
建筑给水排水及采暖工程	产品质量合格证	1. 材料、设备、产品应有出厂合格证。其型号、规格、材质性能符合国家有关标准和设计要求。进场后应见证取样。 （1）材料。管材、管件、法兰、衬垫等原材料以及焊接、防腐、保温、隔热（粘结）等附料。 （2）设备器具。散热器、暖风机、辐射板、热水器、卫生器具及配件、水箱、水罐、热交换器、风机盘管、锅炉、水泵、鼓（引）风机、软化水罐、除尘器等及附属设备。 （3）阀门、仪表及调压装置。 2. 除以上设备和材料应有合格证外，对国家及当地所规定的特定设备及材料，如消防、防火、防疫、压力容器、背水箱配件等还应附有有关文件和法定检测单位证明	安装材料员、安装资料员	
	预检记录	1. 按专业、系统和工序进行检查。 2. 预检记录内容。 （1）管道、设备的位置、坐标、标高、坡度、材质、防腐，支架形式、规格及安装方法，孔洞位置，预埋件规格、形式和尺寸、位置。 （2）检查设备基础验收记录，并办理交接手续	施工员	
	隐蔽验收记录	1. 隐蔽验收应按系统、部位、工序进行。 2. 隐蔽验收主要项目及内容。 （1）直埋于地下或结构中，暗敷设于沟槽、管井、不进入吊顶内的给水、排水、雨水、采暖、消防管道和相关设备，以及有防水要求的套管：检查管材、管件、阀门、设备的材质与型号、安装位置、标高、坡度；防水管道的定位及尺寸；管道连接做法及质量；附件使用，支架固定，以及是否已按照设计要求及施工规范规定完成强度严密性、冲洗等试验。	施工员	

分类	资料名称及编号	编制要求	责任人	备注
建筑给水排水及采暖工程	隐蔽验收记录	（2）有保温隔热、防腐要求的给水、排水、采暖、消防、喷淋管道和相关管道；检查绝热方式、绝热材料的材质与规格、绝热管道与支架之间的防结露措施、防腐处理材料及做法等。 （3）埋地的采暖、热水管道，在保温层、保护层完成后，回填之前，应进行隐检；检查安装位置、标高、坡度；支架做法；保温层、保护层设置等	施工员	
	施工试验（调试）记录	1. 强度试验记录。输送各种介质的承压管道、设备、阀门和密闭箱罐应有单项强度试验记录。系统完成后（也可分区、段）应有系统强度试压记录。 2. 严密性试验记录。管道、设备和附件以及设计和规范有要求的项目。 3. 灌水试验记录。开式水箱、雨水管道、暗装或直埋地下的排水管道应有灌水试验记录。 4. 吹洗（冲洗）试验记录。给水（冷、热）、采暖、消防管道及设计有要求的管道应在使用前做冲洗试验；介质为气体的管道系统应按有关规范及设计要求做吹洗试验。 5. 通水试验记录。给水（冷、热）、消防、卫生器具及排水系统应有系统（区、段）的通水试验记录。 卫生器具通水试验如条件限制不到规定流量时必须进行满水试验，满水试验水量必须达到器具溢水口处再进行排放。排水干、立管应按系统及有关规定进行100%通球试验，并做好记录。 6. 调试记录。安全阀、水位计、减压阀及水处理等附属装置，投入运行前应进行调试，并做好记录。燃气调压装置由燃气管理部门调试。 7. 预拉伸记录。各类伸缩器安装时应按要求做伸缩器安装记录。 8. 锅炉烘、煮记录	施工员	

分类	资料名称及编号	编制要求	责任人	备注
建筑电气安装工程	产品质量合格证	1. 电气安装中所用的主要电气设备和材料必须有足以证明其材质及性能的出厂质量证明。 （1）主要设备材料。如高压设备和配件中的柜盘、绝缘子、套管、避雷器、隔离开关、油开关、变压器、继电器、温度计、电动机等。 （2）其他材料。如线材、管材、灯具、开关、绝缘油、插座、低压设备及附件等。 （3）合格证应有厂名、规格型号、检验员证、出厂日期。 2. 高低压开关柜及各类箱需采用机械部、电力部主管部门认可定点厂生产的产品，认可以外的产品严禁在建筑工程中安装使用。外省市产品必须附有两主管部门认可的定点厂的证书复印件。 3. 使用的电子产品必须经过中国电工产品认证委员会的安全认证，其产品上应带有安全检测标志（长城标志）。进口的电工产品必须附有国家商检局质量检定证书（检定证书可代替产品合格证）	安装材料员	
	工艺设备开箱检查记录	设备必须开箱检验，在安装前应做相关的电气试验。如各种仪表箱柜的开箱检查；各种断路器的外观检查、调整及操作试验；各类避雷器、电容器、变压器及附件、容器；各类电动机、盘柜、低压电器等设备的型号、规格的开关箱检验，并应分别做好记录	施工员	
	预检记录	1. 明配管（包括能进人吊顶内配管）预检内容包括品种、规格、位置、标高、固定、防腐、外观处理等。 2. 变配电装置的位置。 3. 高低压电源进出口方向、电缆位置、标高等。 4. 开关、插座、灯具的位置。 5. 预检记录填写	施工员	

（续）

分类	资料名称及编号	编制要求	责任人	备注
建筑电气安装工程	建筑安装工程隐蔽验收记录	1. 埋于结构内的各种电线导管。检查导管的品种、规格、位置、弯扁度、弯曲半径、连接、跨接地线、防腐、管盒固定、管口处理、敷设情况、保护层、需焊接部位的焊接质量等。 2. 利用结构钢筋做的避雷引下线。检查轴线位置、钢筋数量、规格、搭接长度、焊接质量，与接地极、避雷网、均压环等连接点的焊接情况等。 3. 等电位及均压环暗埋。检查使用材料的品种、规格、安装位置、连接方法、连接质量、防腐处理等。 4. 接地极装置埋设。检查接地极的位置、间距、数量、材质、埋深，接地极的连接方法、连接质量、防腐处理等。 5. 外金属门框、幕墙与避雷引下线的连接。检查连接材料的品种、规格、连接位置和数量、连接方法和质量等。 6. 不进入吊顶内的电线导管。检查导管的品种、规格、位置、弯扁度、弯曲半径、连接、跨接地、防腐、需焊接部位的焊接质量、管盒固定、管口处理、固定方法、固定间距等。 7. 不进入吊顶内的线槽。检查材料品种、规格、位置、连接、接地、防腐、固定方法、固定间距及其他管线的位置关系等。 8. 直埋电缆。检查电缆的品种、规格、埋设方法、埋深、弯曲半径、标桩埋设、电缆接头情况等。 9. 不进入电缆沟敷设电缆。检查电缆的品种、规格、弯曲半径、固定方法、固定间距、标识情况。 10. 有防火要求时。桥架、电缆沟内部的防火处理	施工员	

第十四章 工程技术资料管理

293

分类	资料名称及编号	编制要求	责任人	备注
建筑电气安装工程	绝缘电阻、接地电阻测试记录	1. 绝缘电阻测试记录主要包括电气设备和动力、照明线路及其他必须遥测绝缘电阻的测试记录，配管及管内穿线分项评定前和单位工程竣工评定前分别按系统回路进行测试，不得遗漏。 2. 接地电阻测试记录主要包括设备、系统的防雷接地、保护接地、工作接地、防静电接地以及设计有要求的接地电阻测试记录，并应附示意图说明	专业技术负责人	
	电气设备安装和调整、试运转记录	1. 建筑电气设备主要包括高压电气装置及其保护系统（如电力变压器、高压开关柜、高压电动机等），发电机组、蓄电池、具有自动控制系统的电动机及电加热设备、各种音响、信号、监视系统、楼宇自控综合布线、消防、共用天线、电视、计算机系统等。 2. 建筑电气设备安装调整试验记录应符合国家及各部委规定的有关专业项目和内容：各个系统设备的单项安装调试记录，综合系统调整试验记录及设备试运转记录；大型公共建筑一、二类建筑及重要工程的全负荷试验记录；一般民用住宅工程的照明全负荷24h试验记录。 3. 每个单位工程的建筑电气各系统的安装调整试验记录必须按系统收集齐全归档，建设单位分包的工程由建设单位按专业收集齐全交总承包单位整理归档。各个系统安装调试试验记录整理齐全后单位工程方可申报竣工核定	专业技术负责人	
通风与空调工程	产品合格证	下列材料、产品、设备应有出厂质量合格证，对国家及地区所规定的特定设备及材料如消防、防火、空气净化等还应附有有关资料和法定检测单位证明。 （1）材料主要包括风管及部件制作和安装所使用的各种板材，制冷管道系统的管材、防腐保温材料等。 （2）产品主要是指成套设备以外的购置成品。如各类阀门、衬垫、柔性软管等及加工预制件等。 （3）设备主要包括空气处理设备、通风设备（消声器、除尘器、空调机组、热交换器、风机盘管、诱导管、通风机等）、制冷管道设备（各式制冷机组及其附件等）及各系统中的专业设备	安装材料员	

分类	资料名称及编号	编制要求	责任人	备注
通风与空调工程	进场检查、验收和试验记录	材料、产品和设备在进场后要有严格的检查验收和进场见证取样的试验记录	安装材料员、试验员	
	制冷系统管道试验记录	1. 强度、严密性试验记录包括阀门、设备及系统各方面的试验资料。水系统按暖卫工程资料要求执行。 2. 工作性能试验记录包括管件及阀门清洗、单机试运转、系统吹污、真空试验、检漏试验及带负荷试运转	专业技术负责人	
	隐蔽工程验收记录	1. 敷设于竖井内、不进入吊顶内的风道（包括种类附件、部件、设备等）：检查风道的标高、材质、接头、接口严密性，附件、部件安装位置，支、吊、托架安装、固定，活动部件是否灵活可行、方向正确，风道分支、变径处理是否合理，是否符合要求，是否已按照设计要求及施工规范规定完成风管的漏光及漏风检测、空调水管道的强度严密性、冲洗等试验。检查风道、风管穿过变形缝的补偿装置。 2. 有绝热、防腐要求的风管、空调水管及设备：检查绝热形式与做法、绝热材料的材质和规格、防腐处理材料及做法。绝热管道与支架之间应垫以绝热衬垫或经防腐处理的木衬垫，其厚度应与绝热层厚度相同，表面平整，衬垫接合面的空隙应填实	施工员	
	空调调试记录	1. 系统调试前，应有各项设备的单机（通风机、制冷机、空调处理室）试运转记录。 2. 无生产负荷联合试运转的测定和调试内容齐全，对其调试效果（系统与封口的风量平衡、总风量及风压系统漏风率等）应有过程及终了记录。设计和使用单位有特殊要求的时，可另行增加测定内容，如恒温系统、洁净系统等。有特殊要求的重要工程，如恒温车间、医院手术室、人防工程等，应按专门的规定及要求进行检查并做好记录	安装技术负责人	

第十四章 工程技术资料管理

第十五章

科技研发与课题管理

　　项目总工程师在做好日常技术管理工作的同时，还肩负着科技研发的重任，适时进行技术总结，针对工程特点难点开展技术创新活动。这里就涉及技术总结和科技研发管理，或者说涉及成果和课题管理。

　　工程中不乏一些项目总工程师不重视技术总结和科研管理，造成一些有代表性的工程在建造完成后，没有留下宝贵的知识财富不能为类似工程提供借鉴，成为工程建造的一种遗憾。这里还是强调一个优秀的项目总工程师必然是很重视适时进行技术总结和科技研发的，在工程项目阶段性目标完成或整体竣工后，对工程项目施工技术及经验教训进行阶段性或全面性总结，并形成书面的总结文件留存，对自己的阶段性工作给予评价并画上一个自己认为满意的符号。工程技术总结可用于指导以后类似工程施工，为其提供重要参考和借鉴，对于企业积累和推广先进施工技术、提高整体施工技术水平、推进科技发展具有重要作用。

第一节　技术总结

　　工程技术总结应着重实施性施组的实施情况进行编写，对一些重要的施工参数、施工工艺的效果进行分析、比较、总结；工程技术总结的编写必须遵循实事求是的原则，做到文字简练、内容真实、图文并茂，尽量采用图表和数字，有资料、有分析、有结论。

工程技术总结编写工作的组织应贯彻"三同步"原则，即"工程开工同时布置编写计划；随工程进度同步收集整理已完资料，编写阶段性工程小结；工程竣工前一个月提交完整的工程技术总结"。工程开工之初，项目总工程师即应进行工程技术总结的相关策划，根据实施性施组和作业指导书，编写工程技术总结大纲，提出工程技术总结编写及资料收集整理的具体要求，以及其他必要的注意事项，明确编制分工，落实到人。施工过程中，项目总工程师不定期组织检查工程技术总结资料的收集、整理情况，以及编写工作进展情况。其内容不局限，可根据项目特点自行撰写。这里列举一般情况下的内容。

(1) 工程概况

1) 设计概况。工程名称、地点、规模、工程范围，建筑概况、结构概况、机电概况、基坑围护设计概况及主要分部分项工程数量。

2) 工程环境及施工条件。地形、地貌、工程水文地质条件，周边道路交通情况，施工用水、电、通信条件，物资供应条件。

3) 参建单位。建设单位、设计单位、监理单位、施工单位及主要专业分包单位。

4) 业主对工程建设的主要要求。职业健康、安全、质量、环境保护及文明施工、工期等要求。

(2) 工程特点、重点及难点

对工程重点、难点、特点、创新点阐述并做出分析。

(3) 工程总体施工顺序

工程区、段划分，各施工区域、单位工程及分部工程施工顺序。

(4) 主要施工阶段划分及各阶段施工现场总平面布置

1) 主要施工阶段划分。

2) 各阶段总平面布置图。

3) 各类临建、临设、临时道路等临时工程设计：面积、长、宽、高及结构。

(5) 施工方案、方法及主要技术措施

1) 主要分部、分项工程施工方案简述。简述各主要分部分项工程施工分别采用何种机械，分别是几台，按照何种施工方法、工艺施工。

2）主要分部分项工程施工方法、工艺及技术措施、施工工艺流程图，施工方法及工艺，施工中出现的问题及原因分析、处理措施。

重点总结针对本工程特点的施工技术及创新技术。

（6）资源配置及施工进度分析

1）各阶段分部分项工程量及相应工期节点。

2）各阶段主要机械设备投入（机械设备型号、性能、投入数量描述）。

3）各阶段主要周转架料及主要工种劳动力投入。

4）主要专业分包一览表。

5）工期进度分析：以图表形式对计划施工进度与实际施工进度进行比较，并做出客观翔实的分析、评价。

（7）职业健康安全、质量、环境管理体系、主要措施及成果

（8）QC 成果、论文、工法、科研及技术创新成果发表上报情况

（9）主要经验教训

（10）重要照片、录像等资料整理

反应主要分部分项工程施工工序及里程碑事件的音像资料（系统性的工程照片、录像等）。

第二节　科研管理

根据工程载体的不同，工程项目在施工中必然要面对不同的设备、不同的产品、不同材料、不同的工艺，也促使项目总工程师们要面对"四新技术"的研发和工程应用。也许有同行说工程施工没有科研和创新，其实这是一种错误的观点。工程施工是将建筑师的建筑理念变成实体的一种行为，我们将基础科学的理论在经历建筑师的构思后在现场将其转化为一个个建筑，这何其伟大？在转化的过程中我们大胆尝试勇于实践，不断地改良前人的工艺、设备、材料、产品，这个改良的过程我认为就是科研；还有就是一种工艺、设备或产品在新的工程领域的应用，也是一种创新、一种研发。

有了创新和科研，怎么管理？这确实是施工界的短板，很多时候干得好但总结不出来，这也是现实问题，更多的时候是不理解或者不知道怎么去管理科研。

首先，要明确科研是需要立项的，不管是项目自我立项，还是企业立项，或者是更高等级的。科技研发课题立项范围主要包括以下几方面：

1）基于市场潜在需求与战略规划要求所实施的超前或储备性科技研发。

2）主营业务及相关专业领域重大新设备、新产品、新技术、新材料、新工艺的研发。

3）企业重大技术成果的推广应用与产业化。

4）企业重大发展规划和技术政策研究。

5）企业管理信息系统建立与软件技术集成。

6）支撑建筑业可持续发展的有关资源节约、环境保护的行业研究热点等。

立项，就涉及计划书，形式上要合格，并进行立项审查，主要是查询是否重复立项、必要性和先进性以及预算的合理性等。

其次是研发过程与经费管理。经费一般是分批给予的，具体如下：

1）对已批准立项并有资助资金的课题，在科技研发课题实施合同书签订后一个月内，一般将对课题批复使用首次经费（一般为总经费的30%或据实支付）。

2）课题通过中期检查后（包括实施进度、经费使用等方面达到预期要求后），将批复使用第二次经费（一般为总经费的50%）。

3）课题完成并通过鉴定验收后，批复使用剩余20%的课题经费。

研发过程根据进度计划开展，这里重点强调的是关注知识产权的及时获取，比如专利、论文、标准等，这些需要时间，为了结题的及时性，要求过程中这些知识产权成果的获取也需要同步进行。这也是中期验收的关键所在。

然后是结题验收。科研课题要在规定时间内完成验收。验收提交的资料包括以下几方面：

1）鉴定验收申请表。

2）立项批准计划书。

3）科研课题实施合同书。

4）综合研究报告。

5）研究技术报告。

6）经济、社会效益分析报告及证明材料。

7）科技查新报告。

8）科研经费使用明细、账表及决算书。

9）PPT 汇报文件。

例：科技研发课题计划书

（1）封面

封面如图 15-1 所示。

科技研发课题计划书

课 题 名 称：

课题申报单位：　　　　　　　（盖章）

课题负责人：　　　　　　　（签字）

起 止 年 限：_____年__月至_____年__月

××公司

年　月

图 15-1　科技研发课题计划书封面

(2) 基本信息（表 15-1）

表 15-1　基本信息

课题名称				
建议单位		参加单位		
课题负责人	姓名		职务/职称	
	电话		e-mail	
选题背景				
主要研究内容				
研究目标与成果				
经费总预算 （　）万元	申请拨款	万元	自筹经费	万元
起始日期	年　月		完成日期	年　月
是否符合费用税前扣除规定项目		规定项目具体条目		

(3) 经费预算表（表 15-2）

表 15-2　经费预算表　　　（金额单位：万元）

序号	预算科目名称	合计	资助经费	自筹经费
1	一、经费支出（合计）			
2	1. 设备费			
3	（1）购置设备费			
4	（2）试制设备费			
5	（3）设备租赁费（或折旧）			
6	2. 材料费			

序号	预算科目名称	合计	局资助经费	自筹经费
7	3. 产品中间试验、工艺装备开发费（包括测试化验费）			
8	4. 燃料动力费			
9	5. 出版、文献、信息传播、知识产权事务费			
10	6. 人员费			
11	7. 成果论证、评审、验收费（会议费、专家咨询费等）			
12	8. 软件、无形资产摊销费			
13	9. 其他（差旅费等）			
14	二、经费来源（合计）			
15	1. ××公司经费资助			
16	2. 自筹经费来源			
17	（1）其他财政拨款			
18	（2）单位自有货币资金			
19	（3）其他资金			

(4) 课题计划书（目录）

1）课题概述。

①课题基本情况（名称、类型、依托工程等）。

②课题申报单位基本情况（单位名称、地址、法人代表、资质等级、规模、业绩、财务收支、联系电话）。

③课题负责人基本情况（姓名、性别、职务/职称、专业、联系电话/手机/e-mail、特长、管理能力、与课题相关的主要业绩）。

2）课题的可行性分析。

①课题提出的背景（问题的提出）。

②相关领域国内外技术现状、发展趋势及国内现有工作基础。

③课题实施的意义与必要性。

④课题实施的可行性分析（技术、人员、经费）。

⑤课题风险与不确定性（技术、经济、管理）。

3）课题实施的目标及主要研究内容。

①课题实施的主要研发目标（预期总目标、阶段性目标）。

②研究与开发的具体内容（详细描述）。

③课题研究技术路线。

④课题的技术关键，包括技术难点、创新点。

⑤可能获得的成果和知识产权（专利、软件著作权、标准、规范、工法、新产品、研究报告、论文、专著、人才等）。

4）课题投资预算、资金筹措及来源渠道。

①经费预算表（表15-2）。

②经费预算说明（对各科目支出的主要用途、与课题研究的相关性及测算方法、测算依据进行详细分析说明）。

课题经费支出预算表编制说明：

对承担单位和相关部门承诺提供的支撑条件进行详细说明，并针对课题实施可能形成的科技条件资源和成果，提出共享方案。

对各科目支出的主要用途、与课题研究的相关性及测算方法、测算依据进行详细分析说明（未对支出进行分析说明的，一般不予核定预算）。

设备费：略。

材料费：略。

产品中间试验、工艺装备开发费（包括测试化验费）：略。

燃料动力费：略。

出版/文献/信息传播/知识产权事务费：略。

人员费：略。

成果论证、评审、验收费（会议费、专家咨询费）：略。

软件、无形资产摊销费：略。

其他（差旅费等）：略。

其他来源经费说明（需说明经费的来源、落实和到位情况、用途，并提供证明材料）：略。

③大额费用明细单（表15-3 ~ 表15-5）。

表15-3　设备费购置/试制设备预算明细表

课题编号：　　　　　课题名称：　　　　　（金额单位：万元）

填表说明：　1. 设备分类代码：A 购置、B 试制。
2. 试制设备不需填列本表（7）列、（8）列。
3. 单价≥1 万元的设备需填写明细。

序号	设备名称	设备分类	单价/（元/台件）	数量/台件	金额	购置设备型号	购置设备生产国别与地区	主要技术性能指标	用途（与课题研究任务的关系）
1									
2									
3									
单价1万元以上购置设备合计									
单价1万元以上试制设备合计									
单价1万元以上租赁设备合计									
单价1万元以下购置设备									
单价1万元以下试制设备									
单价1万元以下租赁设备									
累计									

表15-4 材料费预算明细表

课题编号：　　　　　　　　课题名称：　　　　　　　（金额单位：万元）

填表说明：大宗及贵重材料，是指课题研究过程中消耗数量过多或单位价格较高、总费用在1万元及以上的材料，需填写明细。

序号	材料名称	计量单位	单价/（元/单位数量）	购置数量	金额
1					
2					
3					
4					
5					
6					
7					
8					
9					
10					
11					
12					
13					
14					
大宗及贵重材料费合计					
其他材料费					
累计					

表 15-5 产品中间试验、工艺装备开发预算费明细表

课题编号： 课题名称： （金额单位：万元）

填表说明：量大及价高测试化验，是指课题研究过程中需测试化验加工的数量过多或单位价格较高、总费用在 1 万元及以上的测试化验加工，需填写明细。						
序号	试验、装备加工的内容	试验、装备加工单位	计量单位	单价/（元/单位数量）	数量	金额
1						
2						
3						
4						
5						
6						
7						
8						
9						
10						
11						
12						
量大及价高费合计						
其他小额费用						
累计						

5）技术、经济效益分析。

①技术、经济效益分析（经济、社会、环境）。

②推广应用前景分析（产业化可行性）。

③对公司提高经营业绩的作用。

6）课题进度安排。

①课题研究完成年限。

②课题分阶段任务安排。

7）课题的组织管理及相关保障、支撑条件。

①课题的组织构架与管理措施。

②主要研发团队人员情况表（姓名、性别、年龄、工作单位、职务/职称、专业、本课题中担任任务）。

③课题申请单位已作的相关工作和获得的成果。

④课题实施的物资条件。

⑤其他。

8）主要结论。

9）申报单位科技主管部门意见（并加盖公章）。

第三节　常见科技成果

(1) 工法

工法是以工程为对象，以工艺为核心，运用系统工程原理，把先进技术与科学管理结合起来，经过工程实践形成综合配套技术的应用方法。工法分为房屋建筑工程、土木工程、工业安装工程三个类别。工法具有先进性、科学性和实用性，保证工程质量和安全，提高施工效率，降低工程成本，节约资源和保护环境等特性。

工法一般分四级，分别为国家级（其关键技术达到国内领先水平或国家先进水平，具有显著的经济效益或社会效益）、省部级（其关键技术达到所在省市先进水平，并且具有较好的经济效益或社会效益)、局市级(其关键技术达到所在省市先进水平,有一定的经济效益或社会效益)、企业级(其关键技术达到企业先进水平,有一定的经济效益或社会效益)。

工法由前言、特点、适用范围、工艺原理、工艺流程及操作要点、材料设备、质量控制、安全措施、环保措施、效益分析、应用实例组成。工法撰写层次要分明,文字要简练、通俗,用语准确规范,标题明确,数据准确,其深度应满足指导项目施工与管理的需要。工法反映一个企业更是一个项目总工程师的技术水平、应用推广水平及效果。提倡运用现代化表达方式(如声像技术、多媒体技术等),提高水平。

(2)科学技术奖

一般施工单位设置以下几个类别的科学技术奖:

1)科研开发成果类。在工程施工、工程总承包、工程勘察设计、建筑科研、房地产投资与开发、海外工程、建筑材料和建筑机械生产等活动中研究开发的新设备、新产品、新材料、新技术、新工艺,并取得一定经济和社会效益的成果。

2)采用新技术成果类。在企业生产经营、技术改造、重大装备研制过程中,积极采用新产品、新技术、新材料、新工艺,并取得一定经济和社会效益的成果。

3)软科学成果类。为促进企业和行业的整体发展,提高企业科学决策和管理水平,从而提出和研究的有关科学决策以及科学管理的学术论文、著作、程序软件、音像制品等,并经实践应用,证明产生一定经济和社会效益的软科学研究成果。

4)应用创新类。通过引进、消化、吸收国内外先进成熟的科学技术成果,并在应用中有所创新,对提高整个工程建设领域科学技术水平和提高经济和社会效益做出突出贡献的成果。

科学技术奖是在科研课题通过验收、鉴定或评价后开展的申报结果,旨为调动科技人员的积极性和创造性,推动工程建设领域的科技创新,全面提升企业核心竞争力。各级科学技术奖的申报要求略有不同,这里不过多阐述,需要提醒注意的是支撑材料的完整性和合法性。

(3) 论文

论文是项目总工程师在工程实践中在实验性、理论性或观测性上具有新的科学研究成果或创新见解的知识和科学记录；或是项目总工程师对某种已知原理应用于实际中取得新进展的科学总结。其内容可以涵盖整个大土木领域，在撰写中与项目总工程师的知识储备相关，在实践中提议总工程师应多读多看，抓住建筑施工界的大事件、典型工程和特殊案例，能反映当前建筑领域的先进水平，具有较高学术价值的信息。

工程实践中论文主要包含以下几个方面：

1）"高、大、深、重、新、难"以及国家重点工程、大型工程和特殊工程的设计和施工实例。

2）特大型地基工程及防水工程的设计和施工单项技术。

3）新型模板系列、施工机具及脚手架的设计与应用。

4）混凝土构件生产新工艺、理论、研究与应用。

5）钢筋混凝土和预应力技术设计、理论和施工工艺的研究与实践。

6）钢结构设计、施工和理论研究，大型钢结构吊装和设备安装新技术。

7）工程质量通病的防治，质量事故处理与质量检查验收。

8）建（构）筑物的维修、加固、更新、改造与增层施工技术。

9）建筑安装工程工法和施工组织设计实例。

10）施工生产疑难技术问题的调研、试验、论证与分析。

11）现代测量和施工结构计算理论研究和应用实例。

12）建筑材料与结构构件的试验研究与测试技术。

13）省（部）级以上建筑科技攻关课题或科学基金资助项目的阶段性研究成果。

14）建筑安全、建筑节能和环境保护技术的研究与应用。

15）（特）大型市政工程的施工新技术。

16）机器人在危险领域的应用等专项建筑技术国内外发展情况的调研或考察综述。

17）建筑技术政策、技术标准、技术规范和规程的介绍、论证与研讨。

18）现代施工组织与项目管理的理论研究与实际应用。

论文撰写必须有原创性。论文必须是原创的，可以适当参考一些文献，但是需要表达自己的看法；务求中心突出，结构严密，论点明确，数据可靠，内容科学、先进、实用，文句简明、通顺，语法、名词、术语、标点符号、物理量符号、计量单位正确，题、文、图、表互相呼应，引用资料需列出参考文献。文稿题名要求明确、贴切、简练、醒目、反映文稿的特定内容；文内公式、图、表和文字叙述中所用物理量名称及其代号应符合现行国家标准，外文符号于文内首次出现时，应将其物理量名称交代清楚；所用计量单位一律采用法定计量单位，并以国际符号表达量值，必要时，可在其后用括号加注非法定计量单位的量值。

第十六章

BIM 技术管理

　　我国是基建大国，不管是建设规模还是建筑工程技术，都处于世界较为领先的地位；但在工程管理理论与管理软件开发应用方面，与西方发达国家相比还有较大的进步空间。为推动建筑业转型升级、促进建筑业高质量发展，国家提出了《关于推动智能建造与建筑工业化协同发展的指导意见》，指出要大力发展装配式建筑、推进建筑业数字化转型、推广应用建筑机器人等指导意见。而 BIM 技术正是推进建筑业数字化转型的有效途径之一。随着国家建筑业主管部门及相关行业协会的推广，越来越多的建筑工程中开始应用 BIM 技术，并取得了良好的成果，可以预见 BIM 技术在未来会得到更加广阔的应用。

　　BIM（Building Information Modeling）的字面意思是建筑信息模型，是通过计算机技术对建筑中的各种信息进行数字化表达，进而转化为信息化模型进行展示。它是在传统 CAD 的基础上发展起来的新型技术。BIM 的核心是三维数字技术，通过将项目建设中的各种信息数字化，形成三维信息模型，并将以前相对独立的各专业融合在统一的管理平台之下。

　　相比传统的 CAD 等设计工具，BIM 技术具有许多独有的特点。

　　第一，可视化。传统二维的 CAD 图，表达的信息远不如 BIM 技术生成的三维立体图像形象和具体。从二维图纸到具体的施工实体，设计人员和现场施工人员还需要在大脑中进行想象转换，特别是对于一些形态复杂的建筑实体，很难用二维图纸进行形象地展现。这种情况下使用 BIM 技术生成的三维模型或动画来展现，效果好得多。且基于 CAD 的传统设计一般各个专业各自为战，由于施工现场的复杂性，某专业的设计人员极易因对其他专业的不了解而使设计出的方案与其他专业产生冲突。而凭借 BIM 强大的可视化功能，可把各个专业结合在一个可见的模拟实体上进行分析，更容易发现设计中的各种空间存在的碰撞问题。

第二，协调性。建筑工程项目各专业的施工流程比较复杂且联系紧密，所以项目管理者与各个专业之间需要进行大量的沟通协调。而在 BIM 可视化模型基础上的沟通协调，可以极大地提高描述的准确性，提升沟通的效率；且各种空间碰撞问题的提前发现，可以将问题隐患提前暴露，省去了施工后再发现问题带来的成本增加，并减少了推诿扯皮现象。

第三，模拟性。BIM 技术的模拟性功能十分强大。在 BIM 3D 模型基础上还可以增加时间维度，称为 4D，可以按照进度计划对建筑施工过程进行模拟，通过对照现场实物形成情况与某个时间点的模型，直观地体现整体工程进度情况。在此基础上还可以增加造价信息，称为 5D，可以方便地得出某个时间点的计划投资额度，这对于实时进行造价控制是十分得力的工具。

第四，参数化。BIM 进行建模是以各种数据和参数为基础的。所有可视化构件的背后，都是详细的各种数据参数，这些构件都是通过各种参数来进行保存的。构件的差异化也体现在这些参数的差异化，通过调整相关参数，可以得到差异化的不同构件。

第五，信息完备性。BIM 技术详细地记录了项目的所有关键信息，如材料的形状大小、价格、施工工期、所需机械设施数量与单价、所需人工数量与单价等。这也是 BIM 区别于 CAD 等设计工具的关键所在，它不仅是一种设计工具和表现工具，更是一种管理工具。

面对庞大且复杂的工程建造，项目总工程师在处理繁杂的事务时，借助 BIM 技术可以方便很多。总工程师有义务和必要推动 BIM 技术的落地，并组织建立工程 BIM 实施体系，在工程施工阶段应用 BIM，引入 BIM 软件，为工程的施工总承包管理提供支撑，提升项目的精细化管理水平，实现工程实体与数字模型的同步交付，便于业主的后期物业运营维护。这也是目前市场开拓的需要。

在施工阶段借助 BIM 将复杂工程可视化，利用三维模型模拟施工过程，使各专业协同工作，及时发现问题并调整设计，避免施工浪费，以降低风险；应用 BIM 软件，实施项目施工总承包管理，实现多专业、多参与方的协同工作；结合便携式移动终端设备与相关配套软件，提高工效，强化现场质量安全管理；通过 BIM 得到准确的工程基础数据，将工程基础数据分解到构件级、材料级，能有效控制施工成本，实现全过程的造价管理；通过项目数据管理软件，实现施工阶段各参与方 BIM 数据共享，可使沟通更为便捷、协作更为紧密、管理更为有效。

在业主提供施工图设计模型的情况下，对其模型进行深化、更新和维护，并管理、协调、整合专业承包单位的 BIM 工作（如业主只能提供施工图纸，则组织各专业分包以施工图纸等为依据自行创建施工图设计模型，进而完成本专业的施工深化设计模型）；应用施工深化设计模型进行施工组织设计及施工方案的模拟与优化，形成施工过程模型；应用施工过程模型，按工作范围提交施工各阶段 BIM 成果，对专业承包单位的 BIM 成果进行校核和调整，确保 BIM 成果与各参与方提供的施工图纸文档一致；将施工阶段确定的信息，在施工过程模型中进行添加或更新，并对施工变更的内容进行相应的 BIM 模型和信息的更新，最终形成竣工模型。作为项目技术负责人，项目总工程师要用专业的视角看待 BIM 的优势，利用 BIM 技术与其他信息技术的融合，形成多维度的合并技术，在综合管控风险、降低施工成本、提升施工质量、加快施工进度等方面发挥更加全面的作用。

第一节　BIM 工作流程

流程管理是执行力的保障，良好的 BIM 流程管理能够消除 BIM 实施过程中人浮于事、扯皮推诿、职责不清等问题，保障 BIM 服务的高效运行，从而发挥 BIM 技术的优势，达到 BIM 建筑信息模型咨询服务的主要目的。BIM 团队进场后需要展开项目调研，制订项目工作流程，并配置运行 BIM 管理平台，以便于各参与方相互沟通，提高实施效率（图 16-1）。

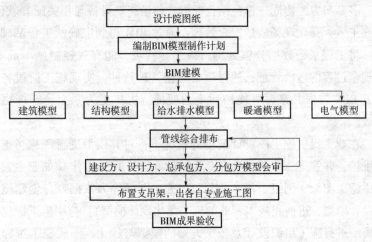

图 16-1　BIM 流程管理

第二节　深化设计 BIM 复核工作流程

主体钢结构深化设计 BIM 复核工作流程如图 16-2 所示。

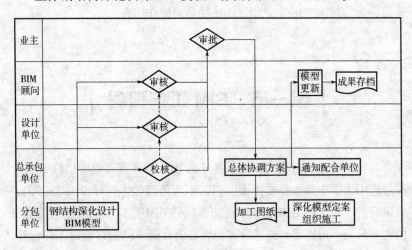

图 16-2　主体钢结构深化设计 BIM 复核工作流程

机电深化设计 BIM 复核工作流程如图 16-3 所示。

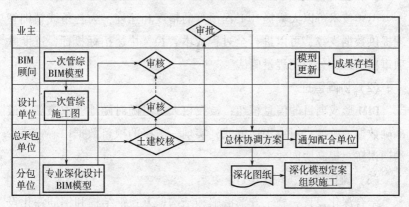

图 16-3　机电深化设计 BIM 复核工作流程

幕墙深化设计 BIM 复核工作流程如图 16-4 所示。

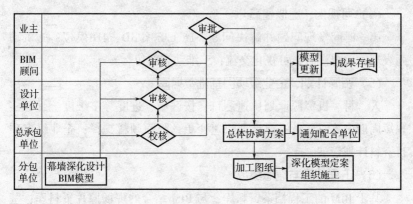

图 16-4　幕墙深化设计 BIM 复核工作流程

第三节　BIM 技术的应用

一、在建造阶段的应用

BIM 技术在建造阶段主要有以下六大应用。

(1) 工程量计算

BIM 技术可以大幅提升工程预算的精度和速度，为各条线精细管理提供数据支撑，可以进行全过程成本管控，快速招标投标，进度款项审核确认，分包工程量确认。

(2) 协同管理

BIM 形成项目的信息枢纽；被授权人员可随时随地获取最新、最准确数据；改变点对点沟通方式，实现一对多的项目数据中心；减少沟通误解、提高协同效率。

(3) 碰撞检查、深化设计

结合深化设计、施工方案措施和结构偏差；钢结构和钢筋深化设计指导；预留洞图自动生成；辅助施工班组优化，完整体现施工方案；自动生成平面图和剖面图，有效指导施工；运动碰撞检查。

(4) 可视化、虚拟建造

第一时间发现问题并解决问题；施工方案 3D、4D 模拟；施工动画表现；虚拟漫游；可视化交流；三维动态剖切。

(5) 资源计划、企业级项目基础数据库

人、材、机资源计划快速制订；按区域、进度等多维度统计；实现短周期多算对比；资源计划快速变更；限额领料支撑；企业级多项目资料计划管理。

(6) 工程档案与信息集成

基于 BIM 的工程档案资料库；与 BIM 结合的现场照片资料库；基于 BIM 的竣工交付；为保修服务快速响应、降低成本提供数据支持；为物业运维提供高效数据库。

二、在项目技术管理过程中的应用

项目总工程师在运用 BIM 技术进行项目技术管理的过程中，主要有下列应用。

(1) 施工现场管理的应用

BIM 技术可以将施工现场的平面元素可视化，帮助我们更直观地规划各个阶段的场地布局，综合考虑各个阶段的场地转换，结合绿色

施工中节约用地的理念对场地进行优化，避免重复布局。

1）场地模型的初步建立。根据高程网格进入地形，提前规划全场道路高程系统、排水系统、塔式起重机、施工电梯等临时设施的布置位置（图 16-5）。

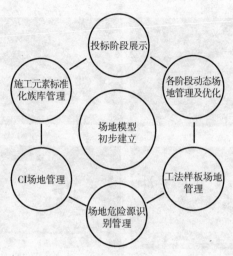

图 16-5　场地模型初步建立

2）施工总平面图。与二维施工布置相比，三维施工布置更直观，更能准确展现施工实际情况（图 16-6）。

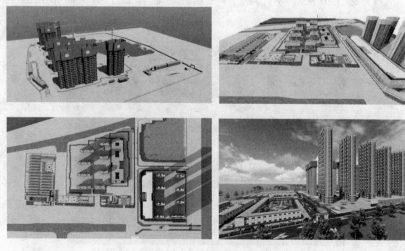

图 16-6　三维施工布置图

3）施工现场动态管理。在绿色施工中，为了找出最优的布局方案，提高场地利用效率，降低二次规划的成本，在不同施工阶段对场地布局进行提前规划和转换。同时利用软件统计功能，自动生成临时工程量，减少计算工作量（图 16-7）。

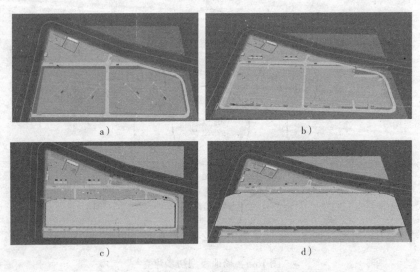

图 16-7　施工现场动态管理

a）土方阶段　b）基础阶段　c）主体阶段　d）装饰装修阶段

4）施工方法样板管理。样板可用于制作施工图从而指导施工（图 16-8、图 16-9）。

图 16-8　工法样板场地布置管理

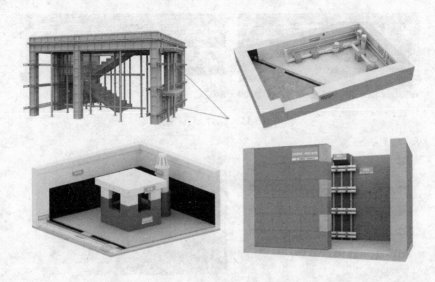

图 16-9　虚拟样板

5）CI 图像管理。通过将抽象的平面图转化为三维真实感仿真图，极大地提高了 CI 图像设计的效率，实现了场地与规划的高度统一（图 16-10～图 16-12）。

安全通道.rfa	标牌族3.rfa	彩板房1.rfa	单栓室内消火栓箱.rfa	吊车.rfa	风帽_3D.rfa	干粉灭火器.rfa
钢筋加工场.rfa	高塔吊.rfa	架管.rfa	脚手架扣件1.rfa	满堂支架族.rfa	墙木模板.rfa	施工电梯.rfa
施工脚手架.rvt	网片式临边防护.rfa	围挡组.rfa	围挡组2.rfa	围挡组3.rfa	消防柜1.rfa	消防柜3.rfa
悬挑式卸料平台.rfa	样板展示柜1.rfa	样板展示柜2.rfa	长塔吊.rfa	中建大门族.rfa	中建旗台.rfa	组合式彩钢板房.rvt

图 16-10　图像管理标准库

图 16-11　综合布置图像

图 16-12　临建布置图像

6）施工现场危险源辨识。通过 BIM 模型提前识别孔洞，并花更多的时间进行安全风险评估和措施制订，提前在模型中设置安全防护，并将防护栅栏布置完善（图 16-13）。

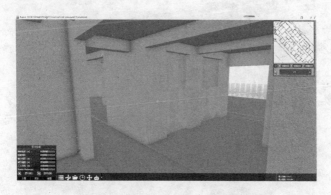

图 16-13　在模型中布置完善防护栅栏

（2）施工方案模拟的应用

1）BIM 技术可以对施工方案进行模拟比较，为施工方案的选择提供符合实际情况的决策依据（图 16-14）。

图 16-14　施工方案的模拟比较

2）技术交底。模架技术交底、钢筋平法技术交底历来是技术交底的难点，由于体系复杂难以用口头叙述，二维平面的形式也难以向工人阐述清楚该分部工程的技术控制要点、难点。通过 BIM 技术不仅能直观地看到三维模型，而且能准确地统计脚手架、模板、钢筋等复杂分部工程的工程量，为成本控制、进度控制、质量控制提供了可靠的依据（图 16-15）。

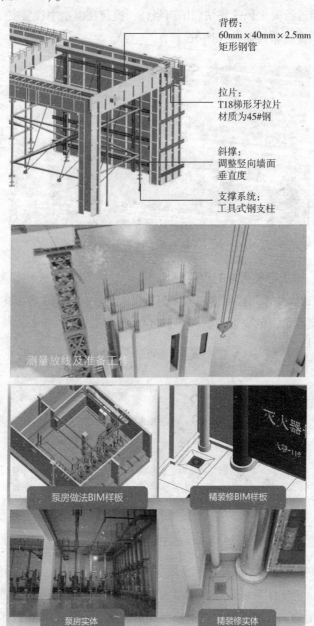

背楞：
60mm × 40mm × 2.5mm
矩形钢管

拉片：
T18梯形牙拉片
材质为45#钢

斜撑：
调整竖向墙面
垂直度

支撑系统：
工具式钢支柱

测量放线及准备工作

泵房做法BIM样板

精装修BIM样板

泵房实体

精装修实体

图 16-15   运用 BIM 进行技术交底

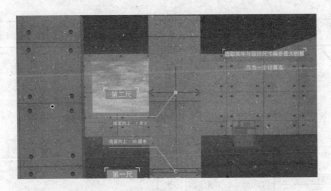

图 16-15　运用 BIM 进行技术交底（续）

(3) 施工图会审的应用

图纸会审是施工准备阶段技术管理的主要内容之一，认真做好图纸会审、检查图纸是否符合相关条文规定、是否满足施工要求、施工工艺与设计要求是否矛盾，以及各专业之间是否冲突，对于减少施工图中的差错、完善设计、提高工程质量和保证施工顺利进行有着重要的意义。图纸会审在一定程度上影响着工程的进度、质量、成本等，做好图纸会审这项工作，图纸中的一些问题就能及时解决，可以提高施工质量，缩短施工工期，进而节约施工成本。应用 BIM 的三维可视化辅助图纸会审，形象直观。

1）基于 BIM 的图纸会审业务流程如图 16-16 所示。

2）基于 BIM 的图纸会审实施要点。传统的图纸会审主要是各专业人员通过熟悉图纸，发现图纸中的问题，业主汇总相关图纸问题，并召集监理、设计单位以及项目经理部项目经理、生产经理、商务经理、技术员、施工员、预算员、质检员等相关人员一起对图纸进行审查，针对图纸中出现的问题进行商讨修改，最后形成会审纪要。

基于 BIM 的图纸会审与传统的图纸会审相比，应注意以下几个方面。

①在发现图纸问题阶段，各专业人员在熟悉图纸的过程中，发现部分图纸问题，在熟悉图纸之后，相关专业人员开始依据施工图纸创建施工图设计模型，在创建模型的过程中，发现图纸中隐藏的问题，并将问题进行汇总，在完成模型创建之后通过软件的碰撞检查功能，

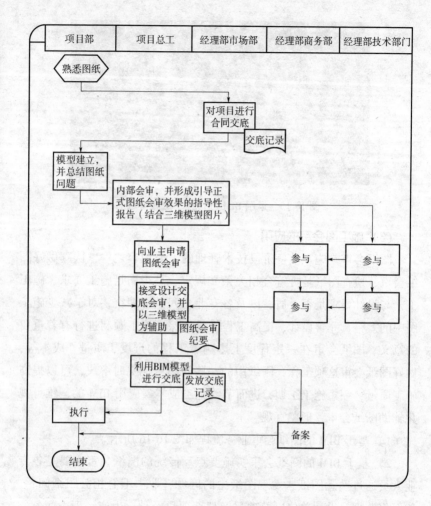

图 16-16　基于 BIM 的图纸会审业务流程

进行专业内以及各专业间的碰撞检查，发现图纸设计中的问题，这项工作与深化设计工作可以合并进行。

②在多方会审过程中，将三维模型作为多方会审的沟通媒介，多方会审前将图纸中出现的问题在三维模型中进行标记。会审时，对问题进行逐个的评审并提出修改意见，可以大大地提高沟通效率。

③在进行会审交底过程中，通过三维模型就会审的相关结果进行交底，向各参与方展示图纸中某些问题的修改。

3）基于 BIM 的图纸会审的优势和不足。

优势：基于 BIM 的图纸会审有着不可忽视的优势。首先，基于 BIM 的图纸会审能发现传统二维图纸会审所难以发现的许多问题，传统的图纸会审都是在二维图纸中进行图纸审查，难以发现空间上的问题；基于 BIM 的图纸会审是在三维模型中进行的，各建筑构件之间的空间关系一目了然，通过软件的碰撞检查功能进行检查，可以很直观地发现图纸不合理的地方。其次，基于 BIM 的图纸会审通过在三维模型中进行漫游审查，以第三人的视角对模型内部进行查看，可以发现净空设置等问题，以及设备、管道、管配件的安装、操作、维修所必需空间的预留问题。

说明：本流程是对施工图设计模型与项目技术管理工作相结合的一个应用，如果业主提供施工图设计模型，则可直接利用其模型进行图纸会审工作，从而省去模型创建的过程。

不足：基于 BIM 的图纸会审对人员和计算机要求较高，这也是基于 BIM 的图纸会审实施的一个难题。一方面，基于 BIM 的图纸会审要求配置较高的硬件设备和具备相应素质的 BIM 专业人才；另一方面，创建三维模型要求有充裕的时间，且准确反映图纸信息的三维模型是基于 BIM 的图纸会审的基础，如果建模人员素质不达标，或者时间比较紧张，则采用基于 BIM 的图纸会审难度较大，无法实现图纸会审的目的。

4）碰撞检查。碰撞检查是 BIM 的一个非常实用的功能。在使用核心建模软件 Revit 进行建模时，遵循一定的建模规则，分为建筑、结构、结构（防火、采暖、通风）设备 MEP；合并到 NavisWorks 平台（图 16-17）。

与碰撞检查相比，三维施工审查需要人工验证 BIM 模型，施工图中发现的问题可以用测量工具和标注工具进行标注（图 16-18）。

(4) 深化设计的应用

深化设计是利用 BIM 三维可视化功能，对复杂的技术节点利用科学的手段进行深化，使得整个技术节点具备可操作性、可协调性、可沟通性（图 16-19）。

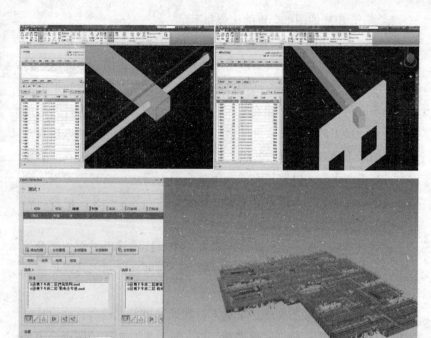

图 16-17　三维绘图

图 16-18　三维施工审查

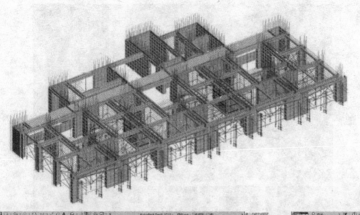

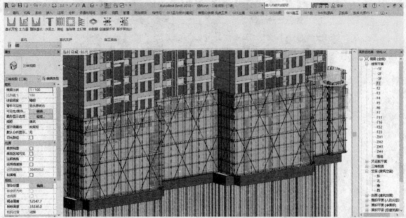

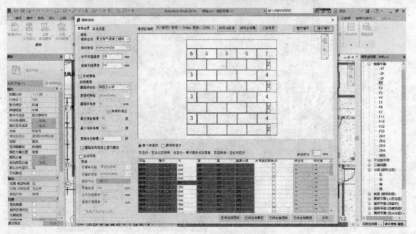

图 16-19 深化设计应用案例

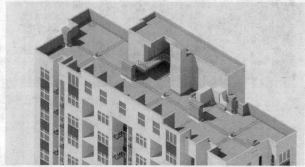

图 16-19　深化设计应用案例（续）

(5) 进度管理的应用

目前，Project 是一款拥有最多工程用户的软件，用于调度软件，它可以与 NavisWorks 软件联合起来做 BIM 相关的进度管理工作（图 16-20）。

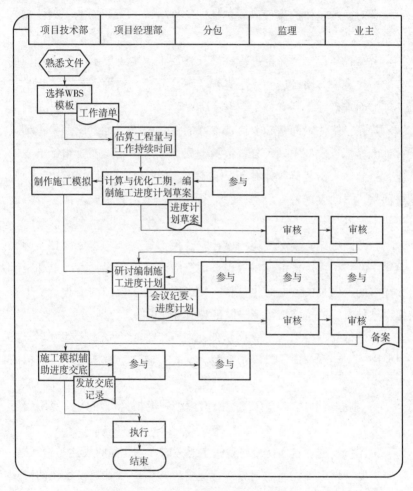

图 16-20　BIM 进度管理应用流程

基于 BIM 的进度计划编制与传统方法比较，应注意以下几个方面。

1）在应用之前首先明确实施目标。基于 BIM 的进度计划管理对工作量影响最大的地方就在于模型建立与匹配分析。在进度的宏观模拟中，进度计划的展示并不要求详细的 BIM 模型，只需要用体量区分每个区域的工作内容即可。在专项模拟中则需要更加精细的模型，这种模拟适合有重大危险或相当复杂抽象的专项方案。选择不同的模拟目标会对后续工作的流程以及选择的软件造成一系列影响，因此需要首先考虑。

若选择使用三维体量进行进度计划模拟，主要展示的是工作面的分配、交叉，方便对进度计划进行合理性分析。这种方式在工程量估算等方面准确性不高，视觉表现较简陋。

若在三维体量的基础上追求更好的视觉效果，可以用简易模型进行进度模拟，模型中只区分核心筒、砌体墙、柱、梁、板和机电各专业，粗装修、精装修等工作可用砌体墙模型，以不同颜色进行表现。这种方式下的表现力有所提升，但是在工程量估算、成本估算等方面依然不准确。

若按图纸建立模型或使用设计院的模型进行施工进度模拟，则是最实用的施工进度模拟。在工程量估算的准确性和视觉表现上都是十分优秀的，但是要考虑简化模型，减少制作施工模拟的工程量。推荐使用这种方式进行施工模拟，但是要预留较长的工作时间。

若进行专项模拟，主要展示的是复杂、抽象的操作或工作条件，主要用于交底和沟通。以展示清楚为优先，应注意平衡建模与模拟的工作量。

2）根据实际需要建立进度模拟模型。模拟模型可选择使用以下几种：

①体量模型。建立体量模型时主要考虑对工作面的表达是否清晰，按照进度计划中工作面的划分进行建模。体量模型是建模最快的，一般 2h 内可完成体量建模，推荐使用 Revit 进行体量建模，方便输入进度计划参数进行匹配。

②简化模型。当工作的细分要求较高时，应建立简化模型进行模拟，简化模型在体量模型的基础上能反映建筑的一些特点。简化模型的建模速度也很快，建议使用 Revit 进行简化建模，方便进度计划参数

的输入。

③多专业合成模型。当需要反映局部工作的施工特点时，可采用多专业合成模型，如将 Revit、Tekla、Rhino 等模型导入软件中进行模拟制作。在采用多专业模型时应注意：不同软件的模型导入 Navisworks 时需要调整基点位置；除 Revit 模型外，其他的模型需手动匹配，最好能按不同软件设置不同的匹配规则。

3）编制总进度计划工作表。编制总进度计划工作表时，应考虑 4D、5D 施工模拟的要求，选择以工作位置、专业为区分的 WBS 工作分解结构模板，批量设置相关匹配信息。

选择以工作位置、专业为区分的 WBS 模板是考虑到施工模拟需要以三维模型、三维体量进行进度计划展示，因此需要很好地界定三维模型，否则会造成视觉上的混乱，影响进度计划的表达。

建议进度计划中包括但不限于以下信息：进度信息与模型匹配的信息、模型中不同专业的信息、用于模型筛分的信息。

4）工程量估算。工程量估算有多种方式，大致分为三种：导出数据信息进行估算、导入专业算量软件进行计算、在一站式管理软件中进行计算。

①第一种以 Revit、Excel、MS Project 的协同工作为主，导出 Revit 数据至 Excel 表格进行估算，再将数据输入进度计划软件中。

②第二种以 Revit、国内造价软件（广联达、鲁班、斯维尔等）、Project 的协同工作为主，将 Revit 模型导入国内造价软件进行算量，再将数据输入进度计划软件中。

③第三种以 VICO、ITWO 的一站式管理软件应用为主，在理论上，可将模型导入 VICO、ITWO 中，通过进行分区分层、进度计划编制、模型与进度关联、工程量计算、造价计算、劳动力计算、进度时间估算等工作，从而制作出 5D 施工模拟；但是因为 VICO、ITWO 目前在国内还缺乏足够的应用实践，其实用性有待于进一步验证，故对这两款软件本书不再详述。

5）工作持续时间估算。本项工作是在工程量估算的基础上，分配劳动力与机械，依据工程量与施工企业定额估算工作的持续时间。估算方式是将工程量估算中的前两种方式计算出的工程量数据导入进度计划软件中，设置施工定额，进度软件自动计算工作持续时间。

6）模型与进度计划进行匹配。模型与进度计划进行匹配时，可灵活采取匹配方式。匹配方式主要有以下两种。

①手动匹配。手动匹配时，是在 Navisworks 中选择模型，与相对应的进度计划项进行匹配。筛选出模型的方式多种多样，因此手动匹配的方法也多种多样。手动匹配的优势在于灵活、方便、操作简单。

②规则自动匹配。按规则进行自动匹配主要是依据模型的参数特点按照一定的规则对应到进度计划项上。自动匹配快捷方便，能在一定程度上减少匹配工作量，但是缺点是不够灵活、流程烦琐、匹配错了难以修改。

7）进度优化及核查。进度优化主要还是依靠原有的优化工具进行，在高层建筑的进度优化上，可使用 Navisworks 等软件制作施工进度模拟，通过动画的方式表现进度安排情况，直观检查不合理安排。

8）总控计划交底。计划交底采取施工模拟与工作计划表相结合的方式进行，需要调整的部分在会议上进行讨论、记录，进度管理实施小组各组员达成一致后，修改总进度计划及施工模拟。

施工进度模拟在交底中的作用也非常显著，在进度协调会中总是会临时检查进度计划表的各项关系，这些查找与对应的时间往往是导致进度协调会效率低下的重要原因。在进度协调时利用清晰直观的动画进行展示，不仅减少了各方的理解歧义，也会很快理解工作面的交接，以便达成共识。

9）编制阶段进度计划。计划协调部在将一级总进度计划分解细化形成阶段计划的过程中，应对复杂情况的施工区域额外进行细度更高的施工模拟，提前核查可能发生的情况。

阶段性计划可以从总控计划中抽取出来，细化后表现更细分段的施工进度部署。编制方法与编制总控计划的施工进度模拟相同。

10）审查分包方计划合理性。在进度会议上进行进度计划的协调工作时，利用施工模拟、流线图等方式辅助沟通，能有效减少各方的理解歧义，快速理解工作面交接，以便达成共识。

（6）成本管理的应用

BIM 模型搭建完毕后可一键统计各专业工程量，如图 16-21 所示。

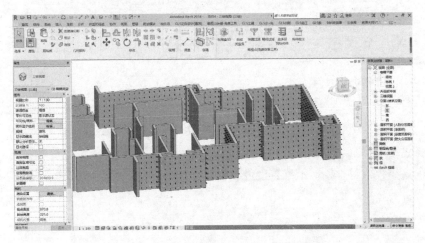

图 16-21 一键统计各专业工程量

第十七章

示范工程

示范工程主要有建筑业新技术应用示范工程、科技示范工程、绿色施工示范工程等。各地因地域特点对示范工程的要求也不尽相同，这里仅对科技推广示范工程进行描述，其他示范工程需根据地方要求进行管理。

第一节 示范工程申报

(1) 申报要求

新开工程，建筑规模大、技术复杂、质量要求高的房屋建筑工程、市政基础设施工程、土木工程和工业建设工程项目，示范工程申报要求有以下几点。

1）工程计划应用"建筑业 10 项新技术"的数量应不少于示范工程主管单位的规定，且应结合工程特点组织技术攻关和科技创新。

2）积极开展绿色施工，在工程项目施工周期内进行过程控制，最大限度地节约资源（节能、节地、节水、节材、节约人力资源）、环境保护和减少污染。满足《建筑工程绿色施工评价标准》评价指标中每个评价要素"控制项"全部合格、"一般项 + 优选项"合格率不少于 70% 的要求。

3）积极运用 BIM 技术。

4）具有良好的经济效益、社会效益和环境效益，完成申报文件及其实施规划的全部内容。

5）科技进步效益率显著。

(2) 申报

示范工程申报应填写《示范工程申报书》，并制订实施计划，经企业主管部门审核后报示范工程主管部门。

| 第二节　示范工程审查、立项 |

1）企业负责对申报资料进行审核，审核合格的资料报送地方主管部门，经批准后列入本年度示范工程计划并发文公布。

2）已经被批准列为示范工程的项目，由项目组织实施与落实，不得随意取消或更改。

| 第三节　示范工程过程管理 |

1）示范工程立项后，项目总工程师要加强领导与协调，严格管理，按照示范工程推广工作计划认真组织实施，按期总结检查。

2）示范工程实施单位要采取有效措施，认真落实示范工程新技术应用实施计划，强化管理，使其成为工程质量优、科技含量高、施工进度符合要求、经济和社会效益好的样板工程。

3）示范工程要与企业技术发展要求相适应，积极参与企业技术研发课题，通过示范工程促进企业技术的积累与提高。

4）示范工程主体结构即将封顶之时，应将已完成工作内容的技术资料按照示范工程要求整理并装订成册，向主管部门提出中期检查申请。主管部门将根据工作安排组织专家对示范工程的实施情况及资料总结情况进行中期检查。对于中期检查不合格者，取消其示范工程资格，以后不再安排最终验收。

5）示范工程实施单位如果无正当理由不能按计划完成示范工程申报书的内容，将取消该项目示范工程资格。

第四节　示范工程验收评审

（1）示范工程验收申请

示范工程的实施单位应在工程竣工后 3 个月内，准备好验收评审资料，向主管部门提出验收申请。

（2）验收总结资料

示范工程实施单位应提交验收评审资料（表 17-1）。

表 17-1　验收评审资料

目录	内容	具体要点
第一部分	《示范工程申报书》及批准文件（复印件）	
第二部分	施工组织设计	涉及新技术、绿色施工、BIM 技术应用部分内容
第三部分	示范工程实施计划	
1	工程概况	
2	推广工作领导机构及成员	
2.1	组织机构	
2.2	工作职责范围	
3	示范工程推广措施	
3.1	组织保证	
3.2	项目组织机构设置	
3.3	管理措施	
4	新技术推广应用情况	推广应用的新技术情况及各项新技术特点

（续）

目录	内容	具体要点
5	绿色施工技术推广应用情况	
6	BIM 技术推广应用情况	
7	拟组织技术攻关和创新项目	创新技术、其他新技术的应用情况、技术特点
8	计划推广项目、推广量及负责人	推广应用部位、工程量等，落实每项技术的实施负责人
9	预计产生效益	对每项技术进行分析、测算
第四部分	示范工程中期检查报告	
第五部分	示范工程实施综合报告	扼要叙述应用新技术内容，综合分析推广应用新技术的成效、体会与建议。要求列出新技术应用情况一览表
1	工程建设概况	
1.1	工程概况	工程地点、建筑规模、建筑背景、工程总投资、工程建筑面积、开工日期、竣工日期等
1.2	工程目标	质量目标、工期目标、安全目标、环境目标、成本目标、科技目标等
2	工程难点与特点	
3	示范工程的组织管理与策划	
3.1	目标与管理	
3.2	管理措施	
3.3	总结、提高与改进	
4	新技术应用情况总结	
5	创新技术、其他新技术应用情况总结	
6	申报书计划内容与实施情况对比	
7	新技术实施应用效果	质量效果、工期效果、安全效果、经济效益、社会效益

第十七章　示范工程

337

（续）

目录	内容	具体要点
第六部分	单项新技术应用工作总结	单项新技术所在分项工程概况，关键技术的施工方法及创新点，质量标准及质量保证措施，创新技术的先进性、成熟度及推广应用的条件和前景，直接经济效益和社会效益等；创新技术、其他新技术必须做单项新技术应用工作总结
第七部分	工程质量证明	竣工验收报告、质量奖证明
第八部分	效益证明	新技术应用综合效益汇总表、有关单位出具的技术进步经济效益与节约三材计算认证书、建设单位出具的社会效益证明、其他证明材料
第九部分	工期证明	须有建设单位盖章
第十部分	文明安全施工情况证明材料	证书、奖牌或由建设单位出具的证明
第十一部分	绿色施工总结资料	
第十二部分	BIM 技术总结资料	
第十三部分	企业技术文件	通过示范工程总结出的技术规程、工法、专利等
第十四部分	创新技术的科技成果鉴定证书、科技查新报告	按照创新技术总结但无查新报告者，一概视为其他新技术
第十五部分	其他证明材料	发表的论文、绿色施工获奖证明、BIM 应用获奖证明等
第十六部分	新技术应用施工过程图片	按照工程实景全景图、10 项新技术、创新技术、其他技术及施工先后顺序展示图片
第十七部分	示范工程实施情况汇报 PPT 等音像资料	
第十八部分	《科技推广示范工程验收证书》	
第十九部分	包含以上文件的电子文档	

(3) 示范工程验收评审的两个阶段

示范工程验收评审工作分资料审查和验收评审会议两个阶段进行。

评审专家应在会前认真审查验收评审资料，并在听取示范工程实施情况汇报及查验施工现场的基础上，实事求是、客观公正地提出评审意见。

示范工程验收评审主要包括以下内容：

①提供的评审资料是否齐全、翔实。

②是否完成了示范工程申报书的全部内容。

③单项新技术应用工作总结是否符合要求。

④直接经济效益计算和社会效益确认是否客观、真实，科技进步效益率是否达到要求。

⑤创新技术是否符合现行技术标准。

⑥创新技术是否经过查新及省部级科技成果鉴定。

⑦应用新技术后对质量、工期、效益、文明安全施工有何影响。

⑧是否满足绿色施工要求、是否实现了绿色施工目标。

⑨是否达到了 BIM 技术应用要求。

第十八章

项目总工程师创新工作思维探讨

步入新时代，项目总工程师的角色定位和职业能力等正日益成为广泛关注的问题。传统的项目总工程师以技术为核心能力，但新时代的项目总工程师仅有技术能力是不够的，其能力正逐步走向多元化和综合化。工程活动构建着人类的现实世界，项目总工程师的工程能力体现在工程思维（Engineering thinking）上。项目总工程师需要依靠工程思维，深入分析工程活动的边界条件，与社会、经济、文化、技术、人等多方面的相互关系。工程思维是工程联系现实世界的重要纽带，具有构建性、设计性和实践性，有别于科学思维和艺术思维。

（1）科学思维

科学思维的主体是科学家。科学的目的是科学家通过科学思维和科学实验，发现世界的客观规律，探索和追求真理。科学答案具有唯一性，并且这些答案是原本存在于客观世界之中的。科学过程是一个不断假设—验证—假设的逐步接近最终真理的探索性过程，容许错误、容许推翻。科学发现不一定立即应用于社会生产需要，不一定对社会产生显著的贡献。因此，科学家的科学思维更多是真理定向的，运用更多的是超越时空的纯逻辑性思维，如归纳和演绎、类比和推理等。它更多的是鼓励科学家广开言路、大胆假设和实验。

（2）工程思维

工程思维的主体是工程师。工程之所以存在，是应社会和生产的需要，一开始就具有很强的目的性和价值性，呈现出价值多维化。同时，工程受到很多因素的制约和影响，如经济、社会、生态、公众等。工程的成果具有不确定性，是与各种风险（如技术风险、社会风险、人为风险等）并存的。工程的过程是一个不可逆的过程，并且实践性很强。一旦前阶段的产品生成就不宜再添加和修改，否则需要耗费更多的社会资源。因此，工程思维的集成性更强。它不是各种相互关联的内容的简单累加，而是如何在各种错综复杂的体系中求得一种平衡。可以说，工程思维没有最优解，只有满意解。

(3) 工程思维与科学思维的关系

虽然科学方法和工程方法是有区别的，但工程思维需要科学思维作为基础，没有科学性的思维不能称之为工程思维。科学思维是工程思维的一个重要组成部分，工程师所进行的每一项决策和统筹都是具有科学性的，科学理论和知识为工程师的思维拓展提供了丰富的背景基础。因此，工程思维与科学思维有着紧密的联系，工程师的工程教育不能简单地归为科学性教育，但应把科学教育作为一个基本内容和基础性成分。

(4) 工程思维的构成元素

工程思维赋予项目总工程师全面认识工程活动的一种"无形"的工程能力，与项目总工程师对工程技术的掌握和工程设备的操作的"有形"工程能力相辅相成；并且，工程思维指导项目总工程师的工程技术使用，是超越于技术与设备之上的。可见，工程思维是一种系统思维，是综合之上的集成，是集成后的再次综合性的思维方式。因此，工程思维是以工程哲学修养作为核心元素，以工程知识作为质料，以工程道德规范作为骨架，以工程行动作为催化剂，由四种元素共同作用而形成的。

1) 哲学元素。工程始于计划与决策，而后是实施与评价过程。工程的计划阶段是工程得以开展、实施及最终使用的重要阶段，该阶段是通过不确定的范畴和不完全的信息，识别问题、分析问题、制订方案的工程过程。这离不开项目总工程师对工程活动的本质认识和采取的方法手段，也就是需要确立一种工程观。如人们对于工程技术观通常持有三种理解：第一种认为工程是科学的应用，工程只有技术上的先进与落后之分，没有道德上的好坏之别；第二种认为技术是自主的，技术发展不受外界社会包括伦理道德的控制；第三种认为技术只是人类实现某种目的的手段，它本身并无善恶。其实，这三种说法虽有合理之处，但都不全面。技术本身并无善恶，但它的运用却是有善恶之分的，关键在于人类以何种态度对待和以何种方法应用。如果项目总工程师对于工程技术观的认识有失偏颇，就会影响他在某一具体工程乃至所接手的所有工程任务中对于技术使用的态度和行为，可能完全被技术所役，也可能会忽视技术的作用。

哲学是人们认识世界和改造世界的一种方法论，正确的工程观使工程师首先对工程活动有了一个整体的把握。工程师不仅需要认识工程技术观，还需要认识工程系统观、工程社会观、工程生态观、工程伦理观及工程文化观等。工程师只有全面深刻地认识了工程活动本质，意识到它的社会价值和长远效益，才能做出具有深远意义的明智决策。可以说，哲学观的建立是工程思维的核心所在。没有对整个人类世界、工具理性以及自然规律的深刻洞察，就不能很好地定义工程，认识工程中的"自我"价值和进行运筹谋划。

2）知识元素。工程知识服务于工程活动。从知识角度上看，工程可以看成是一种核心专业技术或几种核心专业技术加上相关配套的专业技术知识和其他相关知识所构成的集成性知识体系。工程活动不仅是知识运用的过程，也是知识集成创新的过程。丰富的工程知识有助于确定工程范畴、确定工程目标、设计工程方案、预测工程费用、做出正确决策和预见工程风险等。工程知识不仅来源于科学理论，从实验室中获得，还来源于社会实践和以往经验，通过"躬亲尝试"获得。工程知识的综合性要求工程师除了具备基础全面的科学知识，还要有与工程活动相应的人文社会科学知识和实践活动知识。

工程思维的创新来源于工程理论和实践知识的"量"的积累。工程知识犹如建造房屋的材料，材料不一样最终盖成的房屋也不一样，可是没有这些材料，哪怕一间很普通的房子都不能盖成。工程师只有不断地积累工程知识，不断地总结经验，才可能对工程的各个环节得心应手，了如指掌。

3）道德元素。工程活动包含主体多，是各种利益和效益交错的集合体，如何均衡经济效益、社会效益、环境效益等是工程师必须谨慎面对和处理的一个重要问题。在中国大力发展社会建设的过程中，既有像三峡工程、南水北调工程等这样的事关民生的大型工程，也有像航天航空工程、核电站建设的高精工程。如何保证这些工程能够实现目的善与结果善的统一，这需要项目总工程师牢牢建立社会责任、关爱人类生命的道德理念，在道德规范的界限内履行工程师的角色义务，把社会公众的生命安全始终放在第一位。

钱学森院士等曾从东方文化的角度出发，提出"物—事—人"系统思考方法论。物理指涉及物质运动的机理，主要用到自然科学知识；事理指做事的道理和方法，解决如何统筹安排，主要用到运筹和管理知识；而人理指做人的道理，解决应该怎么做和最好怎么做，主要依靠人的文化、信仰、道德修养、宗教观念等。这种系统思考方法论充分考虑了人的因素，任何实践活动离不开人去做，判断事与物是否得当也由人来完成。工程活动是一种重要的系统工程，离开了"人理"，就难免做事不得其法，很可能达不到系统的整体目标。因此，一个项目总工程师既要懂物理，又要明事理和通人理，工程道德意识强化了项目总工程师的决断力和意志力，是工程思维的不可或缺的骨架部分。

4）行动元素。科学假设需要通过实践检验才能成为科学理论，工程技术的发展也同样离不开项目总工程师的行动能力。工程知识是工程思维创新的来源，而工程行动则是工程思维创新成果变成现实的手段。工程活动的实践性很强，它可以发挥人类的创造性才能，可以满足人类社会的需求。同时，它又具有两面性，既可以做到节能减排，也可以浪费污染；既可以生产安全耐久的产品，也可以生产劣质的产品。总工程师的工程思维是要从有益于人类社会的角度来行动，正确的行动体现了正确的工程思维，也促进了工程思维的升华。总工程师的行动能力不断提高，就会大大增强创新成果的转换能力。

（5）打破思维惯式，着眼工程实际

近两年多家大型企业在总结过去一段时间项目管理的基础上，在不同的时点上提出了"精益建造""总承包管理""大商务管理""智慧建造"等工作方向，工程管理从"又土又木"的"粗放型"开始向"精细化""集成化""本源化""信息化"转变。项目管理中也迫切需要一种管理手段来提升项目的管理水平。面对复杂的工程项目，总

工程师不能边干边学，可以借鉴其他行业领域的思维模式来解决工程上的问题，例如：学会把项目拆解成一个个模块，每个模块解决局部的问题；优先使用成熟方案；能分解的功能就不要重合；结构化的想象力；预判项目潜在的结构；越冗余越昂贵，所以要平衡冗余的性价比。比如在岳岗安置房项目中铝合金模板、全钢附着式升降脚手架、高精砌块、BIM技术、智慧工地系统、薄抹灰技术、自动养生箱等的应用，通过EPC集成管理手段配合信息化技术手段，达到了提高施工作业效率、降低工程成本、保障施工安全、提升施工质量的目的。针对施工中出现的新问题和新事物，项目总工程师能身先士卒、未雨绸缪，大胆尝试新型技术带来的效能。一部分项目的成功，对大部分项目总工程师提出了新的要求：围绕行业、政策的新要求、新标准要有新策略、新作为，要积极研讨信息技术与施工现场的结合、管理手段与目标的融合更替、成本本源管理与自身知识架构的差异等，针对这些新要求，要打破思维惯式，积极学习研究，围绕目标制订策略。

（6）化被动为主动，扎身实际搞创新

现在很多单位都在执行目标责任制，科技创新也不例外，多数情况下项目的科技研发是在上级单位的要求下进行的。项目层面上项目管理琐事多，人、财、物投入受所处层面和制度限制，导致人员抵触情绪客观存在，科技创新不主动、不积极，多是被动接受任务，微成果多，成果转化效益差的问题明显。

项目总工程师作为项目层级创新的直接负责人，要认识到创新对个人、项目团队、项目收益、企业经营和市场竞争的重要性，要正确处理投入与收益的关系，提升主动创新的意识。但是，主动不同于急功近利，技术创新工作必须以提高项目的经济效益、质量安全保障为目标，谨防技术创新与项目施工脱节。一方面要合理利用技术资源，防止不切实际的"创新"反而造成工作效率降低，创新成果要具有广阔的适用范围和推广前景，以服务于施工现场为前提，束之高阁的技术创新没有任何意义。另一方面，则要努力为项目施工生产经营降低成本、提高质量、增加收入。在可能的条件下，通过开展技术创新工作，为企业实现超出行业平均的高额利润。

(7) 改变传统思维模式，弘扬创新创效精神

深入思考下：作为项目总工程师，我的增量输出是什么？凡事预则立，项目最终的归结点是效益，作为项目的核心分子，项目总工程师要用经营和审计的思维去策划技术管理。要思考项目经营过程中需要什么资料支撑经营算量和审计审查，有针对性地做好创新创效策划，并以此为基本出发点开展工作。总工程师要先组织技术商务人员从商务运维的角度提出策划意见，针对性地表明要达到的期望值，提供确保目标值所需支撑资料，然后依据要求签署相关基础性资料，做到有的放矢、不盲目。然后拟定工作流程，先审计、再商务、再工程、后专业，都围绕一个明确的目标去努力，尽量做到满足业主、设计、监理的同时，有利于工程的施工，特别是工期和经济上的利益最大化。

项目利益最大化，不仅仅是一次经营，而是全生命周期内的经营。在过程管控中二次经营也同样重要。分析过去在二次经营中存在的问题有：过程不注重证据资料的收集，到了工程尾期才开始重视，但此时人走了，资料没了，实体隐蔽了，造成了二次经营困难，索赔无门，审计缺乏证据被审减。很多项目前期也有策划，也有推动，但并没有形成一个系统工作。二次经营工作的开展要制订实施细则及策划书，明确责任分工、工作流程、奖惩办法等。项目经理负责二次经营全面工作，总工程师负责方案优化、设计变更、技术指导、沟通业主及设计院等工作，商务部负责预算和索赔，工程部等其他相关部门负责相关资料的收集，各部门各司其职、密切配合。

一名合格的总工程师不能单纯地埋头苦干，只拉车不看路，除了干好自身工作外，通过各种方式增强与上下级间、各参建单位间的沟通也是非常重要的，可以避免工作中走弯路，同时也是寻求理解和支持的有效途径，这样自己得到的教诲、建议多，发现问题的能力就得到加强，解决问题的办法也更多。与建设单位和设计单位沟通好是创新工作开展的基本前提。在工作中要充分把握各方的意图、要求和诉求，全面领会设计方意图，理解设计思路、工艺选择，找到最佳平衡点，实现最终的共赢。

有这么一个故事：一个项目要进场了，企业领导班子坐在一起开会讨论项目部的组建问题，人力资源部在喋喋不休地汇报预备的人选

和其主要业绩以及长短处，这时总会计师说话了："不要这么啰唆了，我觉得今天重点讨论三个人就行，谁是项目经理？头得定好。谁是总工程师？活得干好。谁是商务经理？能算回来，能要回来。其他人你们自己定……"为什么大家对项目总工程师如此看中？总工程师对一个工程项目至关重要，其工作成效对项目的安全、质量、工期、成本等管理目标有重大影响。我们一直说双控，即方案预控、成本预控，两者相辅相成，其中方案预控是前提，必须在制订最优化的施工组织设计、完善项目重大技术方案的前提下，通过合理的项目组织架构，加强执行力度，才能实现项目安全、质量、工期可控，并最终实现项目的成本管理目标。当然在制订方案时总工程师会和各相关部门进行沟通，制订最优方案。同时，总工程师对工程变更洽商的具体实施起领导作用，工程变更和洽商都是由总工程师来操作，这就要求项目总工程师要组织研究合同文件，梳理合同工程内容，要从有利方面来寻求突破，为项目寻求更大的利润空间，做到"节流"与"开源"并举。

与此同时，项目总工程师肩负着人才培养的重任，必要的培训和教育也是其工作的重要组成部分。项目的技术管理工作多而杂，这些工作包括专项方案编制、技术交底及现场指导、测量及试验工作、技术资料的收集整理工作、科技创新工作、贯标工作等，总工程师需要安排好每项技术工作的具体落实，并检查每项工作的完成质量。随着社会节奏的加快，现场技术干部越来越年轻，年轻的技术人员能否才尽其用，尽快成才，项目部承担主要责任，而这就要求由项目总工程师对项目培训和学习方面进行策划和组织。定期的学习能够让现场工程师们快速掌握施工的标准和工艺的要求，快速在烦杂的工作中找到方向，轻松、高效地完成工作。

项目总工程师也肩负着社会责任，需要在工作中收集和研究当前社会亟待解决的问题，比如"双碳"背景下工程建设项目的发展、绿色建造背景下的技术研发、后疫情时代项目管理的韧性、智慧工地带动下的产业革新等课题，当然这些课题不是说谁研究了就能马上解决，但是需要我们不断地收集资料、总结和研究，不断地探索和改进，不积跬步无以至千里，在一点一滴的积累中才会产生质变，甚至飞跃。

施工组织设计（方案）编制计划、
分类表和危险性较大分部分项工程规定

施工方案编制总计划表

项目名称：

序号	方案种类	方案名称	类别	是否进行专家论证	编制人	拟编制时间	审批人	拟审批时间	备注
1	施组策划类	施工组织设计	A						
2		项目管理策划书	A						
3		……							
4	临建类	施工临建布置方案							
5		……							

项目技术负责人：　　　填报人：　　　填报时间：

施工方案编制审批类别划分明细

序号	方案种类	方案名称	类别	编制安全专项方案	专家论证	审批人
1	施组策划类	施工组织设计	A			公司总工
6		施工消防安全方案	B			公司总工
7	临建类	施工临建布置方案	C			公司总工
8		施工临时用电方案	C			公司总工
9		施工临时用水方案（不含消防用水）	D			项目总工
10		土方开挖安全专项施工方案	A 或 B	深度超过 3m（含 3m）	深度超过 5m（含 5m） 地下暗挖工程、顶管工程、水下作业工程	公司总工
11	土方、基坑类	土方开挖、基坑支护（降水）安全专项施工方案	A 或 B	深度超过 3m（含 3m）或地质条件和周边环境复杂的基坑。人工挖孔桩工程	深度超过 5m（含 5m）或地质条件和周边环境复杂的基坑。深度超过 16m 的人工挖孔桩	公司总工
12						公司总工
13		基坑边坡监测方案（基坑深度不超过 5m）	D			项目总工
14		基坑边坡监测方案（基坑深度超过 5m）	C			公司总工
15		地基钎探及垫层方案	D			项目总工
16		回填土施工方案	D			项目总工
17		桩基施工方案	D			项目总工
18		工程桩复合地基检测施工方案	D			项目总工

（续）

序号	方案种类	方案名称	类别	编制安全专项方案	专家论证	审批人
19	塔式起重机类	塔式起重机定位及基础施工方案	C			公司总工
20		群塔作业防碰撞方案	C			公司总工
21		塔式起重机安拆施工方案	A 或 B	起重机械设备自身的安装、拆卸	起重量 300kN 以上的设备安装工程、高度 200m 以上内爬起重设备的拆除	公司总工
22		塔式起重机附臂方案	A 或 B			公司总工
23	垂直运输机械	外用电梯施工方案	B	起重机械设备自身的安装、拆卸		公司总工
24		吊篮安全专项施工方案	B			公司总工
25		门式升降机施工方案	B			公司总工
26	测量	施工测量方案	D			项目总工
27		沉降观测方案	D			项目总工
28	试验	试验计划方案	D			项目总工
29	混凝土	大体积混凝土施工方案（3m 及以上）	A			公司总工
30		大体积混凝土施工方案（1～3m）	B			公司总工
31		大体积混凝土施工方案（1m 以下）	D			项目总工
32		高性能混凝土施工方案（C70 以上）	A			公司总工

（续）

序号	方案种类	方案名称	类别	编制安全专项方案	专家论证	审批人
33	混凝土	高性能混凝土施工方案	D			项目总工
34		混凝土施工方案	D			项目总工
35		拆除改造施工方案	A 或 B	建筑物、构筑物拆除工程	（1）采用爆破拆除的工程 （2）码头、桥梁、高架、烟囱、水塔或拆除中容易引起有毒有害气（液）体或粉尘扩散、易燃易爆事故发生的特殊建、构筑物的拆除工程 （3）可能影响行人、交通、电力设施、通信设施或其他建、构筑物安全的拆除工程 （4）文物保护建筑、优秀历史建筑或历史文化风貌区控制范围的拆除工程	公司总工
36		机电预留预埋配合施工方案	D			项目总工
37	钢筋	钢筋施工方案	D			项目总工
38		预应力安全专项施工方案	B	预应力工程		公司总工
39	模板	模板施工方案	B			公司总工
40		全钢大模板施工方案	B	大模板		公司总工

序号	方案种类	方案名称	类别	编制安全专项方案	专家论证	审批人
41	模板	超高模板安全专项施工方案	A 或 B	高度 5m 及以上；搭设跨度 10m 及以上；施工总荷载 10kN/m² 及以上；集中线荷载 15kN/m 及以上；高度大于支撑水平投影宽度且相对独立无联系构件的混凝土模板支撑	支撑高度 8m 及以上；搭设跨度 18m 及以上，施工总荷载 15kN/m² 及以上；集中线荷载 20kN/m 及以上	公司总工
42		爬模施工方案	A		滑模、爬模、飞模等	公司总工
43		滑模施工方案	A			公司总工
44		模壳施工方案	D			项目总工
45		后浇带模板施工方案（含混凝土施工）	D			项目总工
46		马道搭设方案	D			项目总工
47	脚手架	外爬架安全专项施工方案	A 或 B	附着式整体和分片提升脚手架工程	提升高度 150m 及以上附着式整体和分片提升脚手架工程	公司总工
48		外架安全专项施工方案	A 或 B	搭设高度 24m 及以上的落地式钢管脚手架工程。悬挑式脚手架工程	搭设高度 50m 及以上落地式钢管脚手架工程 架体高度 20m 及以上悬挑脚手架工程	公司总工
49		卸料平台安全专项施工方案	B	自制卸料平台、移动操作平台工程		公司总工
50		操作架安全专项施工方案	A 或 B	用于钢结构安装等满堂支撑体系	承重支撑体系：用于钢结构安装等满堂支撑体系，承受单点集中荷载 700kg 以上	公司总工
51		高压线安全防护方案	C			公司总工

序号	方案种类	方案名称	类别	编制安全专项方案	专家论证	审批人
52	钢结构	钢结构加工制作方案	D			项目总工
53		钢结构安装方案	A 或 B	钢结构、网架和索膜结构安装工程	跨度大于 36m 及以上的钢结构安装工程 跨度大于 60m 及以上的网架和索膜结构安装工程	公司总工
54		钢结构吊装安全专项方案	A 或 B	采用非常规起重设备、方法，且单件起吊重量在 10kN 及以上的起重吊装工程。采用起重机械进行安装的工程	采用非常规起重设备、方法，且单件起吊重量在 100kN 及以上的起重吊装工程	公司总工
55	防水	地下室防水施工方案	D			项目总工
56		屋面防水施工方案	D			项目总工
57	隔墙	砌筑施工方案（含抹灰施工）	D			项目总工
58		轻钢龙骨石膏板隔墙方案	D			项目总工
59	装修	装修施工组织设计	A			
60		屋面施工方案	D			项目总工
61		幕墙安全专项施工方案	A 或 B	建筑幕墙安装工程	施工高度 50m 及以上的建筑幕墙安装工程	公司总工
62		外墙保温方案	D			项目总工
63		外墙施工方案	D			项目总工
64		门窗施工方案	D			项目总工
65		室内防水施工方案	D			项目总工

序号	方案种类	方案名称	类别	编制安全专项方案	专家论证	审批人
66	室外	室外工程施工方案	D			项目总工
67	季节方案	冬期施工方案	D			项目总工
68		雨期施工方案	D			项目总工
69		风季施工方案	C			公司总工
70	其他方案	应急准备和响应方案	D			项目总工
71		职业健康安全方案	D			项目总工
72		绿色施工专项方案	D			项目总工
73		CI方案	D			项目总工
74		建筑节能方案	D			项目总工
75		环境管理方案	D			项目总工
76		安全专项方案	C			公司总工
77	验收	工程验收方案	D			项目总工
78		分户验收方案	D			项目总工

注：1. 工程中应编制但不限于此表中所列方案，并根据分类按相应审批程序执行；
若地方专家论证要求严于此表则以地方要求为准。

2. 公司授权各公司总工负责授权范围内施工组织设计（施工方案）的审批。

附录A　施工组织设计（方案）编制计划、分类表和危险性较大分部分项工程规定

附录 B

住房城乡建设部办公厅关于实施《危险性较大的分部分项工程安全管理规定》有关问题的通知

建办质〔2018〕31 号

各省、自治区住房城乡建设厅，北京市住房城乡建设委、天津市城乡建设委、上海市住房城乡建设管委、重庆市城乡建设委，新疆生产建设兵团住房城乡建设局：

为贯彻实施《危险性较大的分部分项工程安全管理规定》（住房城乡建设部令第 37 号），进一步加强和规范房屋建筑和市政基础设施工程中危险性较大的分部分项工程（以下简称危大工程）安全管理，现将有关问题通知如下：

一、关于危大工程范围

危大工程范围详见附件 1。超过一定规模的危大工程范围详见附件 2。

二、关于专项施工方案内容

危大工程专项施工方案的主要内容应当包括：

（一）工程概况：危大工程概况和特点、施工平面布置、施工要求和技术保证条件；

（二）编制依据：相关法律、法规、规范性文件、标准、规范及施工图设计文件、施工组织设计等；

（三）施工计划：包括施工进度计划、材料与设备计划；

（四）施工工艺技术：技术参数、工艺流程、施工方法、操作要求、检查要求等；

（五）施工安全保证措施：组织保障措施、技术措施、监测监控措施等；

（六）施工管理及作业人员配备和分工：施工管理人员、专职安全生产管理人员、特种作业人员、其他作业人员等；

（七）验收要求：验收标准、验收程序、验收内容、验收人员等；

（八）应急处置措施；

（九）计算书及相关施工图纸。

三、 关于专家论证会参会人员

超过一定规模的危大工程专项施工方案专家论证会的参会人员应当包括：

（一）专家；

（二）建设单位项目负责人；

（三）有关勘察、设计单位项目技术负责人及相关人员；

（四）总承包单位和分包单位技术负责人或授权委派的专业技术人员、项目负责人、项目技术负责人、专项施工方案编制人员、项目专职安全生产管理人员及相关人员；

（五）监理单位项目总监理工程师及专业监理工程师。

四、 关于专家论证内容

对于超过一定规模的危大工程专项施工方案，专家论证的主要内容应当包括：

（一）专项施工方案内容是否完整、可行；

（二）专项施工方案计算书和验算依据、施工图是否符合有关标准规范；

（三）专项施工方案是否满足现场实际情况，并能够确保施工安全。

五、 关于专项施工方案修改

超过一定规模的危大工程专项施工方案经专家论证后结论为"通过"的，施工单位可参考专家意见自行修改完善；结论为"修改后通过"的，专家意见要明确具体修改内容，施工单位应当按照专家意见进行修改，并履行有关审核和审查手续后方可实施，修改情况应及时告知专家。

六、 关于监测方案内容

进行第三方监测的危大工程监测方案的主要内容应当包括工程概况、监测依据、监测内容、监测方法、人员及设备、测点布置与保护、监测频次、预警标准及监测成果报送等。

七、 关于验收人员

危大工程验收人员应当包括：

（一）总承包单位和分包单位技术负责人或授权委派的专业技术人员、项目负责人、项目技术负责人、专项施工方案编制人员、项目专职安全生产管理人员及相关人员；

（二）监理单位项目总监理工程师及专业监理工程师；

（三）有关勘察、设计和监测单位项目技术负责人。

八、 关于专家条件

设区的市级以上地方人民政府住房城乡建设主管部门建立的专家库专家应当具备以下基本条件：

（一）诚实守信、作风正派、学术严谨；

（二）从事相关专业工作15年以上或具有丰富的专业经验；

（三）具有高级专业技术职称。

九、 关于专家库管理

设区的市级以上地方人民政府住房城乡建设主管部门应当加强对专家库专家的管理，定期向社会公布专家业绩，对于专家不认真履行论证职责、工作失职等行为，记入不良信用记录，情节严重的，取消专家资格。

《关于印发〈危险性较大的分部分项工程安全管理办法〉的通知》（建质〔2009〕87号）自2018年6月1日起废止。

附件：1. 危险性较大的分部分项工程范围

  2. 超过一定规模的危险性较大的分部分项工程范围

附件1

危险性较大的分部分项工程范围

一、基坑工程

（一）开挖深度超过 3m（含 3m）的基坑（槽）的土方开挖、支护、降水工程。

（二）开挖深度虽未超过 3m，但地质条件、周围环境和地下管线复杂，或影响毗邻建、构筑物安全的基坑（槽）的土方开挖、支护、降水工程。

二、模板工程及支撑体系

（一）各类工具式模板工程：包括滑模、爬模、飞模、隧道模等工程。

（二）混凝土模板支撑工程：搭设高度 5m 及以上，或搭设跨度 10m 及以上，或施工总荷载（荷载效应基本组合的设计值，以下简称设计值）10kN/m^2 及以上，或集中线荷载（设计值）15kN/m 及以上，或高度大于支撑水平投影宽度且相对独立无联系构件的混凝土模板支撑工程。

（三）承重支撑体系：用于钢结构安装等满堂支撑体系。

三、起重吊装及起重机械安装拆卸工程

（一）采用非常规起重设备、方法，且单件起吊重量在 10kN 及以上的起重吊装工程。

（二）采用起重机械进行安装的工程。

（三）起重机械安装和拆卸工程。

四、脚手架工程

（一）搭设高度 24m 及以上的落地式钢管脚手架工程（包括采光井、电梯井脚手架）。

（二）附着式升降脚手架工程。

（三）悬挑式脚手架工程。

（四）高处作业吊篮。

（五）卸料平台、操作平台工程。

（六）异型脚手架工程。

五、拆除工程

可能影响行人、交通、电力设施、通信设施或其他建、构筑物安全的拆除工程。

六、暗挖工程

采用矿山法、盾构法、顶管法施工的隧道、洞室工程。

七、其他

（一）建筑幕墙安装工程。

（二）钢结构、网架和索膜结构安装工程。

（三）人工挖孔桩工程。

（四）水下作业工程。

（五）装配式建筑混凝土预制构件安装工程。

（六）采用新技术、新工艺、新材料、新设备可能影响工程施工安全，尚无国家、行业及地方技术标准的分部分项工程。

附件2

超过一定规模的危险性较大的分部分项工程范围

一、深基坑工程

开挖深度超过5m（含5m）的基坑（槽）的土方开挖、支护、降水工程。

二、模板工程及支撑体系

（一）各类工具式模板工程：包括滑模、爬模、飞模、隧道模等工程。

（二）混凝土模板支撑工程：搭设高度8m及以上，或搭设跨度18m及以上，或施工总荷载（设计值）15kN/m² 及以上，或集中线荷载（设计值）20kN/m 及以上。

（三）承重支撑体系：用于钢结构安装等满堂支撑体系，承受单点集中荷载7kN及以上。

三、起重吊装及起重机械安装拆卸工程

（一）采用非常规起重设备、方法，且单件起吊重量在100kN及以上的起重吊装工程。

（二）起重量 300kN 及以上，或搭设总高度 200m 及以上，或搭设基础标高在 200m 及以上的起重机械安装和拆卸工程。

四、脚手架工程

（一）搭设高度 50m 及以上的落地式钢管脚手架工程。

（二）提升高度在 150m 及以上的附着式升降脚手架工程或附着式升降操作平台工程。

（三）分段架体搭设高度 20m 及以上的悬挑式脚手架工程。

五、拆除工程

（一）码头、桥梁、高架、烟囱、水塔或拆除中容易引起有毒有害气（液）体或粉尘扩散、易燃易爆事故发生的特殊建、构筑物的拆除工程。

（二）文物保护建筑、优秀历史建筑或历史文化风貌区影响范围内的拆除工程。

六、暗挖工程

采用矿山法、盾构法、顶管法施工的隧道、洞室工程。

七、其他

（一）施工高度 50m 及以上的建筑幕墙安装工程。

（二）跨度 36m 及以上的钢结构安装工程，或跨度 60m 及以上的网架和索膜结构安装工程。

（三）开挖深度 16m 及以上的人工挖孔桩工程。

（四）水下作业工程。

（五）重量 1000kN 及以上的大型结构整体顶升、平移、转体等施工工艺。

（六）采用新技术、新工艺、新材料、新设备可能影响工程施工安全，尚无国家、行业及地方技术标准的分部分项工程。